高等学校电子信息类系列教材

C 语言程序设计

（第二版）

主编　崔永君　王芬琴　孙娟红

U0380019

西安电子科技大学出版社

内 容 简 介

本书是在 2011 年第一版的基础上修订而成的。

本书共 11 章,根据初学者的认知特点,循序渐进、紧贴教学、深入浅出地讲述了 C 语言的基本概念、数据类型、结构化程序设计的三种结构(顺序结构、选择结构、循环结构)、数组、函数、指针、结构体与共用体、预编译、位运算以及文件等相关知识。通过大量有着明确知识点的例题与习题,使读者理解和掌握程序设计,更好地驾驭计算机这个"程序的机器"。

本书可作为高等院校计算机及理工类各专业、成人教育学院 C 语言程序设计课程的教材,也可作为高等学校学生和广大计算机爱好者学习掌握 C 语言的自学教材。

图书在版编目(CIP)数据

C 语言程序设计 / 崔永君,王芬琴,孙娟红主编. —西安:
西安电子科技大学出版社,2019.2(2020.11 重印)
ISBN 978-7-5606-5231-3

Ⅰ.① C…　Ⅱ.① 崔…　② 王…　③ 孙…　Ⅲ.① C 语言—程序设计　Ⅳ.① TP312.8

中国版本图书馆 CIP 数据核字(2019)第 023728 号

策划编辑　杨丕勇
责任编辑　秦嫒嫒　阎　彬
出版发行　西安电子科技大学出版社(西安市太白南路 2 号)
电　　话　(029)88242885　88201467　　　　邮　　编　710071
网　　址　www.xduph.com　　　　　　　　电子邮箱　xdupfxb001@163.com
经　　销　新华书店
印刷单位　陕西天意印务有限责任公司
版　　次　2019 年 2 月第 2 版　　2020 年 11 月第 8 次印刷
开　　本　787 毫米×1092 毫米　1/16　印 张　19.5
字　　数　462 千字
印　　数　14 501～17 500 册
定　　价　45.00 元

ISBN 978-7-5606-5231-3 / TP

XDUP 5533002-8

*** 如有印装问题可调换 ***

❖❖❖ 前　　言 ❖❖❖

　　计算机程序设计基础是高等学校计算机基础课程中的核心课程、本书总结了作者多年的教学和软件开发经验，以 C 程序设计语言为基础，注重程序设计与软件开发的基本概念、方法和思路，旨在培养读者的基本编程能力、逻辑思维和抽象思维能力。学习程序设计对于大学生来说不仅是职业技能的培养过程，也是创造性思维的开发过程。

　　"C 语言程序设计"是计算机及相关专业的一门程序设计启蒙课程，也是许多计算机后续课程的基础。Joel Spolsky，昔日耶鲁大学计算机系学生，今日 Fog Creek 软件公司的 CEO 指出：

　　"虽然在实际使用中 C 语言已经越来越罕见，但是它仍然是当前程序员的共同语言。C 语言让程序员互相沟通，更重要的是，它比你在大学中学到的'现代语言'(比如 ML 语言、Java 语言、Python 语言或者其他正在教授的流行垃圾语言)都更接近机器语言。""不管你懂得多少延续、闭包、异常处理，只要你不能解释为什么 while(s++ = t++)的作用是复制字符串，那你就是在盲目无知的情况下编程，就像一个医生不懂最基本的解剖学就在开处方。"

　　本书以 C 程序设计零起点读者为主要对象，注重教材的可读性和可用性，由浅入深、强化知识点、算法、编程方法与技巧，很多例题后面给出了思考题，帮助读者了解什么是对的以及哪些是容易出错的，从而能够举一反三。本书还将程序测试、程序调试与排错、结构化与模块化程序设计方法等软件工程知识融入其中，并且习题以历年等级考试真题为主，题型丰富，具有代表性。

　　本书是在 2011 年第一版的基础上修订而成的。

　　本书共 11 章。第 1 章从程序设计语言的发展着手，通过例题，由浅入深地介绍了 C 程序设计的基本概貌；第 2 章通过有针对性的例题介绍 C 语言的基本数据类型、运算符与表达式；第 3、4、5 章详细讲解了面向过程的程序设计的三种基本结构：顺序、选择、循环；第 6 章介绍了一维数组、二维数组、字符数组和字符串的概念，并结合专业应用介绍了矩阵运算、数据表操作及杨辉三角的求解问题；第 7 章从模块化程序设计的基本思想以及程序设计的易读性和可维护性出发，介绍了函数的基本概念，并介绍了多文件中函数和变量的处理；第 8 章从内存管理的角度对指针进行了较深入的分析；第 9 章介绍了结构体、共用体与预编译的基本知识，并介绍了数据结构中线性链表的基本知识；第 10 章介绍了位运算；第 11 章介绍了文件的基本概念和常用操作。

参加本书编写工作的有兰州交通大学博文学院孙娟红(第 2～6 章)、王芬琴(第 1、9 章)，兰州交通大学崔永君(第 7、8 章)、张永花(第 10、11 章，附录 B 和附录 C)。崔永君、王芬琴负责全书的策划、组织和定稿。

鉴于作者水平有限，书中难免会有疏漏之处，真诚地欢迎各位专家和读者批评指正，以帮助我们进一步完善教材。

编　者

2018 年 12 月

◇◇◇ 目　　录 ◇◇◇

I

第 1 章 C 语言概述

1.1 程序设计语言的发展

自 1946 年世界上第一台电子计算机问世以来，计算机科学及其应用的发展十分迅猛，计算机被广泛地应用于人类生产、生活的各个领域，推动了社会的进步与发展。特别是随着因特网(Internet)的普及，传统的信息收集、传输及交换方式正被革命性地改变，人们已经难以摆脱对计算机的依赖，计算机将人类带入了一个新的时代——信息时代。

计算机是由硬件系统和软件系统两大部分构成的，硬件是物质基础，而软件可以说是计算机的灵魂。没有软件，计算机就是一台"裸机"，什么也不能干；有了软件，计算机才能灵动起来，成为一台真正的"电脑"。所有的软件，都是用计算机程序设计语言编写的。

计算机程序设计语言是人与计算机进行交流的有力工具。随着计算机技术的发展，计算机程序设计语言也不断发展。依据对硬件的依赖程度，计算机程序设计语言经历了从机器语言到汇编语言，再到高级语言的发展过程。

1. 机器语言

机器语言是第一代计算机语言。计算机发明之初，人们只能用计算机的语言去命令计算机工作，也就是只能写出一串串由"0"和"1"组成的指令序列(程序)交由计算机执行，这种语言就是机器语言。例如，要完成将寄存器 BX 的内容送到寄存器 AX 中，其机器指令为 1000100111011000。

使用机器语言是十分痛苦的，特别是在程序有错需要修改时更是如此。而且，由于每台计算机的指令系统往往各不相同，所以，在一台计算机上执行的程序想要在另一台计算机上执行，必须另编程序，这就造成了大量的重复性工作。但由于计算机可以直接识别和运行用机器语言编写的程序，即无需翻译，而且机器语言是针对特定型号计算机的语言，故机器语言所编程序的运算效率是所有程序语言中最高的。

2. 汇编语言

为了减轻使用机器语言编程的困难，人们进行了一种有益的改进：用一些简洁的英文字母、符号串来代替一个特定指令的二进制串。例如，同样要完成将寄存器 BX 的内容送到寄存器 AX 中，用汇编语言编程为 MOV BX, AX(MOV 是数据传送指令)，这样一来，人们容易读懂并理解程序在干什么，纠错及维护也变得方便了，这种程序设计语言就是汇编语言。然而计算机是不认识这些符号的，这就需要一个专门的程序，负责将这些符号翻译成二进制的机器语言，这种翻译程序被称为汇编程序。

汇编语言同样十分依赖于机器硬件，移植性不好，但运算效率仍十分高。针对计算机特定硬件而编制的汇编语言程序能准确地发挥计算机硬件的功能和特长，程序精练且质量高，所以至今仍是一种常用且强有力的软件开发工具。

3．高级语言

从最初与计算机交流的痛苦经历中人们意识到，应该设计一种这样的语言：接近于数学语言或人的自然语言，同时又不依赖于计算机硬件，编出的程序能在所有的机器上通用。经过努力，1954 年，第一个完全脱离机器硬件的高级语言——FORTRAN 问世了。

20 世纪 60 年代中后期，软件越来越多，规模越来越大，而软件的生产基本上是各自为政，缺乏科学而规范的系统规划与测试以及评估标准，其恶果是耗费巨资建立起来的大批软件系统由于含有错误而无法使用，甚至带来巨大损失，软件给人的感觉是越来越不可靠，几乎没有不出错的软件。这一切极大地震动了计算机界，史称"软件危机"。人们认识到：大型程序的编制不同于写小程序，它应该是一项新的技术，应该像处理工程一样处理软件研制的全过程。程序的设计应易于保证正确性，也便于验证正确性。为此，1969 年提出了结构化程序设计方法。1970 年，第一个结构化程序设计语言——Pascal 语言出现，标志着结构化程序设计时期的开始。

自 20 世纪 80 年代初开始，在软件设计思想上又产生了一次革命，其成果就是产生了面向对象的程序设计方法。在此之前的高级语言几乎都是面向过程的，程序的执行是流水线式的，即在一个模块被执行前，人们不能干别的事，也无法动态地改变程序的执行方向。这和人们日常处理事物的方式是不一致的，对人而言是希望发生一件事就处理一件事，也就是说，不能面向过程，而应是面向具体的应用功能，也就是对象(object)。其方法就是软件的集成化，如同硬件的集成电路一样，生产一些通用的、封装精密的功能模块(称之为软件集成块)，它与具体应用无关，但能相互组合，完成具体的功能，同时又能重复使用。对使用者来说，只关心它的接口(输入量、输出量)及能实现的功能，至于具体是如何实现的，使用者完全不用关心，C++、VB、Delphi 就是典型代表。几十年来，共有几百种高级语言出现，有重要意义的有几十种，影响较大、使用较普遍的有FORTRAN、ALGOL、COBOL、BASIC、LISP、SNOBOL、PL/1、Pascal、C、PROLOG、Ada、C++、VC、VB、Delphi、JAVA 等。

高级语言的下一个发展目标是面向应用，也就是说，只需要告诉程序你要干什么，程序就能自动生成算法并自动进行处理，这就是非过程化的程序设计语言。

1.2　C 语言的发展及其特点

C 语言是 1972 年由美国的 Dennis Ritchie 设计的，并首次在 DEC PDP-11 计算机上使用。它由早期的编程语言 BCPL(Basic Combind Programming Language)演变而来。1970年，贝尔实验室的 Ken Thomposn 根据 BCPL 语言设计出比较先进的并取名为 B 的语言，最后有了 C 语言的问世。C 语言是国际上广泛流行的计算机高级语言，它既可以用来编写系统软件，也可以用来编写应用软件。

随着微型计算机的日益普及，出现了许多 C 语言版本，但由于没有统一的标准，这些 C 语言之间出现了一些不一致的地方。为了改变这种情况，美国国家标准协会为 C 语言制定了一套 ANSI 标准，通常称之为 ANSI C，成为现行的 C 语言标准。

C 语言之所以发展迅速，成为最受欢迎的语言之一，这源于 C 语言具有很多显著的特点。主要如下：

(1) 简洁、紧凑，使用方便，灵活。

ANSI C 共有 32 个关键字，9 种控制语句，程序书写自如，一般用小写字母表示，压缩了一切不必要的成分。C 语言在表达方式上力求简单易行，如使用一对花括号"{ }"来表示复合语句的开始和结束，用赋值运算符(如 +=、-=、*=、/+ 等)表示进行相应运算并且将结果赋值给左值(赋值号左边的变量)，等等。

(2) 运算符和数据结构丰富，表达式类型多样。

C 语言共有 34 种运算符。在 C 语言中，把括号、赋值号、逗号、关系运算、逻辑运算等都作为运算符处理。灵活使用各种运算符，可以实现在其他高级语言中难以实现的运算。

C 语言提供了丰富的数据类型。C 语言的数据类型基本可以分为两大类：一类是简单类型，如整型、实型、字符型等；另一类是在简单类型基础上按层次产生的各种构造类型，如数组类型、结构体类型和共用体类型等，此外还有指针类型。利用这些数据类型，C 语言能够实现各种复杂的数据结构，如线性表、链表、栈、队列、树、图等。

C 语言的表达形式多样，既提高了编译效率和目标代码的质量，又提高了程序可读性。

(3) C 语言是结构化的程序语言。

结构化语言的特点是代码与数据分离，即程序的各个部分除了必要的信息交流外彼此独立，从而使程序之间很容易实现程序段的共享。C 语言提供了顺序结构、选择(分支)结构和循环结构三种基本结构语句，并以函数作为模块，实现程序的模块化设计，符合现代编程风格。

(4) 语法限制不太严格，程序设计自由度大。

C 语言编译系统检查不太严格，例如，在 C 语言中对数组下标越界不进行检查，变量类型灵活使用，整型数据和字符型数据及逻辑型数据可以通用。在语法上放宽限度，在程序设计上灵活自由，相应地，检查错误的任务也就转到了编程者的身上。因此，这就要求编程者在编程时要自我约束，养成良好的编程习惯。

(5) 生成目标代码质量高，程序执行效率高。

C 语言有位(bit)操作的功能，可以直接对硬件进行操作，这使得 C 语言既具有高级语言的所有优点，又具有低级语言的许多功能，成为所谓的"中间语言"。C 语言通过对位、字节和地址进行操作，可以对硬件进行编程，并可实现汇编语言的大部分功能，具有高效率的目标代码。用 C 语言编写的程序生成代码的效率比汇编语言编写的仅低 10%～20%。

(6) C 语言编写的程序可移植性好。

与汇编语言相比，C 语言编写的程序基本上是不做修改或稍微修改就可以在其他工作平台上运行，从而使开发的软件独立于具体的计算机体系结构和软件环境，达到"共用"的目标，提高了软件的生产效率，节省了用户的投资。

C 语言还有其他优点，读者可以在学习及实践中体会。当然，C 语言也和其他语言一样，存在不足之处，如某些运算符优先顺序和习惯不完全一致，类型的转换比较随意等。尽管如此，C 语言仍不愧为优秀的程序设计语言之一。

1.3 C 程序的基本结构与书写规则

任何一种程序设计语言都具有特定的语法规则和规定的表达方法。一个程序只有严格按照该语言规定的语法和表达方式编写，才能保证编写的程序在计算机中正确地被执行，同时也便于阅读和理解。

1.3.1 C 程序的基本结构

为了说明 C 语言源程序结构的特点，先看以下几个程序。这几个程序由简到难，体现了 C 语言源程序在组成结构上的特点，从中可以了解一个 C 语言源程序的基本组成部分和书写格式。

【例 1.1】 求两个给定整数之和。

源程序如下：

```
1   #include<stdio.h>                  /*预处理命令，标准输入输出头文件*/
2   int main()                         /*主函数*/
3   {                                  /*函数开始标志*/
4     int a, b, sum;                   /*定义 3 个整型变量 a、b、sum*/
5     a=2;                             /*给变量 a 赋值 2*/
6     b=8;                             /*给变量 b 赋值 8*/
7     sum=a+b;                         /*计算 a 和 b 的和，并赋值给变量 sum*/
8     printf("%d+%d=%d!\n", a, b, sum);/*调用标准函数 printf()输出计算结果*/
9     return  0;                       /*程序正常结束*/
10  }                                  /*函数结束标志*/
```

该程序的执行结果是在屏幕上显示：

```
a+b=10!
```

该程序总共有 10 行，对于每一行的语义已经在行尾进行了说明。它是一个比较简单的 C 语言程序，它的简单在于整个程序只包含了一个 main()函数。它体现了 C 语言程序最基本、最简单的结构。

下面通过例 1.2 对 C 语言程序的结构和格式进行更全面的认识。

【例 1.2】 求两个数中的较大者。

源程序如下：

```
1   #include<stdio.h>
2   int main()                         /*主函数*/
```

```
3    {
4        int a,b,c;                          /*定义三个整数变量，以备后面程序使用*/
5        int max(int, int);                  /*函数声明*/
6        printf("Input an integer\n");       /*显示提示信息*/
7        scanf("%d", &a);                    /*从键盘获得一个整数 a*/
8        printf("Input an other integer\n"); /*显示提示信息*/
9        scanf("%d", &b);                    /*从键盘获得一个整数 b*/
10       c=max(a, b);                        /*求 a 与 b 的最大值，并把它赋给变量 c*/
11       printf("max=%d\n", c);              /*显示程序运算结果*/
12       return 0;
13   }
     /*在主函数之外，自定义函数 max，其功能是求两个整数中较大者*/
14   int   max(int x, int y)
15   {
16       int z;
17       if(x>y)        /*两个参数进行大小比较，较大者赋值给变量 z*/
18           z=x;
19       else
20           z=y;
21       return z;
22   }
```

该程序的运行结果为

```
Input an integer
8
Input an other integer
7
c=8
```

该程序的功能是从键盘输入两个数 a 和 b，求 a 和 b 的最大值 c，然后输出结果。C语言规定，源程序中所有用到的变量都必须先说明、后使用，否则将会出错。这一点是编译型高级程序设计语言的一个特点，与解释型的 BASIC 语言是不同的。说明部分是 C语言源程序结构中很重要的组成部分。例 1.2 中使用了三个变量 a、b 和 c，用来表示输入的自变量与计算的最大值。程序第 6～11 行为执行部分，或称为执行语句部分，用以完成程序的功能。第 6 行和第 8 行是输出语句，调用 printf 函数在显示器上输出提示字符串，要求输入自变量 a 与变量 b 的值。第 7 行与第 9 行为输入语句，调用 scanf 函数，接受键盘上输入的数并存入变量 a 与变量 b 中。第 10 行是调用函数 int max(int x，int y)计算 a 与 b 的最大值并把它送到变量 c 中，调用时将实际参数 a 和 b 的值分别传给 max 函数中的形式参数 x 和 y，经过执行 max 函数得到一个返回值(max 函数中变量 z 的值)，把这个返回值赋给变量 c。第 11 行是用 printf 函数输出变量 c 的值(a 与 b 的最大值)。第 12

行是一个返回语句，这里是把整数 0 传送给运行该程序的操作系统环境，其作用是把程序成功执行完毕这一消息通知给操作系统，标志着程序的终止。

该例中除主函数 main 外，又定义了一个 max 函数。int max(intx, int y)称为函数头，max 为函数名，int 为函数返回值的类型，圆括号中的 x、y 称为函数参数，其前面的 int 规定了参数的类型。

max 函数体中的"int z;"语句定义了一个临时工作变量，它只在这个函数中使用，作用是接受 x、y 中的最大者，最后返回给调用函数。

通过这两个小程序，可以看到 C 语言程序结构并不复杂。一个简单的 C 语言程序的基本结构和格式有以下几点规定：

(1) 每个 C 语言程序可由一个或多个函数组成，函数是组成 C 语言程序的基本单位。所谓函数，是指具有统一定义、声明、调用格式，且能完成特定功能的程序模块或代码。对于每一个 C 语言程序而言，必须有且只有一个 main()函数，俗称主函数。该函数标志着执行 C 程序时的起点和终点，即主函数是 C 语言程序执行的入口和出口。另外，函数可以划分为由编译系统提供的标准函数(如 printf、scanf 等)和用户的自定义函数(如 max)。

(2) 主函数(包括其他函数)都由函数头和函数体(包括变量定义和语句部分)组成，其格式如下：

```
main()
{
    变量说明;
    语句;
}
```

(3) #include<stdio.h>，是一条预处理命令。这里的 include 称为文件包含命令，其意义是把尖括号(<>)或双撇号("")内指定的文件包含到本程序中，成为本程序的一部分。被包含的文件通常是由系统提供的，其扩展名为 .h，因此也称为头文件或首部文件。C 语言的头文件中包括了各个标准库函数的函数原型，因此，凡是在程序中调用一个库函数时，都必须包含该函数原型所在的头文件。在本例中，使用了 1 个标准库函数：输出函数 printf。其头文件为 stdio.h，所以在主函数前用 include 命令包含了 stdio.h 文件。所以说一个 C 语言源程序可以由一个或多个源文件组成。预处理命令通常放在源文件或源程序的最前面。

(4) 程序中出现的"/*"与"*/"括起来的部分是程序的说明(称为注释)，它不参与程序的运行，它提高了程序的可读性。注释文字可以是任意字符，如汉字、拼音、英文等。注释语句既可放在语句的右侧，也可单独成为一行。

(5) C 程序中的每条语句都要以分号";"结束。但预处理命令、花括号和一些特殊情况下不能加分号。

(6) 标示符、关键字之间必须加至少一个空格以示间隔。若已有明显的间隔符，也可不再加空格。C 语言的关键字都以小写字母表示。C 语言中区分字母的大写和小写，例如 else 是关键字，ELSE 则不是。在 C 程序中，关键字不能用于其他目的，即不允许将关键字作变量名和函数名来使用。

1.3.2　函数定义、声明和调用

1．函数的定义

函数的定义应在主函数之外，函数定义的基本格式如下：

函数类型　函数名(形式参数列表)
```
{
        数据说明;
        语句;
}
```

其中：

(1) 函数类型　函数名(形式参数列表)称为函数头。如例 1.2 中的第 14 行：

int max(int x，int y)

① 函数类型：函数最终返回值的类型，如 max()函数最终返回一个整型数据，所以 max()函数的函数类型为 int，函数也可以没有返回值，则其返回值类型为 void(空类型)。

② 函数名：一个函数的标识。在命名变量名时要尽量做到"见名知义"。

③ 形式参数列表：所谓参数，就是函数所操作的对象。一个函数可以没有参数，一个函数也可以有多个参数。如果有参数，则必须指定其类型；如果有多个参数，则应该用逗号进行分隔。函数定义中出现的参数称为形式参数，简称"形参"。

(2) 用{}括起来的部分称为函数体，它是函数功能的真正实现部分。函数体包括函数体内的数据说明和执行函数功能的语句，花括号"{"和"}"分别表示函数体的开始与结束。例 1.2 中从第 15 行到 22 行是 max()函数的函数体。

2．函数的声明

函数在定义之后、调用之前，必须进行函数声明。函数声明应放在主函数或调用函数之内。例如例 1.2 中第 5 行：

int max(int, int);

就是一条函数声明语句。函数声明语句和函数定义中的函数头很像，区别就在于在函数声明语句中函数名后面括号中只需保留各参数类型。如果用户自定义的函数在主函数中没有进行函数声明，则程序编译会报错。

3．函数调用

用户自定义函数可以被主函数调用，也可以被其他函数调用。函数调用的一般格式如下：

函数名(实际参数列表);

例如，例 1.2 中第 10 行：

c=max(a,b);

就是一条函数调用语句。此语句的功能是调用自定义函数 max()，求出 a 和 b 中的较大者，并赋值给在主函数中定义的变量 c。函数调用中出现的参数称为实际参数，简称实参。

1.3.3　C 程序的书写规则

从便于阅读、理解及维护的角度出发，在书写程序时应遵循以下规则：

(1) 一个说明或一个语句占一行。

(2) 用{}括起来的部分通常表示程序的某一层次结构。"{"和"}"一般与该结构语句的第一个字母对齐，并单独占一行。

(3) 低一层次的语句或说明可比高一层次的语句或说明缩进若干格后书写，以便结构更加清晰，增加程序的可读性。

在编程时应力求遵循上述规则，养成良好的编程习惯。

1.4　计算机运算基础(进位计数制、数值转换)

由于计算机内采用二进制表示数据，而 C 程序中经常使用八进制和十六进制来编制程序，因此程序员必须熟悉二进制、八进制和十六进制的运算及它们之间的转换规则。

1.4.1　数的二进制、十进制、八进制和十六进制表示

常用的数制有二进制、十进制、八进制和十六进制，它们有共性也有差别。

1．数码及进位法则

数码是构造一种数制所用的不同符号。各种进制的数码如下：

二进制：0，1

十进制：0，1，2，3，4，5，6，7，8，9

八进制：0，1，2，3，4，5，6，7

十六进制：0，1，2，3，4，5，6，7，8，9，A(a)，B(b)，C(c)，D(d)，E(e)，F(f)

2．位置计数法

数据中各个数字所处的位置决定着其大小(即权值)，同样的数字在不同的位置上代表的权值是不同的。例如十进制数：

$$22.2 = 2 \times 10^1 + 2 \times 10^0 + 2 \times 10^{-1}$$

其中，10^1、10^0、10^{-1}就是该位置的权值。

1.4.2　数制转换

日常习惯中使用的是十进制数，而计算机中用的却是二进制数，所以需要把十进制数转换成二进制数。但二进制数书写麻烦，因此通常也用八进制和十六进制表示，这样就存在各种数制之间的转换问题。

1．将十进制数转换成二进制数

把十进制的整数和小数转换成二进制数时所用方法是不同的，因此应该分别进行转换。

(1) 用余数法将十进制整数转换成二进制整数。把十进制整数不断地用 2 去除，将所得到的余数 0 或 1 依次记为 K_0，K_1，K_2，…，直到商是 0 为止，将最后一次所得的余数记为 K_n，则 $K_nK_{n-1}\cdots K_1K_0$ 即为该整数的二进制表示。在演算过程中可用竖式形式，也可用线图形式。

【例 1.3】　$(59)_{10} = (\quad)_2 = (K_nK_{n-1}\cdots K_1K_0)_2$。

竖式演算如下：

$$
\begin{array}{r}
& & \text{余数} & \\
2\,\underline{|\ 59} & & 1 & \text{-----} K_0 \\
2\,\underline{|\ 29} & & 1 & \text{-----} K_1 \\
2\,\underline{|\ 14} & & 0 & \text{-----} K_2 \\
2\,\underline{|\ 7} & & 1 & \text{-----} K_3 \\
2\,\underline{|\ 3} & & 1 & \text{-----} K_4 \\
2\,\underline{|\ 1} & & 1 & \text{-----} K_5 \\
0 & &
\end{array}
$$

因此，$(59)_{10} = (111011)_2$。

(2) 用进位法将十进制小数转换成二进制小数。把十进制小数不断地用 2 去乘，将所得乘积的整数部分 0 或 1 依次记为 K_1，K_2，K_3，…。一般情况下，十进制小数并不一定都能用有限位的二进制小数表示，可根据精度要求，转换成一定位数即可。

注意：在把十进制数转换成二进制数时，熟记一些 2 的幂次所对应的十进制数及二进制数能加快转换速度。表 1.1 中列出了一些 2 的幂次所对应的十进制和二进制数。

表 1.1　2 的幂次所对应的十进制数和二进制数

2 的幂次	十进制数	二进制数
2^0	1	1
2^1	2	10
2^2	4	100
2^3	8	1000
2^4	16	10000
2^5	32	100000
2^6	64	1000000
2^7	128	10000000
2^8	256	100000000
2^9	512	1000000000
2^{10}	1024	10000000000
2^{-1}	0.5	0.1
2^{-2}	0.25	0.01
2^{-3}	0.125	0.001
2^{-4}	0.0625	0.0001

在转换时，可找出小于但最接近该十进制整数的某个 2 的次幂，减去这个次幂，再在减后的数中找出小于且最接近该数的 2 的次幂……2 的 n 次方的二进制数的特点是 1 后跟有 n 个 0，利用这一点就能迅速确定二进制数的长度，然后在相应的位置上填上 1 或 0。例如：

$$(1287.25)_{10} = (1024 + 256 + 4 + 2 + 1 + 0.25)_{10}$$
$$= (2^{10} + 2^8 + 2^2 + 2^1 + 2^0 + 2^{-2})_{10}$$
$$= (10000000000 + 100000000 + 100 + 10 + 1 + 0.01)_2$$
$$= (10100000111.01)_2$$

2. 将二进制数转换成十进制数

将二进制数转换成十进制数的方法是把二进制数按多项式展开求和即可。例如：

$$(101.101)_2 = (1 \times 2^2 + 0 \times 2^1 + 1 \times 2^0 + 1 \times 2^{-1} + 0 \times 2^{-2} + 1 \times 2^{-3})_{10}$$
$$= (1 \times 4 + 1 \times 1 + 1 \times 0.5 + 1 \times 0.125)_{10}$$
$$= (5.625)_{10}$$

3. 二进制数与八进制数、十六进制数之间的转换

将二进制数转换成八进制数时，可以先将二进制数的每 3 位数编为一组，各转换成 1 位八进制数，再将它们依序排列表示；而将二进制数转换成十六进制数时，则可以先将二进制数每 4 位数编为一组，各转换成 1 位十六进制数，再将它们依序排列表示。注意：若有小数，则应以小数点为界，向左或向右依序编组，位数不够时，以 0 补够。例如：

$$(111011)_2 = (73)_8 = (3B)_{16}$$
$$(10100000111.01)_2 = (2407.2)_8 = (507.4)_{16}$$

反之，将八进制数和十六进制数转换成二进制数时，则是先将每 1 位八进制数转换成 3 位二进制数，将每 1 位十六进制数转换成 4 位二进制数，再依序排列表示。

1.5 C 语言的编辑、编译和运行

1.5.1 一般 C 程序的解题步骤

前面已经列出了两个用 C 语言编写的程序。为了让计算机按照人的意志进行工作，必须根据问题的要求，编写出相应的程序。所谓程序，就是一组计算机能识别和执行的指令。每一条指令使计算机执行特定的操作。用高级语言编写的程序称为"源程序(source program)"。实际上计算机只能识别和执行由 0 和 1 组成的二进制指令，而不能识别和执行用高级语言写的指令。为了使计算机能执行高级语言源程序，必须先用一种称为"编译程序"的软件，把源程序翻译成二进制形式的"目标程序(object program)"，然后再将该目标程序与系统的函数库以及其他目标程序连接起来，形成可执行的目标程序。所以开发一个 C 程序解决具体问题时一般要经过以下四个步骤。

1. 程序设计

程序设计亦称程序编辑。程序员用任一编辑软件(编辑器)将编写好的 C 程序输入计算

机，并以文本文件的形式保存在计算机的磁盘上。编辑的结果是建立 C 源程序文件。C 程序习惯上使用小写的英文字母，常量和其他用途的符号可用大写字母表示。C 语言区分大、小写字母，关键字必须用小写字母表示。

2．程序编译

编译是将编辑好的源文件翻译成二进制目标代码的过程。编译过程是使用 C 语言提供的编辑程序(编译器)完成的。不同操作系统下的各种编译器的使用命令不完全相同，使用时应注意计算机环境。编译时，编译器首先要对源程序中的每一个语句检查语法错误，当发现错误时，就在屏幕上显示错误位置和错误类型等信息。此时要再次调用编辑器进行查错修改，然后再进行编译，直至排除所有语法和语义错误。正确的源程序文件经过编译后在磁盘上生成目标文件。

3．程序链接

编译后产生的目标文件是可重定位的程序模块，不能直接运行。链接就是把目标文件和其他编译生成的目标程序模块(如果有的话)及系统提供的标准函数连接起来，生成可以运行的可执行文件的过程。链接过程使用 C 语言提供的链接程序(链接器)完成，生成的可执行文件存在磁盘中。

4．程序运行

生成可执行文件后，就可以在操作系统控制下运行。若执行程序后达到预期目的，则 C 程序的开发工作到此完成。否则，要进一步检查和修改源程序，重复"编辑→编译→链接→运行"的过程，直至取得预期结果。

大部分 C 语言都提供一个独立的开发集成环境，它可将上述四步连贯在一个程序中。本书所涉及的程序均在 VC++ 6.0 的环境中实现。

在程序设计领域里，在解决小问题与解决大问题，为完成练习而写程序与为解决实际应用而写程序之间并没有截然的鸿沟。开发大的实际程序或软件时，主要的是前期工作：首先要把问题分析清楚，弄明白到底要做什么。

本课程中涉及的东西很多，包括知识的记忆和灵活运用，解决问题的思维方法，具体处理的手段、技巧，还有许多实际工作和操作技能问题。以下列出几个重要方面：

(1) 分析问题的能力，特别是从计算机和程序的角度分析问题的能力。应逐渐学会从问题出发，通过逐步分析和分解，把原问题转化为能用计算机通过程序方式解决的方案。为此，参与者既需要熟悉计算机，也需要熟悉专业领域。

(2) 掌握所用的程序语言，熟悉语言中的各种结构，包括其形式和意义。语言是解决程序问题的工具，要想写好程序，必须熟悉所用语言。应注意，熟悉语言绝不是背诵定义，这个熟悉过程只有在程序设计的实践中才能完成，仅靠看书、读程序、抄程序，不可能真正学会写程序。要学会写程序，就需要反复地亲身实践从问题到程序的整个过程，开动脑筋，想办法处理遇到的各种情况。

(3) 学会写程序。虽然写过程序的人很多，但会写程序、能写出好程序的人就少得多了。经过多年的程序设计实践，人们对什么是"好程序"有了许多共同认识。例如，如何写出比较简单的程序解决同样的问题。这里可能有计算方法的选择问题，有语言使用的问题。除了程序本身是否正确外，人们还特别关注写出的程序是否具有良好的结构，是否清晰，是否易于阅读和理解，当问题中有些条件或要求改变时，是否容易修改扩充程序去满足新的要求等。

(4) 检查程序错误的能力。初步写出的程序经常会包含一些错误。虽然语言系统能帮我们检查出其中的语法错误，并指出错误的位置，但确认实际错误和实际位置，确定应该如何改正，这些永远是编程者自己的事。对于系统提出的各种警告和系统无法检查的逻辑错误等的认定要依靠人的能力，这种能力也需要在学习中有意识地锻炼。

(5) 熟悉所用工具和环境。程序设计要用一些编程工具，要在具体计算机环境中进行，熟悉工具和环境也是这个学习中很重要的一部分。熟悉所用环境和工具，可以大大提高我们的工作效率。

1.5.2 在 Visual C++ 环境中运行 C 程序的步骤

为了编译、链接、运行 C 程序，需要有相关的 C 程序编译系统。目前使用的大多数编译系统都是集成环境(IDE)的，把程序的编辑、链接和运行等操作集成在一个界面上进行，功能丰富，使用方便。常用的编译系统有 Turbo C 2.0、Turbo C++ 3.0、Visual C++ 等。Visual C++ 是美国 Microsoft 公司推出的可视化 C++ 开发工具，是目前计算机软件开发者首选的 C++ 开发环境。Visual C++ 已经从 Visual C++ 1.0 发展到最新的 Visual C++ 9.0 版本。但不管使用什么版本，其基本操作大同小异。由于 C++ 与 C 兼容，可以用 C++ 集成开发环境对 C 语言程序进行编译、链接和运行。本书以 Visual C++ 6.0 为背景简单介绍开发 C 语言程序的步骤。

1. Visual C++ 6.0 简介

Visual C++ 6.0 是运行在 Windows 平台上的交互式的可视化集成开发环境。一方面 Visual C++ 6.0 与 Windows 平台的结合十分完美，利用它开发的程序具有强大的功能；另一方面，它与 Windows 同步更新的优势对程序员也具有极强的吸引力。

启动 Visual C++ 6.0 进入集成开发编译环境，如图 1-1 所示。主窗口由标题栏、控制按钮、菜单栏、工具栏、工作区窗口、源代码编辑窗口、输出窗口和状态栏组成。

标题栏：显示所打开的应用程序名。

控制按钮：从左至右有 3 个控制按钮，分别为【最小化】、【最大化】(还原)和【关闭】，可用它们快速设置窗口的大小。

菜单栏：由 9 个菜单项组成。单击菜单项弹出下拉式菜单，可使用这些菜单项实现集成环境的各种功能。

工具栏：由若干个功能按钮组成。单击按钮可实现某种功能。

工作区窗口：含 classview(类视图)，用来显示当前工作区中的所有类、结构和全局变量；Resource View(资源视图)，采用层次列表列出工程中用到的资源；File View(文件视图)，可以显示和编辑源文件和头文件。

输出窗口：在创建项目(Build)时，用来显示项目创建过程中的错误信息。

源代码编辑窗口：在此窗口中编辑源代码。

状态栏：给出当前操作或所选命令的提示信息。

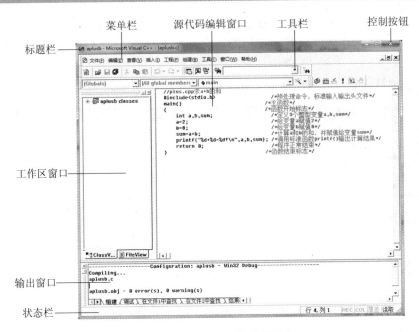

图 1-1　Visual C++ 6.0 编译环境窗口

在上述窗口组成部分中，工作区窗口可通过单击工具栏中【工作空间】按钮隐藏或显示；输出窗口可通过单击工具栏中的【输出】按钮隐藏或显示。隐藏这些窗口可以扩大源代码编辑区的大小。

2. 菜单栏

主窗口的菜单栏中包含有 9 个主菜单项：File(文件)、Edit(编辑)、View(查看)、Insert(插入)、Project(工程)、Build(组建)、Tools(工具)、Window(窗口)和 Help(帮助)。下面对一些常用和比较重要的菜单命令进行介绍。

1) 文件菜单

该菜单的各个命令选项主要完成对文件进行创建、打开、关闭、保存和打印等操作。打开文件菜单，出现如图 1-2 所示的下拉菜单项，共有 14 个选项。

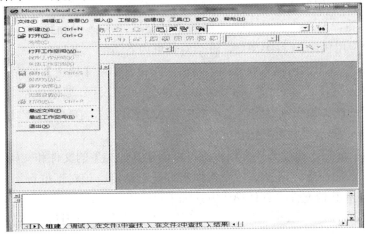

图 1-2　"文件"下拉菜单项

(1) "新建…"命令。选择该命令，出现如图 1-3 所示的对话框。该对话框是用来创建文件、项目、工作区以及其他文档的。它有 4 个标签：文件、工程、工作区和其他文档。

① 文件标签，显示出可创建的文件类型，如图 1-3 所示。

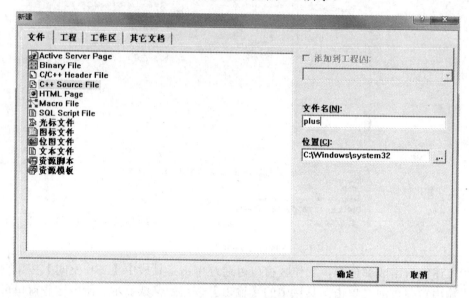

图 1-3 "新建"文件对话窗

• 选择"C/C++ Header File"创建 C 语言程序的头文件。在对话框内右边，"文件名"下面的文本框内键入要创建的文件名，在"位置"下面的文本框内输入或修改文件所在路径，或单击"位置"下面文本框右边的【…】按钮，通过浏览查找文件的存储路径，单击【确定】按钮完成。

• 选择"C/C++ Source File"创建 C 语言程序的源文件。在对话框内右边的"文件名"下面的文本框内键入要创建的文件名，在"位置"下面的文本框内输入或修改文件所在路径，或单击"位置"下面文本框右边的【…】按钮，通过浏览查找文件的存储路径，单击【确定】按钮完成。

② 工程标签，显示出各种可供选择的项目类型，选择 Win32 Console Application (Win32 控制台应用程序)项目类型后，在该对话框内右边的"工程名称"文本框中输入项目名，在"位置"编辑框内输入或修改项目所在路径，单击【确定】按钮完成。

③ 工作区标签，通过工作区标签可以创建空白工作区。要创建空白工作区，选择"空白工作区"，在"工作区名称"文本框中输入工作区名，在"位置"编辑框中输入工作区存放的位置，单击"确定"按钮完成。

④ 其他文档标签，通过其他文档标签可以创建其他类型的文件和文档。

(2) "打开…"命令。选择该命令将弹出打开对话框，该对话框可用来打开 C++ 源文件、项目文件和其他文件。具体操作方法如下：

先在"查找范围"列表框中选定要打开的文件的路径，再通过"文件类型"列表框指定要打开文件的类型。此时，在文件名列表框中会出现所要选的文件名。双击文件名，或单击文件名，再单击【打开(O)】按钮，两种方式都可以打开所选的文件。

(3) "打开工作空间"命令。它用来打开工作区的文件，也可打开其他文件。

(4) "关闭工作空间"命令。它用来关闭当前工作区的文件，选择该命令后弹出一个对话框，提示用户是关闭所有文件还是保留这些文件。用户完成一个程序项目后，在创建一个新程序或调试已有程序前，都必须关闭当前工作区。

(5) "保存"命令。该命令用于保存当前窗口中的文件内容，并存放到原文件名中。如果该文件是未命名的新文件，则系统提示"另存为"对话框。

(6) "另存为…"命令。该命令用来将已打开的文件保存到一个新的文件中。选择该命令，出现"另存为"对话框，用户可将新的文件名输入到该对话框中的文件名文本框内。

(7) "保存全部"命令。该命令用来保存当前窗口中所有被打开的文件的内容。如果某个文件尚未命名，则系统将会提示用户先输入文件名。

(8) "页面设置…"命令。该命令用来设置和格式化打印结果。选择该命令后，出现"页面设置"对话框，使用该对话框为打印文档设置标题、脚注以及边距等。

(9) "最近文件"命令。该命令用来显示最近打开过的 4 个文件，单击文件名可以将对应文件打开。

(10) "退出"命令。该命令用于退出 Visual C++ 6.0 编译系统。在退出系统前，应将打开的文件保存。

2) 编辑菜单

该菜单的功能是对文档进行编辑，包含如下几个命令。

(1) "粘贴"命令。该命令将"剪切板"中的内容粘贴到指定文件光标所指位置。

(2) "剪切"命令。该命令将选定的内容复制到"剪切板"中，并将原来位置的内容删除。

(3) "复制"命令。该命令将选定的内容复制到"剪切板"中，原来位置的内容不变。

(4) "替换"命令。该命令的功能是在当前打开的文件中查找指定的字符串。选择该命令后，出现"替换"对话框，如图 1-4 所示。

图 1-4 "替换"对话框

在该对话框的"查找什么(N)"右边文本框中输入要查找的字符串(不输入双引号)，在"替换为(P)"右边的文本框中输入要替换的字符串。采用的替换方式有两种，其一是按下【查找下一个(F)】按钮，确认后，按下【替换(R)】按钮，可以确保替换的准确性；

其二是按下【全部替换(A)】按钮，一次替换完成。

3) "查看(V)"按钮

该菜单包含调度信息和控制屏幕显示方式的命令项，常用的命令项说明如下。

(1) "工作空间"命令。该命令用来显示项目工作区窗口。

(2) "输出"命令。该命令用来显示输出窗口，在编译时该窗口将会显示出编译信息，包括出错信息。

(3) "调试窗口"命令。选择该命令出现级联菜单，在级联菜单中列出了调试窗口的若干操作。

4) "工程(P)"菜单

该菜单用来对项目和工作区进行管理。可以选择指定项目为工作区中的当前(活动)项目，也可以将文件、文件夹等添加到指定的项目中去，还可以编辑和修改项目间的依赖关系。常用的命令项说明如下。

(1) "设置活动工程"命令。该命令用来选择当前活动项目。

(2) "增加到工程"命令。该命令用来将新文件或已有文件加到指定的项目中。

(3) "插入工程到工作空间"命令。该命令用来将项目插入到工作区中。

5) "组建(B)"菜单

该菜单包括用于编译、链接和运行应用程序的命令，常用的命令项说明如下。

(1) "编译"命令。该命令用来编译显示在源代码编辑窗口中的源文件。在编译过程检查源文件中是否有语法错误。如果发现错误(显示 warning 或 error)，则将错误信息显示在输出窗口中。双击某行错误信息时，将在源代码编辑窗口中用粗箭头指向出错的代码行，以便修改。

(2) "组建"命令。该命令用来创建当前文件项目，它实际上包含了对源文件或项目的编译和链接，最终生成可执行文件。如果被创建的文件或项目已被编译，则该命令将用来链接，生成可执行文件。在编译或链接中检查出语法错误时，将出错信息显示在输出窗口中，用户修改后，再进行创建，直到生成可执行文件为止。

(3) "全部重建"命令。该命令用来对所有文件进行重新编译、链接，包含已编译过的文件。因此，此项操作耗时稍长。

(4) "执行"命令。该命令用来运行已生成好的可执行文件，并将运行结果显示到相应的环境中(如 MS-DOS、Windows XP 或 Windows 2000 等)。

(5) "开始调试"命令。选择该命令会出现级联菜单，选取该菜单项便可启动调试器。这时，将用"调试"菜单项代替"组建"菜单项。

① "开始调试 | Go"命令，该命令用在调试过程中，从当前语句启动或者继续运行。

② "开始调试 | Step Into"命令，该命令用来启动调试器，设置单步执行程序。当程序执行到某一函数调用语句时，进入该函数体，并从第一行语句开始单步执行。

③ "开始调试 | Run to Cursor"命令，该命令可以用来启动调试器，使程序从开始位置快速运行至光标所在位置。

6)　"调试(D)"菜单

"调试(D)"菜单是在调试程序时出现的。

(1)　"Step out"命令。该命令用来在单步执行时从某个函数体内跳出，调试该函数调用语句后面的语句。该命令与 Step into 命令配合使用，需先用 Step into 命令将单步执行的语句植入某函数体。

(2)　"Step over"命令。该命令也是单步操作命令，不同的是当程序执行到某一函数调用语句时，不进入该函数体内，直接执行该调用语句，然后停在该调用语句后面的语句。

(3)　"Restart"命令。该命令将系统重新装载的程序存到内存中，并且将放弃所有变量的当前值。

(4)　"Stop Debugging"命令。该命令将中断当前调试过程，并返回到原来的编辑状态。

(5)　"Quick Watch"命令。选择该命令，将弹出 Quick Watch 对话框，通过该对话框可以查看和修改变量和表达式，或将变量和表达式添加到 Watch 窗口中。

3．创建一个 C 语言程序

1)　输入和编辑源程序

当 Visual C++ 成功安装后，通过选择 Windows 桌面的"开始"|"所有程序"|"Microsoft Visual C++ 6.0"就可以启动 Visual C++。Visual C++ 6.0 的集成开发环境界面如图 1-5 所示。

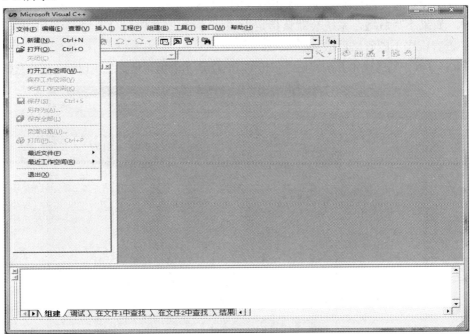

图 1-5　VC++ 6.0 集成开发环境界面

(1)　新建一个源程序，具体包括如下步骤。

①　选择集成环境中"文件"|"新建"命令，产生"新建"对话框，如图 1-6 所示。

② 单击图 1-6 对话框左上角的 "文件" 选项卡, 选择 C++ Source File 选项。

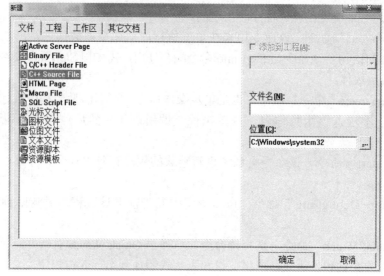

图 1-6 "新建" 文件对话框

③ 设置源文件保存路径。若将源文件保存在默认的文件存储路径下, 则可以不必更改 "位置" 下面的文本框, 如果想在其他地方存储源程序文件, 则需在对话框右半部分的 "位置" 下面的文本框中输入文件的存储路径, 也可以单击右边的按钮【…】来选择路径。

④ 在右上方的 "文件名" 下面的文本框输入准备编辑的源程序文件的名字。

注意: 指定的文件后缀为 .c, 如果输入的文件名为 first.cpp, 则表示要建立的是 C++ 源程序。如果不写后缀, 系统会默认指定为 C++ 源程序文件, 自动加上后缀 .cpp, 因此编写 C 语言程序不能省略后缀 .c。

单击图 1-6 中的【确定】按钮后, 弹出如图 1-7 所示的编辑框, 就可以输入程序代码了。

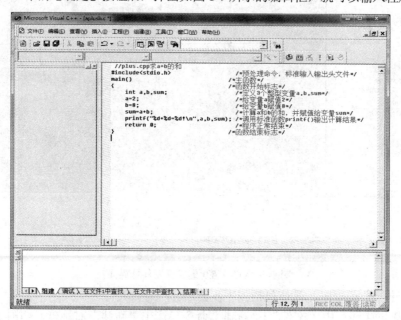

图 1-7 编辑程序

(2) 打开一个已有的文件。

打开一个已保存的文件有两种方法，方法 1：找到此文件双击即可。方法 2：首先从 VC++ 6.0 中选择"文件" | "打开"菜单打开"打开"对话框，然后从中选择相应的文件。

2) 程序的编译

单击主菜单栏中的"组建(B)"，弹出下拉式菜单，如图 1-8 所示，单击"组建(B)" | "编译[aplusb.c]"命令后，屏幕上出现要求创建项目工程对话框，如图 1-9 所示，单击【是】表示同意由系统建立默认的项目工作区。

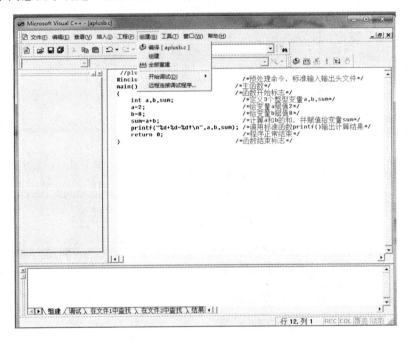

图 1-8 "编译"菜单命令

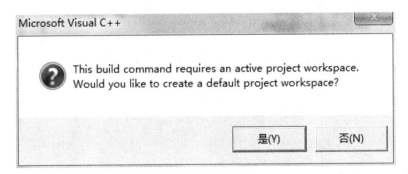

图 1-9 要求创建项目工作区对话框

在进行编译时，编译系统首先检查源程序有无语法错误，然后在主窗口下部的调试信息窗口输出编译的信息。如果无错，则生成目标文件 aplusb.obj，如图 1-10 所示。如果有错，则会指出错误的位置和性质，如图 1-11，用户双击输出窗口中的错误信息，在源程序编辑窗口最左边有一个蓝色图标指示错误所在的行，提示用户改正错误，用户要从程序的上下文分析程序错误。

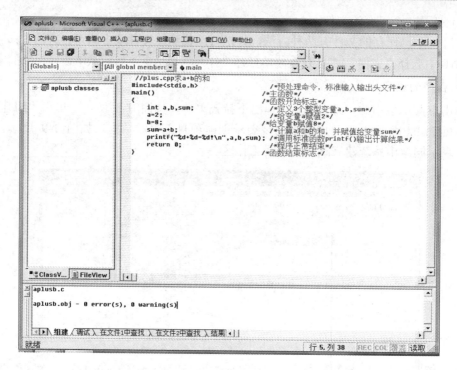

图 1-10　编译成功

图 1-11　编译时出错

3) 程序的链接

在得到了目标程序后，就可以对程序进行链接了，选择主菜单"组建" | "组建 [aplusb.exe]"，程序执行结果如图 1-12 所示。

图 1-12　"组建" | "组建 [aplusb.exe]"菜单命令的程序执行结果

4) 程序的执行

选择"组建" | "执行[aplusb.exe]"命令，则在 VC++ 集成环境的控制下运行程序，如图 1-13 所示。被启动的程序在控制台窗口下运行，与 Windows 中运行 DOS 程序的窗口类似。如图 1-14 所示为弹出的 DOS 窗口，显示程序执行结果。

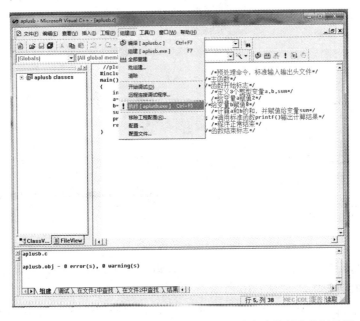

图 1-13　"组建" | "执行 [aplusb.exe]"菜单命令的程序执行结果

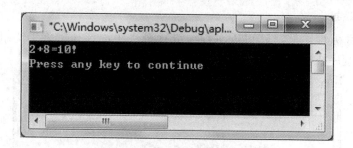

图 1-14　程序执行结果

注意：第二行"Press any key to continue"不是程序所指定的输出，而是 VC++ 6.0 在输出完运行结果后系统自动加上的一行信息，通知用户：按任意键继续。当用户按下任意键后，输出窗口消失，回到 VC++ 6.0 主窗口，此时可以继续对程序进行修改补充或其他的工作。

5) 程序的调试

(1) 单击"组建(B)"｜"开始调试"｜"Step Into"启动调试器程序，如图 1-15 所示，左边的粗箭头指向主函数 main()下面的花括号，即函数开始的标志。在源程序主窗口下面右边的"Watch1"窗口中输入程序中的变量 a、b、sum，值窗格列均显示错误，因为程序还没有运行，变量 a、b、sum 既没有定义，也没有赋值。

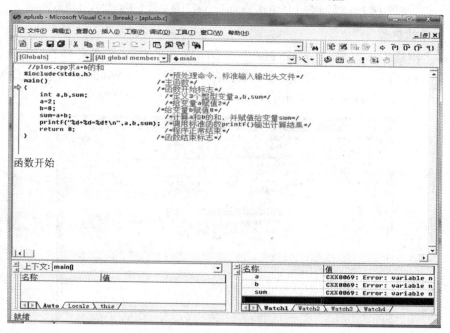

图 1-15　启动调试程序

(2) 重复单击"调试(D)"｜"Step over"，进行单步调试，观察"Watch1"窗口中变量 a、b、sum 值的变化，如图 1-16 所示。

① 程序执行语句"int a, b, sum;"，系统在内存中分别给变量 a、b、sum 分配内存空间以存储整数。

② 程序执行语句"a=2;"，将整数 2 存储到变量 a 的存储空间中，也就是 a 的值为 2。

③ 程序执行语句"b=8;"，将整数 2 存储到变量 b 的存储空间中，也就是 b 的值为 8。

④ 程序执行语句"sum=a+b;"，首先将变量 a 和变量 b 的值相加，然后将相加的结果 10 赋给变量 sum。

⑤ 程序调试过程中，如果可以确认结果是正确的，或者找到了程序产生错误的原因或语句，就可以终止调试，单击"调试(D) | Stop Debugging"终止调试，返回源程序编辑窗口。

图 1-16　调试程序单步执行至语句"sum=a+b;"

习　题　一

一、选择题

1. C 语言程序的执行，总是起始于(　　)。

    A. 程序中的第一条可执行语句　　　　B. main 函数

    C. 程序中的第一个函数　　　　　　　D. 包含文件中的第一个函数

2. 下列说法中正确的是(　　)。

    A. 书写 C 程序时，不区分大、小写字母

    B. 书写 C 程序时，一行只能写一个语句

    C. 书写 C 程序时，一个语句可分成几行书写

    D. 书写 C 程序时，每行必须有行号

3. 下面对 C 语言特点的描述，不正确的是(　　)。

    A. C 语言兼有高级语言和低级语言的双重特点，执行效率高

    B. C 语言既可以用来编写应用程序，又可以用来编写系统软件

    C. C 语言的移植性较差

    D. C 语言是一种结构式模块化的程序设计语言

4. 计算机内部使用的数是(　　)。

    A. 十进制数　　　　　　　　　　　　B. 十六进制数

    C. 八进制数　　　　　　　　　　　　D. 二进制数

5. 为建立良好的程序设计风格，下面描述正确的是(　　)。

    A. 程序应简单、清晰、可读性好

    B. 符号名的命名只要符合语法即可

    C. 充分考虑程序的执行效率

    D. 程序的注释可有可无

6. 以下说法正确的是(　　)。

    A. C 语言总是从第一个函数开始执行

    B. 在 C 语言程序中，要调用函数必须在 main()函数中定义

    C. C 语言程序总是从 main()开始执行

    D. C 语言程序中的 main()函数必须放在程序的开始部分

7. 以下叙述中错误的是(　　)。

    A. 在 C 语言程序的运行过程中，所有计算都以二进制方式进行

    B. 在 C 程序的运行过程中，所有计算都以十进制方式进行

    C. 所有 C 程序都需要编译、链接无误后才能运行

    D. C 程序设计中，最后调入内存执行文件的扩展名是 .exe

8. 将二进制数 101101101111 转换成十六进制数是(　　)。

    A. 5557　　　　　　B. 7555　　　　　　C. B6B　　　　　　D. F6B

9. 将八进制数 307 转换成二进制数是(　　)。

    A. 100110011　　B. 11000111　　C. 1100000111　　D. 111000011

10. 十进制数 2403 转换成十六进制数为(　　)。

    A. 963　　　　　　B. 369　　　　　　C. 953　　　　　　D. 359

11. 二进制数 00110101 转换成八进制数是(　　)。

    A. 055　　　　　　B. 065　　　　　　C. 056　　　　　　D. 152

12. 将二进制数转换成十进制数是(　　)。

    A. 91.75　　　　　B. 91.375　　　　　C. 91.125　　　　　D. 91.25

13. 下面能表示八进制数的是(　　)。

    A. 0x16　　　　　　B. 029　　　　　　C. −114　　　　　　D. 033

二、简答题

1. C 语言和其他高级语言有什么异同？

2. C 程序的基本结构包括哪些内容？

3．C 语言函数分为哪两类？

4．C 语言以函数为程序的基本单位，这有什么好处？

5．上机调试程序的步骤有哪些？

三、程序运行题

1．在 Visual C++ 环境下输入并运行下列程序，记录程序的运行结果。

```c
#include<stdio.h>
void main()
{
    printf("****************\n");
    printf("        hello!        \n");
    printf("****************\n");
}
```

第 2 章　基本数据类型、运算符和表达式

　　数据是程序处理的对象，是程序的必要组成部分。一个程序通常包括对数据的描述和对数据处理的描述。程序中对数据的描述称为数据结构。在 C 语言中，系统提供的数据结构是以数据类型的形式出现的。

　　所有的高级语言都对数据进行分类处理，不同类型数据的操作方式和取值范围不同，所占存储空间的大小也不同。C 语言中提供了丰富的数据类型，包括基本类型、构造类型、指针类型和空类型。数据类型具体分类如图 2-1 所示。

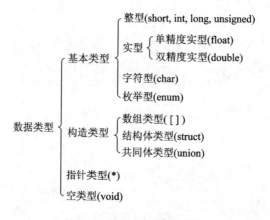

图 2-1　数据类型具体分类

　　本章重点讲述基本类型中的整型、单精度实型、双精度实型和字符型四种类型，以及算术运算符与算术表达式、关系运算符和逻辑运算符、赋值运算符与赋值表达式等的表达形式和使用要点，还将介绍表达式的构成规则和运算符的优先级及结合性等。

2.1　字符集及词法约定

2.1.1　C 语言的字符集

　　字符是组成语言的最基本元素。C 语言字符集由字母、数字、空格、标点和特殊字符构成。在字符常量、字符串常量和注释中还可以使用汉字和其他可表示的图形符号。

1. 字母

字母有大写字母(A～Z)和小写字母(a～z)，共 52 个。

2. 数字

数字主要是平常使用的 10 个十进制数字(0～9)。

3. 空白符

空格符、制表符、换行符等统称为空白符。空白符只在字符常量和字符串常量中起作用。在其他地方出现时，只起间隔作用，编译程序对它们忽略不计。因此，在程序中是否使用空白符，对程序的编译不产生影响，但在程序中适当的地方使用空白符能够增加程序的清晰性和可读性。比如前面的程序中用到的换行符 \n，看似两个字符"\"和"n"，实际上合起来"\n"表示一个换行符。这里，字符"\"称为转义符，表示尾随其后的那个字符(如"\n")失去原有含义，而具有另外特定的意义。后面将进一步介绍。

4. 标点和特殊字符

标点和特殊字符共 29 个，常用于表示各种运算。即：

!　"　#　%　&　'　()　*　+　,　–　\　:　;　<>　=　?　[]　/　^　_　{}　|　~

2.1.2　词法约定

C 语言中使用的词汇分为六类：标识符、关键字、运算符、分隔符、常量和注释符。

1. 标识符

程序中使用的变量名、函数名、标号等统称为标识符。除库函数的函数名由系统定义外，其余都由用户自定义。C 语言规定，标识符只能是字母(A～Z，a～z)、数字(0～9)和下划线(_)组成的字符串，并且其第一个字符必须是字母或下划线。

例如，以下标识符是合法的：

　　　　a, X, X3, BOOK_1, sum5

以下标识符是非法的：

　　　　3s　　　　　　　　以数字开头

　　　　S*T　　　　　　　出现非法字符 *

　　　　Bowy–1　　　　　出现非法字符 –(减号)

在使用标识符时还要注意以下几点：

(1) 标准 C 语言不限制标识符的长度，但它受各种版本的 C 语言编译系统的限制，同时也受到具体机器的限制。例如某版本 C 语言的规定，标识符前八位有效，当两个符前八位相同时，则被认为是同一个标识符。

(2) 在标识符中，大小写是有区别的。例如，BOOK 和 book 是两个不同的标识符。

(3) 标识符虽然由程序员随意定义，但标识符是用于标识某个量的符号。因此，命名应尽量有相应意义，以便于阅读理解，做到"顾名思义"。

2. 关键字

关键字是 C 语言中规定的具有特定意义的字符串，通常也称为保留字。用户定义的标识符不应与关键字相同。标准 C 语言中共有 32 个关键字，按照其用途分为以下几类：

(1) 类型说明符：用于定义、说明变量、函数或其他数据结构的类型。如前面例题中用到的 int、double 等。

(2) 语句定义符：用于表示一个语句的功能。如 if else 就是条件语句的语句定义符。

(3) 运算符命令字：如 sizeof 用于计算字节数。

下面列举了 32 个关键字，它们与标准 C 语言的句法结合，形成了程序设计语言 C：

auto break case char const continue default do double else enum extern float for goto if int long register short signed sizeof static return struct switch typedef union unsigned void volatile while

3. 运算符

C 语言中含有相当丰富的运算符。运算符与变量、函数一起组成表达式，表示各种运算功能。运算符由一个或多个字符组成。

4. 分隔符

在 C 语言中采用的分隔符有逗号和空格两种。逗号主要用在类型说明和函数参数表中，分隔各个变量。空格多用于语句各单词之间作间隔符。在关键字、标识符之间必须要有一个以上的空格符作间隔，否则将会出现语法错误，例如把"int a；"写成"inta；"，C 编译器会把 inta 当成一个标识符处理，其结果必然出错。

5. 常量

C 语言中使用的常量可分为数字常量、字符常量、字符串常量、符号常量、转义字符等多种，在后面章节中将专门介绍。

6. 注释符

C 语言中的注释符是以"/*"开头并以"*/"结尾的串。在"/*"和"*/"之间的即为注释。程序编译时，不对注释作任何处理。注释可出现在程序中的任何位置。注释用来向用户提示或解释程序的意义。在程序调试中对暂不使用的语句也可用注释符括起来，使编译跳过不作处理，待调试结束后再去掉注释符。

2.2 C 语言的基本数据类型

C 语言有五种基本数据类型：字符型、整型、单精度实型、双精度实型和空类型。

不同的数据类型在计算机中占有不同的存储空间和表现形式，如字符型数据占 1 个字节，int 整型占 4 个字节，double 实型在 VC++ 6.0 中占 8 个字节。

注意：C 标准没有规定各种类型占有的长度，这是各编译系统自行决定的。如在 Turbo c 2.0 中，int 型占 2 个字节，在 VC++ 6.0 中占 4 个字节。在本书中，如无特殊说明，各种数据类型占有的长度都是指在 VC++ 6.0 编译系统中的长度。表 2.1 给出了 5 种数据类型的长度和范围。

表 2.1　基本数据类型的字长和范围

类　　型	长度/bit	范　　围
char(字符型)	8	0～255
int(整型)	32	−2 147 483 648～+2 147 483 647
float(单精度型)	32	约精确到 6 位数
double(双精度型)	64	约精确到 12 位数
void(空值型)	0	无值

　　注：表中的长度和范围的取值是假定 CPU 的字长为 32 bit。

　　C 语言还提供了几种构造类型，包括数组、指针、结构体、共用体(联合)、位域和枚举。这些复杂类型在以后的章节中讨论。

　　除 void 类型外，基本类型的前面可以有各种修饰符。修饰符用来改变基本类型的意义，以便更准确地适应各种情况。修饰符有 signed(有符号)、unsigned(无符号)、long(长型符)和 short(短型符)。

　　修饰符 signed、short、long 和 unsigned 适用于字符和整数两种基本类型，而 long 还可以用于 double(注意：由于 long float 与 double 意思相同，所以 ANSI 标准删除了 long float)。

　　表 2.2 给出了所有根据 ANSI 标准组合的类型、字宽和范围。切记，在计算机字长大于 16 位的系统中，short int 与 signed char 可能不等。

表 2.2　ANSI 标准中的数据类型

类　　型	长度/bit	范　　围
char(字符型)	8	ASCII
unsigned char(无符号字符型)	8	$0～255(0～2^8-1)$
signedchar(有符号字符型)	8	$-128～127(-2^7～2^7-1)$
signed int(整型)	32	$-2\ 147\ 483\ 648～2\ 147\ 483\ 647(-2^{31}～2^{31}-1)$
unsigned int(无符号字符型)	32	$0～4\ 294\ 967\ 295(0～2^{32}-1)$
signed short int(短整型)	16	$-32\ 768～32\ 767(-2^{15}～2^{15}-1)$
unsigned short int(无符号短整型)	16	$0～65\ 535(0～2^{16}-1)$
signed long int	32	$-2\ 147\ 483\ 648～2\ 147\ 483\ 647(-2^{31}～2^{31}-1)$
unsigned long int(无符号长整型)	32	$0～4\ 294\ 967\ 296(0～2^{32}-1)$
float(单精度型)	32	约精确到 6 位数
double(双精度型)	64	约精确到 12 位数

　　注：表中的长度和范围的取值是假定 CPU 的字长为 16 bit。

注意：

　　(1) 整数的缺省定义是有符号数，因此 signed 这一用法是多余的，但仍允许使用。

　　(2) 某些实现允许将 unsigned 用于浮点型，如 unsigned double。但这一用法降低了程序的可移植性，故建议一般不要采用。

(3) 为了使用方便，C 编译程序允许使用整型的简写形式，即 int 可缺省：

- short int 简写为 short
- long int 简写为 long
- unsigned short int 简写为 unsigned short
- unsigned int 简写为 unsigned
- unsigned long int 简写为 unsigned long

2.2.1 常量与变量

C 语言的基本数据类型(整型、实型、字符型和枚举型)，按照所取的数据值在程序执行过程中是否能改变可分为常量和变量两种。数据值不发生变化的量称为常量，数据值在程序执行过程中被改变的量称为变量。

1. 常量

常量可为任意数据类型，例如：

字符常量：'a'、'\n'、'9'

整型常量：21、123、2100、–234

实型常量：123.23、4.34e–3

在 C 语言中，可以用一个标识符来表示一个常量，称之为符号常量。符号常量在使用之前必须先定义，其一般形式为

      #define 标识符 常量

其中，#define 是一条预处理命令(预处理命令都以"#"开头)，称为宏定义命令(在后面的预处理程序中进一步介绍)，其功能是把该标识符定义为其后的常量值。一经定义，以后在程序中所有出现该标识符的地方均代之以该常量值。习惯上，符号常量的标识符用大写字母表示，变量标识符用小写字母表示，以示区别。

【例 2.1】 符号常量的使用。

源程序如下：

```
#define PRICE 30
#include<stdio.h>
void main( )
{
    int num, total;
    num=10;
    total=num* PRICE;
    printf("total=%d,total");
}
```

程序中用 #define 命令行定义 PRICE 代表常量 30，程序运行结果为

    total=300

符号常量与变量不同，它的值在其作用域内不能改变，也不能再被赋值。

C 语言还支持另一种预定义类型的常量，这就是串。所有串常量括在双撇号之间，例如

"This is a test"。切记，不要把字符和串相混淆，单个字符常量是由单撇号括起来的，如 'a'。

2. 变量

一个变量应该有一个名字(标识符)，在内存中占据一定的存储单元，该存储单元存放变量的值。例如"int a;"表示定义了一个整型变量，其变量名为 a，变量名代表内存中的存储单元，在对程序进行编译时，由系统给每个变量分配存储单元。变量还可以在定义的同时赋初值。如"int a=3;"表示定义了一个整型变量 a，同时给 a 所对应的地址单元赋初值 3。如图 2-2 所示。

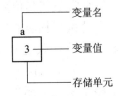

图 2-2　变量赋值示例

请注意区分变量名和变量值这两个不同的概念。所有的 C 语言变量必须在使用之前定义。定义变量的一般形式是：

    type variable_list;

其中，type 必须是有效的 C 语言类型，variable_list(变量表)可以由一个或多个以逗号分隔的多个标识符名构成。例如：

    int i, j, l;

    shot int si;

    unsigned int ui;

    double balance, profit, loss;

注意：C 语言中变量名与其类型无关。

2.2.2　整型数据

1. 整型常量

整型常量即整常数，它可以是十进制、八进制、十六进制数字表示的整数值。十进制常数的形式是：digits，其中，digits 可以是从 0 到 9 的一个或多个十进制数，第一位不能是 0。

八进制常数的形式是：Odigits，其中，digits 可以是一个或多个八进制数(0~7)，起始 O 是必需的引导符。

十六进制常数的形式是：Oxhdigits 或 Oxhdigits，其中，hdigits 可以是一个或多个十六进制数(0~9 的数字，且 a~f 的字母)。引导符 O 是必须有的，X 即字母，可用大写或小写。注意，空白符号不可出现在整数数字之间。程序中是根据前缀来区分各种进制数的，因此在书写常数时不要把前缀弄错而造成结果不正确。

表 2.3 列出了整常数的形式。

表 2.3　整常数形式

十进制	八进制	十六进制
20	O24	OX14
130	O202	OX82
32179	O76663	OX/db3 或 OX/DB3

整常数在不加特别说明时总是正值。如果需要负值，则负号"−"必须放置于常数表达式的前面。

每个常数依其值要给出一种类型。当整常数应用于一表达式，或出现负号时，常数类型自动执行相应的转换，十进制常数可等价于带符号的整型或长整型，这取决于所需常数的尺寸。八进制和十六进制常数可对应整型、无符号整型、长整型或无符号长整型，具体类型取决于常数的大小。如果常数可用整型表示，则使用整型。如果常数大于一个整型所能表示的最大值，但又小于整型位数所能表示的最大数，则使用无符号整型。同理，如果一个常数比无符号整型所表示的值还大，则它为长整型。如果需要，则当然也可用无符号长整型。

在 32 位字长的机器上，基本整型的长度也是 32 位，因此表示的数的范围也是有限定的。十进制无符号整常数的范围为 0～4 294 967 295，有符号为 −2 147 483 648～+2 147 483 647。八进制无符号整常数的范围为 0～037777777777。十六进制无符号整常数的范围为 OX0～OXFFFFFFFF。如果使用的数超过了上述范围，就必须用长整型数来表示。

在一个常数后面加一个字母 1 或 L，则认为是长整型。如 125L、45L、025L、015L、OXBL、Ox4fL 等。无符号数也可用后缀表示，整型常数的无符号数的后缀为"U"或"u"。如：Ox38Au、235Lu 均为无符号数。

长整型数 125L 和基本整常数 125 在数值上并无区别。但对 125L，因为是长整型量，C 语言编译系统将为它分配 4 个字节的存储空间。

前缀、后缀可同时使用以表示各种类型的数。如 OXA5Lu 表示十六进制无符号长整型数 A5，其十进制数为 165。

2. 整型变量

1) 整型变量的分类

(1) 基本型：类型说明符为 int，在内存中占 2 个字节。

(2) 短整型：类型说明符为 short int 或 short，所占字节和取值范围均与基本型相同。

(3) 长整型：类型说明符为 long int 或 long，在内存中占 4 个字节。

(4) 无符号型：类型说明符为 unsigned。

无符号型可与上述三种类型匹配构成：

(1) 无符号基本型：类型说明符为 unsigned int 或 unsigned。

(2) 无符号短整型：类型说明符为 unsigned short。

(3) 无符号长整型：类型说明符为 unsigned long。

各种无符号类型量所占的内存空间字节数与相应的有符号类型量相同，但由于省去了符号位，故不能表示负数。

有符号整型变量的最大表示为 2147483647，无符号整型变量的最大表示为 4294967295。

表 2.4 列出了 VC++ 6.0 中各类整型量所分配的内存字节数及数的表示范围。

表 2.4 整型量及其表示范围

类型说明符	数 的 范 围	字节数
int	$-2\,147\,483\,648\sim2\,147\,483\,647$, 即 $-2^{31}\sim2^{31}-1$	4
unsigned int	$0\sim4294\,967\,295$, 即 $0\sim2^{32}-1$	4
short int	$-32\,768\sim32\,767$, 即 $-2^{15}\sim2^{15}-1$	2
unsigned short int	$0\sim65\,535$, 即 $0\sim2^{16}-1$	2
long int	$-2\,147\,483\,648\sim2\,147\,483\,647$, 即 $-2^{31}\sim2^{31}-1$	4
unsigned long	$0\sim4\,294\,967\,295$, 即 $0\sim2^{32}-1$	4

2) 整型变量定义的一般形式

整型变量定义的一般形式为

    类型说明符 变量名标识符，变量名标识符，…；

例如：

    int a, b;   /*a、b 被定义为有符号短整型变量*/

    unsigned long c;   /*c 被定义为无符号长整型变量*/

在书写变量定义时，应注意以下几点：

(1) 允许在一个类型说明符后定义多个相同类型的变量，各变量名之间用逗号间隔。类型说明符与变量名之间至少用空格间隔。

(2) 最后一个变量名之后必须以"；"号结尾。

(3) 变量定义必须放在变量使用之前，一般放在函数体的开头部分。

【例 2.2】 整型变量的定义与使用。

源程序如下：

```
#include<stdio.h>
void main( )
{
        int a,b,c,d;              / *指定 a、b、c、d 为整型变量* /
        unsigned u;              / *指定 u 为无符号整型变量* /
        a=12; b=-24; u=10;
        c=a+u; d=b+u;
        printf("a+u=%d, b+u=%d\n", c, d);
}
```

运行结果：

    a+u = 22, b+u= -14

可以看到，不同类型的整型数据可以进行算术运算，本例中是 int 型数据与 unsingned int 型数据进行加减运算。

2.2.3 实型数据

1. 实型常量

实型也称为浮点型。实型常量也称为实数或者浮点数。在 C 语言中，实数采用十进制表示，有两种形式：十进制小数形式和十进制指数形式。

(1) 十进制小数形式：

      [digits][.digits]

其中，digits 是一位或多位十进制数(0～9)。小数点之前是整数部分，小数点之后是尾数部分(它们是可省略的)。例如：0.0、25.0、5.789、0.13、5.0、300.、−267.8230 等均为合法的实数。注意，必须有小数点。

(2) 十进制指数形式：由十进制数加阶码标志 E 或 e 以及阶码(只能为整数，可以带符号)组成。其一般形式为

      [digits][.digits][E | e[+ | −]digits]

其中，指数部分用 E 或 e 开头，幂指数可以为负，当没有符号时视为正指数的基数为 10，如 1.575E10 表示为 1.575×10^{10}。在实型常量中不得出现任何空白符号。

在不加说明的情况下，实型常量为正值。如果表示负值，则需要在常量前使用负号。例如：

    15.75，1.575E10，1575e−2，−0.0025，−2.5e−3，25E−4

所有的实型常量均视为双精度类型。

实型常量的整数部分为 0 时可以省略，例如以下形式是允许的：

    .57，.0075e2，−.1252，−.185E−2

注意：字母 E 或 e 之前必须有数字，且 E 或 e 后面的指数必须为整数，如 e3、2.1e3.5、.e3、e 等都是不合法的指数形式。

例如，以下均是不合法的实数：

345	(无小数点)
E7	(阶码标志 E 之前无数字)
−5	(无阶码标志)
53.−E3	(负号位置不对)
2.7E	(无阶码)

标准 C 语言中允许浮点数使用后缀。后缀为 "f" 或 "F" 即表示该数为浮点数，如 356f 和 356. 是等价的。

2. 实型变量

实型变量分为单精度型(float)、双精度型(double)和长双精度型(long double)三类。对每一个实型变量都应在使用前加以定义。例如：

```
float a, f;              /*a、f 被定义为单精度实型变量*/
double b;                /*b 被定义为双精度实型变量*/
long double c;           /*c 被定义为长双精度实型变量*/
```

在一般的系统中，一个 float 型数据在内存中占 4 个字节(32 位)，其数值范围为 3.4E−38～3.4E+38，单精度实数提供 7 位有效数字；一个 double 型数据占 8 个字节(64 位)，其数值范围为 1.7E−308～1.7E+308，双精度实数提供 15～16 位有效数字。

ANSI C 并未规定每种类型数据的长度、精度和数值范围。有的系统将 double 型所增加的 32 位全部用于存放小数部分，这样可以增加数值的有效位数，减少舍入误差；有的

系统则将所增加的位用于存放指数部分，这样可以扩大数值范围。表2.5列出的是微机上常用的编译系统(Turbo C、MS C、Borland C)的情况，数值的范围随机器系统而异。

表2.5 实型数据及其表示范围

类型说明符	比特数(字节数)	有效数字	数的范围
float	32(4)	6~7	$-3.4 \times 10^{38} \sim 3.4 \times 10^{38}$
double	64(8)	15~16	$-1.7 \times 10^{308} \sim 1.7 \times 10^{308}$
long double	128(16)	18~19	$-1.2 \times 10^{4932} \sim 1.2 \times 10^{4932}$

值得注意的是，实型常量是double型，当把一个实型常量赋给一个float型变量时，系统会截取相应的有效位数。例如：

    float a;
    a=111111.111;

由于float型变量只能接受7位有效数字，因此最后2位小数不起作用。如果将a改为double型，则能全部接受上述9位数字并存储在变量a中。

实型变量定义的格式和书写规则与整型的相同。

2.2.4 字符型数据

1. 字符常量

在C语言中，字符是按其所对应的ASCII码值来存储的，一个字符占一个字节。如表2.6所示。

表2.6 字符常量以ASCII码值表示示例

字符	ASCII 码值(十进制)	字符	ASCII 码值(十进制)
!	33	A	65
0	48	B	66
1	49	a	97
9	57	b	98

注意字符'9'和数字9的区别，前者是字符常量，后者是整型常量，它们的含义和在计算机中的存储方式都截然不同。

由于C语言中字符常量是按整数(short型)存储的，所以字符常量可以像整数一样在程序中参与相关的运算。例如：

    'a'-32;   /*执行结果 97-32 = 65 */
    'A'+32;   /*执行结果 65+32 = 97 */
    '9'-9;   /*执行结果 57-9 = 48 */

2. 字符串常量

字符串常量是指用一对双引号括起来的一串字符。双引号只起定界作用，双引号括起的字符串中不能是双撇号(")和反斜杠(\)，它们特有的表示法在转义字符中将会介绍。

例如："China"、"C program"、"YES&NO"、"33312-2341"、"A" 等。

C 语言中，字符串常量在内存中存储时，系统自动在字符串的末尾加一个"串结束标志"，即 ASCII 码值为 0 的字符 NULL，常用 \0 表示。因此在程序中，长度为 n 个字符的字符串常量，在内存中占有 $n+1$ 个字节的存储空间。

例如，字符串 China 有 5 个字符，作为字符串常量 "China" 存储于内存中时，共占 6 个字节，系统自动在后面加上 NULL 字符(\0)，其存储形式如下：

C	h	i	n	a	\0

要特别注意字符与字符串常量的区别，除了表示形式不同外，其存储性质也不相同，字符 'A' 只占 1 个字节，而字符串常量 "A" 占 2 个字节。

字符常量和字符串常量是不同的量。它们之间的区别如下：

(1) 字符常量由单撇号括起来，字符串常量由双撇号括起来。

(2) 字符常量只能是单个字符，字符串常量则可以含一个或多个字符。

(3) 可以把一个字符常量赋予一个字符变量，但不能把一个字符串常量赋予一个字符串变量。在 C 语言中没有相应的字符串变量，但是可以用一个字符数组来存放一个字符串常量。

(4) 字符常量占一个字节的内存空间，而字符串常量所占的内存字节数等于字符串中的字节数加 1。增加的一个字节中存放字符 "\0"(ASCII 码为 0)，这是字符串结束的标志。

3. 转义字符

我们已知字符常量是用单撇号括起来的字符，这对于可显示字符来说很容易表示，但对控制字符怎样表示呢？在 C 语言中没有对应的直接形式显示这些字符，但可以换一种形式来表示它们，即用转义字符来表示。转义字符具有特定的含义，不同于字符原有的意义，故称为"转义"字符。例如，前面各例题的 printf 函数的格式串中用到的"\n"，就是一个转义字符，其意义是"回车换行"。转义字符主要用来表示那些用一般字符不便于表示的控制代码。

转义字符是 C 语言中表示字符的一种特殊形式。通常使用转义字符表示 ASCII 码字符集中不可打印的控制字符和特定功能的字符。转义字符以反斜杠(\)开头，后面加其他字符。反斜杠的作用是给后面的字符赋予新的含义(即转义)。以"\"开头定义的字符有三种情况：非显示字符(控制字符)，可显示字符，字符的数值表示。表 2.7 给出了 C 语言中常用的转义字符。

字符常量中使用单撇号和反斜杠以及字符串常量中使用双撇号和反斜杠时，都必须使用转义字符表示，即在这些字符前加上反斜杠。

在 C 程序中使用转义字符 \ddd 或者 \xhh 可以方便、灵活地表示任意字符。

使用转义字符时需要注意以下问题：

(1) 转义字符中只能使用小写字母作首(\ddd 转义字符可用数字作首)，每个转义字符只能看做一个字符。

(2) \v (垂直制表符)和 \f (换页符)对屏幕没有任何影响，但会影响打印机执行相应操作。

(3) 在 C 程序中，使用不可打印字符时，通常用转义字符表示。

表 2.7　C 语言中常用的转义字符及其含义

字符形式	含　　义	ASCII 码的十进制表示
\a	响铃	7
\b	退格，由当前位置向回退一字符	8
\f	换页符，移到下页开头	12
\n	换行符，移到下行开头	10
\r	回车符(归位符)，移到本行开头	13
\t	水平制表符(水平定位符)，调至下一输出区开头	9
\v	垂直制表符(垂直定位符)，竖向跳格	11
\\	反斜杠字符	92
\'	单撇号字符	39
\"	双撇号字符	34
\ddd	字符 ASCII 码的八进制表示，每个 d 用一个八进制数码代替，1～3 个数码均可，其范围为 '\000'～'\377'。例如，'\012' 代表换行符，'\101' 代表 'A'	
\xhh	字符 ASCII 码的十六进制表示，每个 h 用一个十六进制数码代替，1～2 个数码均可，其范围为 '\00'～'\xFF'。例如：'\x0A' 代表换行符，'\x6D' 代表 'm'	

4．字符变量

字符变量用来存放字符常量，即单个字符。注意只能存放一个字符，不能存放字符串。

字符变量的类型说明符是 char。字符变量类型定义的格式和书写规则都与整型变量相同。例如：

　　char a, b;

表示 a 和 b 为字符变量，各放一个字符。因此可以用下面语句对 a，b 赋值：

　　a = 'c';

　　b = 'd';

【例 2.3】　向字符变量赋予整数。

源程序如下：

```
#include<stdio.h>
1    void main()
2    {
3        char c1, c2;
4        c1 = 97; c2 = 98;
5        printf("%c, %c", c1, c2);
6    }
```

其中，c1、c2 被指定为字符变量。在第 4 行中，将整数 97 和 98 分别赋给 c1 和 c2，其作用相当于以下两个赋值语句：

　　c1 = 'a';

　　c2 = 'b';

这是因为 'a' 和 'b' 的 ASCII 码为 97 和 98。第 5 行将输出两个字符。"%c" 是输出字符的格式。

程序运行结果：

　　a, b

【例2.4】　大小写字母的转换。

源程序如下：

```
#include<stdio.h>
void main()
{
    char c1, c2;
    c1 = 'a';  c2 = 'b';
    c1 = c1 - 32; c2 =c2 - 32;
    printf ("% c % c ", c1, c2);
}
```

程序运行结果：

　　A B

该程序的作用是将两个小写字母转换为大写字母。'a' 的 ASCII 码为 97，而 'A' 为 65；'b' 的 ASCII 码为 98，而 'B' 为 66。从 ASCII 代码表中可以看到，每个小写字母比大写字母的 ASCII 码大 32，即 'a' = 'A'+32，'b' = 'B'+32。

2.3　C 语言的运算符与表达式

　　数据是需要加工的，如对数据进行加减乘除运算，大小比较等等，这些都是编写程序必需的，否则程序就没有意义了。为解决这类问题，C 语言提供了丰富的运算符，使得 C 的运算十分灵活方便。

　　C 语言的运算符不仅具有不同的优先级，而且还有一个特点，即它的结合性。在表达式中，各运算量参与运算的先后顺序不仅要遵守运算符优先级别的规定，还要受运算符结合性的制约，以便确定是自左向右进行运算还是自右向左进行运算。这种结合性是其他高级语言的运算符所没有的，因此也增加了 C 语言的复杂性。

　　运算符是告诉编译程序执行特定算术或逻辑操作的符号。C 语言有三大运算符：算术、关系与逻辑、位操作。另外，C 语言还有一些特殊的运算符，用于完成一些特殊的任务。

2.3.1　算术运算符与算术表达式

1．算术运算符

　　算术运算符用于各类数值运算，包括加(+)、减(–)、乘(*)、除(/)、求余(或称模运算，%)、自增(++)、自减(––)七种。

　　(1) 加法运算符(+)：双目运算符，即应有两个量参与加法运算，如 a+b，4+8 等，具有左结合性。

(2) 减法运算符(–)：双目运算符，但"–"也可作负值运算符，此时为单目运算符，如 –x、–5 等，具有左结合性。一元减法的实际效果等于用 –1 乘单个操作数，即任何数值前放置减号将改变其符号。

(3) 乘法运算符(*)：双目运算符，具有左结合性。

(4) 除法运算符(/)：双目运算符，具有左结合性。当参与的运算量均为整型时，结果也为整型，舍去小数。如果运算量中有一个是实型，则结果为双精度实型。例如，在整数除法中，10/3 = 3。

(5) 模运算符(%)：双目运算符，具有左结合性。在 C 语言中的用法与它在其他语言中的用法相同。切记，模运算符取整数除法的余数，所以"%"不能用于 float 和 double 类型。模运算可以分成同号运算和异号运算。同号运算比较简单。对于异号，可以有如下的运算顺序：第一步，使其同号(同前)，计算出中间结果；第二步：中间结果加上后面的运算数，即可得到结果。例如：

11%3=2

–11%(–3)=–2

那我们来计算一下

11%(–3)=?

第一步，先使两个运算数符号相同，再做运算 11%3=2，此时得到的 2 只是中间结果。

第二步，中间结果 2 加上后面的运算数 –3，则得到 11%(–3)=–1。

同理可得：–11%3=–2+3=1。

(6) 自增运算符(++)：单目运算符，具有右结合性。运算符"++"是操作数加 1，换句话说，"x = x+1;"等同于"++x;"。

(7) 自减运算符(––)：单目运算符，具有右结合性。运算符"––"是操作数减 1，换句话说，"x = x–1;"等同于"––x;"。

自增和自减运算符可用在操作数之前，也可放在其后。例如："x=x+1;"可写成"++x;"或"x++;"，但在表达式中这两种用法是有区别的。若自增或自减运算符在操作数之前，则 C 语言在引用操作数之前先执行加 1 或减 1 操作；若自增或自减运算符在操作数之后，则 C 语言先引用操作数的值，再进行加 1 或减 1 操作。例如：

x = 10;

y = ++x;

此时，y = 11。如果程序改为

x = 10;

y = x++;

则 y = 10。

在这两种情况下，x 都被置为 11，但区别在于设置的时刻，这种对自增和自减发生时刻的控制是非常有用的。

注意：自增运算符和自减运算符的运算对象只能是变量，不能是表达式或常量。例如(a+b)++、6++ 都是错误的。

【例 2.5】　自增运算。

源程序如下：

```
#include<stdio.h>
void main()
{
    int i=5, j=5, p, q;
    p = (i++)+(i++)+(i++);
    q = (++j)+(++j)+(++j);
    printf("%d, %d, %d, %d", p, q, i, j);
}
```

说明：C 运算符和表达式使用灵活，但是应当注意，ANSI C 并没有具体规定表达式中的子表达式的求值顺序，允许各编译系统自己安排。例如，对表达式 a=f1()+f2()，并不是所有的编译系统都先调用函数 f1()，然后调用 f2()。在一般情况下，先调用 f1() 和先调用 f2() 的结果可能是相同的。但是在有的情况下结果可能不同，有时会出现一些令人容易搞混的问题。如此程序中 p 和 q 的值到底是多少呢？对于变量 p 有的系统按照自左而右的顺序求解括号内的运算，求完第 1 个括号的值后，实现 i 的自加，i 的值变为 6，再求第 2 个括号的值，结果表达式相当于 5+6+7=18。而另一些系统(如 Turbo C、MS C 和 VC++)把 5 作为表达式中所有 i 的值，因此 3 个 i 相加，得到 p 的值为 15。在求出整个表达式的值后再实现自加 3 次，i 的值变为 8。而对于 q 的值则不然，q=(++j)+(++j)+(++j) 在 Turbo C 中应理解为 j 先自增 1，再参与运算，由于 j 自增 1 三次后值为 8，三个 8 相加的和为 24，所以 j 的最后值仍为 8。但是在 VC++中，相当于 q=((++j)+(++j))+(++j)，即 j 先自加 1 变为 6，j 再自加 1 变为 7，然后第一个括号和第二个括号相加，结果为 14，第三个括号中 j 再自加 1 变为 8，前面两个括号的和 14 再加上第三个括号中的 j 值 8，最后结果为 22。下面是在各环境中程序运行后的结果。

在 Turbo 3.0 中，i=8   j=8   p=15   q=24
在 VC++ 6.0 中，i=8   j=8   p=15   q=22
在 Java 1.6 中，   i=8   j=8   p=18   q=21
在以后我们的编程过程中应该避免出现这种歧义性的语句。

【例 2.6】   自增自减运算。

源程序如下：

```
#include<stdio.h>
void main()
{
    int   i=8;
    printf("%d\n", ++i);
    printf("%d\n", --i);
    printf("%d\n", i++);
    printf("%d\n", i--);
    printf("%d\n", -i++);
```

```
        printf("%d\n", -i--);
    }
```

该程序中，i 的初始值为 8，第 5 行 i 加 1 后输出为 9，第 6 行减 1 后输出为 8，第 7 行输出 i 为 8 之后再加 1(为 9)，第 8 行输出 i 为 9 之后再减 1(为 8)，第 9 行输出 −8 之后再加 1(为 9)，第 10 行输出 −9 之后再减 1(为 8)。

在大多数 C 编译程序中，自增和自减操作生成的程序代码比等价的赋值语句生成的代码要快得多，所以尽可能地采用自增或自减运算符是一种较好的选择。

例如：关于模运算符(%)的程序段。

```
int x,y;
x = 10;
y = 3;
printf("%d", x / y);                    /*显示 3 */
printf("%d", x % y);                    /*显示 1，整数除法的余数* /
x = 1;
y = 2;
printf("%d, %d" , x / y , x % y);       /*显示 0，1*/
```

最后打印一个 0 和一个 1，因为 1/2 整除时为 0，余数为 1，故 1%2 取余数 1。

2．算术运算符的优先级和结合性

C 语言中算术运算符的优先级和数学中的规定是一样的，且都是自左向右结合。算术运算符的优先级如下：

最高　　　　　++、−−

　　　　　　　− (一元减)

　　　　　　　*、/、%

最低　　　　　+、−

编译程序对同级运算符按从左到右的顺序进行计算。当然，括号可以改变计算顺序。C 语言处理括号的方法几乎与所有的计算机语言相同：强迫某个运算或某组运算的优先级升高。

3．算术表达式

C 语言中，算术表达式是指用算术运算符和括号将运算对象(常量、变量、函数等)链接起来，使之符合 C 语法规则。

例如，以下是合法的算术表达式：

```
a+b
-a/(b1+0.5)-11%7*'a'
sin(a+b)
```

注意：C 语言表达式中所有的字符都写在一行上，没有分式，也没有上下标，括号只有圆括号一种(方括号和花括号用作其他用途)，如数学表达式：

$$\frac{a+b}{c+d}$$

需写成

    (a+b)/(c+d)

这里，括号是不可缺少的，如果没有括号，就变成了

$$a+\frac{b}{c}+d$$

结合上面介绍的算术运算符的优先级和结合规则，可以看到表达式 −a/(b1+0.5)−11%7*'a' 的求值过程：

① 求 −a 的值；

② 求 b1+0.5 的值；

③ 求①/②的值；

④ 求 11%7 的值；

⑤ 求④*a 的值；

⑥ 求③−⑤的值。

C 表达式不论简单还是复杂，最终总要求出值，也就是说，C 表达式本质上就是一个值。因此，表达式可以出现在数值能够出现的任何地方，这也意味着，如果表达式中有变量，则在变量引用之前，必须是已经赋过值的。

4. 算术运算中数据类型的转换规则

C 语言一个突出的特点是各类型数据可以共存于一个表达式中，并按一定的规则进行计算。例如：

    26+6.4*'6'-1.28e-2/'a'

这一点在其他编程语言中被认为不可思议，但在 C 语言中却是可行的。这是因为 C 语言可以对参与运算的数据作某种转换，把它们转换成同一类型，然后再进行计算。

1) 自动类型转换

C 语言自动类型转换的总体原则是：把短类型转换成长类型，如图 2-3 所示。在图中水平方向的转换是自然进行的，比如当遇到字符类型时，编译系统自动地将它作为 int 型来处理，对单精度 float 也自动作双精度 double 处理。

double ← float
↑
unsigned long
↑
long
↑
unsigned int
↑
int ←char，short

图 2-3　自动类型转换

纵向的箭头表示当运算对象为不同类型时转换的方向。例如 int 型和 double 型数据进行运算，先将 int 型转换为 double 型，然后两个同类型(double 型)数据间进行运算，结果为 double 型。

注意：箭头方向只表示数据类型级别的高低，由低向高转换。不要理解为 int 型先转换为 unsigned int 型，再转换为 long 型，再转换为 unsigned long 型，再转换为 double 型。如果一个 int 型数据和一个 double 型数据运算，则是直接将 int 型数据转换为 double 型。

同一表达式中不同类型的常量及变量，均应变换为同一类型的量。C 语言的编译程序将所有操作数变换为与最大类型操作数同一类型。变换以一次一个操作的方式进行。例如：

    char ch;

int i;

float f;

double d;

result=(ch/i)+(f*d)-(f+i);

程序段中末句的类型转换如图 2-4 所示。

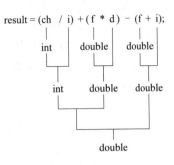

图 2-4　类型转换实例

说明：

(1) 所有 char 及 short int 类型均转换为 int 类型，所有 float 类型均转换为 double 类型。

(2) 若一对操作数中一个为 long double 类型，则另一个转换为 long double 类型；或者一个为 double 类型，则另一个转换为 double 类型；或者一个为 long 类型，则另一个转换为 long 类型；或者一个为 unsigned 类型，另一个转换为 unsigned 类型。

一旦运用了以上规则，每一对操作数均变为同一类型。注意，(2)中的规则必须依次应用。

图 2-4 示出了类型转换实例。首先，char ch 转换成 int 类型，同时 float f 转换成 double 类型；然后，ch/i 的结果转换成 double 类型，因为 f*d 是 double 类型；最后，由于两个操作数都是 double 类型的，所以结果也是 double 类型。

2) 强制类型转换

在自动转换达不到程序员的要求时，程序员需对数据作强制转换。强制转换就是在被转换的数据前加上所需的类型名。格式为

(类型名)(表达式)

例如：

(double)(5%2)

(int)(12*y)

(float) i

注意：

(1) 运算对象要适应运算符的要求，如求模%要求其运算对象都应是整数。

(2) 为得到符合数学意义的运算结果而对运算对象进行强制转换。例如：

float f;

f=17/4*5;

printf("f=%f\n",f);

则计算结果为 f=20.000000，与数学意义不符。如采用强制类型转换，则

f=(float)17/4*5;

结果为

f=21.250000

(3) 类型说明符和表达式都必须加括号，单个变量可以不加括号。例如：

(int)(x+y);　　　　　　　/*把 x+y 的结果转换为整型*/

(lnt)x+y;　　　　　　　/*x 转换为整型后再与 y 相加*/

(4) 函数调用时参数类型的要求。如求 x^y 的数学函数 pow(x,y)，要求 x、y 的类型都

必须是 double 类型，如果实际参数不是 double 类型，则应做强制转换：

    r=pow((double)m,(double)n);

(5) 在创建动态数据时，要对新开辟单元的指针做强制转换。

需要说明的是，无论强制类型转换还是自动类型转换都不改变原变量的类型，即对一个变量进行强制类型转换后得到一个新类型的数据，但原来变量的类型不变。例如：

    double x=1.253;

    printf("(int)x=%d,x=%2f\n",(int)x,x);

x 强制转换为 int 型，但只是在运算中起作用，x 本身的类型并不改变，因此(int)x 的值为 1，而 x 的值仍然为 1.253，即输出为

    (int)x=1，x=1.253000

(6) 当高级别类型数据要强制转换为低级别类型数据时，可能会导致溢出或精度下降，最好不要使用。

【例 2.7】 强制类型转换。

源程序如下：

```
#include<stdio.h>
int main( )
{
    float   x=4.7;
    int i;
    i=(int)x%3;
    printf("i=%d,x=%f\n",i,x);
    return 0;
}
```

程序运行结果：

    i=1,x=4.700000

x 的原值并未改变。

2.3.2 关系及逻辑运算符

1. 关系运算符

关系运算符中的"关系"指的是一个值与另一个值之间的关系。C 语言提供一组关系运算符，用于表示两个运算对象之间的大小比较，比较的结果是真和假两个逻辑值。运算过程为：如果关系表达式成立，则结果为真(True)，否则为假(False)。由于 C 语言没有逻辑型数据，就用 1 代表"真"，0 代表"假"。关系运算符包括大于(>)、小于(<)、等于(==)、大于等于(>=)、小于等于(<=)和不等于(!=)六种(见表 2.8)。

表 2.8 关系运算符

运算符	含　义	运算符	含　义
<	小于	>=	大于或等于
<=	小于或等于	==	等于
>	大于	!=	不等于

对于由两个不同字符构成的比较运算符，在使用中常见的错误是：

(1) 将两个字符的次序颠倒，如把 >=、!=、<= 写成 =>、=!、=<。

(2) 在两个字符之间加空格，如把 >=、!=、<=、== 写成 >　=、!　=、<　=、=　=。

(3) 将相等运算符误写成赋值运算符，即把 == 写成 =，这也是初学者常犯的错误。

因此，对于由两个以上字符构成的运算符，在使用中都应加以注意，防止出现上述错误。

2. 逻辑运算符

关系运算符可以用来对表达式进行比较，但如果有些条件判断不是一个简单的表达式，而是由几个条件组成的复合表达式，则 C 语言怎么解决这个问题呢？例如 C 语言如何表示数据表达式(3≤X≤7)？经分析，我们需要判定两个条件：(1) X>=3，(2) X<=7；当 X 同时满足这两个条件时，才算 3≤X≤7 成立。又比如，某城市规定，去公园可免门票的条件为年龄 10 岁以下(包括 10 岁)的儿童或者年龄 70 岁以上(含 70 岁)的老人，此时是否能够免门票，需要判定两个条件：(1) age>=70，(2) age<=10；只要二者之一符合就可免门票。

上面两个问题都涉及两个条件，不能用一个组合表达式来表示，需要用一个连接符将两个表达式连接起来。为此，C 语言引入了逻辑运算符。

逻辑运算符用来对关系表达式进行运算，因此逻辑运算中的"逻辑"指的是连接关系的方式。逻辑运算符的操作对象和结果也都是逻辑值，因此关系运算符和逻辑运算符在使用时有着密切的联系，所以将它们放在一起讨论。

C 语言提供了三种逻辑运算符。

(1) 逻辑非(!)：把逻辑值进行翻转，具有右结合性。

(2) 逻辑与(&&)：求两个逻辑值的与，相当于乘运算 AND，具有左结合性。

(3) 逻辑或(‖)：求两个逻辑值的或，相当于加运算 OR，具有左结合性。

其中，! 为单目运算符，&&、‖ 为双目运算符，其功能和用法见表 2.9。

表 2.9　逻辑运算真值表

a	b	!a	!b	a&&b	a‖b
真	真	假	假	真	真
真	假	假	真	假	真
假	真	真	假	假	真
假	假	真	真	假	假

则上面两个例子如果用 C 语言表达式应该为

(X>=3) && (X<=7)

和

(age<=10)‖(age>=70)

关系运算符和逻辑运算符概念中的关键是 True(真)和 False(假)。C 语言中，非 0 为 True，0 为 False。使用关系或逻辑运算符的表达式对 False 和 True 分别返回值 0 和 1。

关系运算符和逻辑运算符的优先级比算术运算符低，如对表达式 10>1+12 的计算可以假定是对表达式 10>(1+12)的计算，当然，该表达式的结果为 False。

逻辑运算符的优先级是：逻辑非(!)最高，逻辑与(&&)次之，逻辑或(‖)最低，它们与算数运算符、关系运算符、赋值运算符的关系如图 2-5 所示。

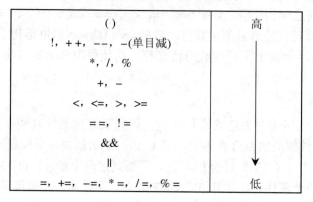

图 2-5　部分运算符的优先级

从图 2-5 的优先级可以看出：

a > b && c > d	相当于	(a > b) && (c > d)
x == 0 ‖ y == 0	相当于	(x == 0) ‖ (y == 0)
! a && b == c	相当于	(! a)&&(b == c)

你可能会觉得 C 语言运算符的优先级多而复杂，其实这还只是其中的一部分。如果记不住它们的关系，则可以使用括号"()"。实际上，我们经常使用圆括号来表明运算的先后，即使有时圆括号并不影响运算顺序，但这样做可使程序不容易出错，阅读起来也方便。

2.3.3　赋值运算符与赋值表达式

1.　赋值运算符

C 语言中，赋值运算符记为"="。由"="连接的式子称为赋值表达式。其一般表达式为

变量 = 表达式

例如：

x=a+b

w=sin(a)+sin(b)

y=i+++--j

赋值表达式的功能是计算表达式的值再赋予左边的变量。赋值号两边的部分分别称为"左值"和"右值"，只有变量名才能充当左值，表达式不能作为左值使用。因此，"a++=1"、"a=b++=c++=2;"等都是错误的。

赋值运算符具有右结合性。因此，

a=b=c=5

可理解为

a=(b=(c=5))

在其他高级语言中，赋值构成了一个语句，称为赋值语句。而在 C 语言中，把"="定义为运算符，从而组成赋值表达式。凡是表达式可以出现的地方均可出现赋值表达式。

例如，式子 x=(a=5)+(b=8)是合法的，其意义是把 5 赋予 a，8 赋予 b，再把 a、b 相加，其和赋予 x，故 x 应等于 13。

在 C 语言中也可以组成赋值语句，按照 C 语言的规定，任何表达式在其末尾加上分号就构成为语句。因此"x=8;"和"a=b=c=5；"都是赋值语句，在前面的例子中我们已使用过了。

2．赋值运算中的类型转换

如果赋值运算符两边的类型不一致，则在赋值的时候要对右边表达式的类型进行转换，使之适应左边变量的要求，或者说以左边变量的类型为基准来改造右边的表达式。为了便于表达，我们做出如下的约定：

　　　　[类型 1]←(类型 2)

表示把类型 2 的值赋给类型 1 的变量。

具体有以下几种情况：

(1) [int]←(float,double)

说明：将浮点数(单、双精度)转换成整数时，将舍弃浮点数的小数部分，只保留整数部分。

(2) [float]←(int)

　　[double]←(int)

说明：变量中的整数部分是右边表达式的值，而小数部分是相应个数的 0。例如：

　　　　float f=15;

　　　　double d=15;

则有：

　　　　f=15.000000　　　(6 个 0)

　　　　d=15.00…　…0　　(14 个 0)

(3) [float]←(double)

说明：在 float 类型所能容纳的范围之内，把 double 数值的前 7 位放入 float 型变量中，超过范围则出错。

　　　　[double]←(float)

说明：在 float 型数据尾部加 0 延长为 double 型数据，有效位数扩展到 16 位，数值不变。

(4) [int]←(unsigned char)

说明：int 类型占 2 个字节，char 类型占 1 个字节，当将字符型数据处理为无符号的量时，赋值是把字符放入整型变量的低 8 位，高 8 位全部补 0。例如：

　　　　int i; unsigned char c='376';　i=c;

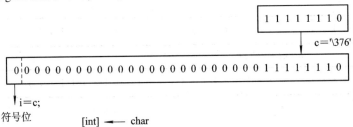

当将字符型数据处理为带符号的量进行赋值时，如果字符型数据的最高位为 0 (即字符型数据小于等于 127)，则将字符放入整型变量的低 8 位，其余位全部补 0。

如果字符型数据的最高位为 1 (即字符型数据大于 127)，则将字符放入整型变量的低 8 位，其余位全部补 1。仍以上为例：

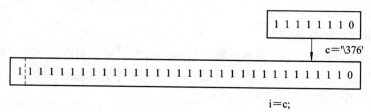

(5) [char]←(int,shortint,longint)

说明：只把整数的低 8 位送到字符变量中，其余全部截掉，如整数大于 255(低 8 位的最大值)时，赋值在变量中会改变原来的值。例如：

```
int i=256; char c=i;
printf("i=%d,c=%d\n",i,c);
```

则输出为

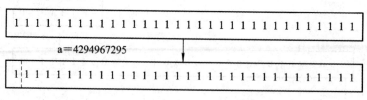

(6) [long]←(int)

说明：把 int 类型数值送入 long 类型的低 16 位中，高 16 位按"符号扩展"的原则处理。

[int]←(long)

说明：把 long 类型的低 16 位送入 int 型变量，高 16 位截掉，如高 16 位中仍有数据，则变量中有可能改变原来的值。

(7) [int]←(unsigned int)

[long]←(unsigned long)

[short]←(unsigned short)

说明：这类赋值的特点是两边的长度相等，但取值范围不同，右边的正数范围要比左边大一倍，因此只有在左边的正数范围内赋值才正确，否则所赋的正值在变量中会得到负的结果。例如：

```
unsigned int a=65535; int b=a; printf("%d", b);
```

则输出为

b=-1

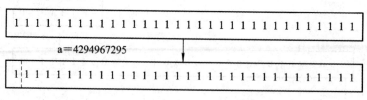

(8)　[unsigned int]←(int)

　　　[unsigned long]←(long)

　　　[unsigned short]←(short)

说明：这是和(7)相反的赋值，可以照原值全部传送，但若传送负数，则接收者会得到一个正数的结果，这是因为把原来的符号位也当成了数值位。例如：

　　　unsigned int a;　int b=-1; a=b;

　　　printf("b=%d,a=%d\n",b,a);

则输出为

　　　b=-1，a=4294967295

a＝4294967295

【例2.8】　赋值运算中的类型转换。

源程序如下：

```
#include<stdio.h>
void main()
{
    int a,b=322;
    float   x,y=8.88;
    char c1='k',c2;
    a=y;
    x=b;
    a=c1;
    c2=b;
    printf("%d,%f,%d,%c",a,x,a,c2);
}
```

程序输出：

　　　107，322.000000，107，B

本例表明了上述赋值运算中类型转换的规则。a 为整型，赋予实型变量 y 值 8.88 后只取整数 8。x 为实型，赋予整型量 b 值 322 后增加了小数部分。字符型量 c1 赋予 a 变为整型(字符 k 对应 ASCII 码值 107)，整型量 b 赋予 c2 后取其最后 8 位成为字符型(b 的最后 8 位为 01000010，即十进制 66，按 ASCII 码对应字符 B)。

3．复合赋值运算符

在赋值运算符"＝"之前加上其他双目运算符可构成复合赋值运算符。如 +=、-=、*=、/=、%=、<<=、>>=、&=、^=、|=。

构成复合赋值表达式的一般形式为

变量 双目运算符=表达式

等效于

变量=变量 运算符 表达式

例如：

a+=5　　　等价于　　a=a+5

x*=y+7　　等价于　　x=x*(y+7)

r%=p　　　等价于　　r=r%p

复合赋值运算符的这种写法可能使初学者感到不习惯，但十分有利于编译处理，能提高编译效率并产生质量较高的目标代码。

4．赋值表达式

赋值运算符连接变量和表达式而得到的式子就是赋值表达式。例如：

i = 12

这种形式不仅可以作为一个语句出现，也可以出现在表达式可以出现的任何地方(实际上赋值语句在 C 语言中被认为是一种表达式语句)，因此作为表达式，它也具有一个值。

赋值表达式的求值过程：先求赋值运算符右边表达式的值，然后把这个值赋给左边的变量，而赋值表达式的值就是这时左边变量的值。

2.3.4　条件运算符与条件表达式

条件运算符(?:)是 C 语言提供的唯一一个三目运算符，也是可以代替某些 if-then-else 语句的简便易用的操作符。用条件运算符连接的式子称为条件表达式。条件表达式的一般形式为

条件表达式 1 ? 条件表达式 2 : 条件表达式 3

条件运算符的优先级仅高于赋值运算符和逗号运算符，而比其他运算符都低。注意冒号的用法和位置。

条件表达式的求值规则为：在计算条件表达式 1 之后，如果数值为 True，则计算条件表达式 2，并将结果作为整个表达式的数值；如果条件表达式 1 的值为 False，则计算条件表达式 3，并以它的结果作为整个表达式的值。例如：

x = 10;

y = x >9 ? 100 : 200;

该例中，赋给 y 的数值是 100，如果 x 被赋予比 9 小的值，则 y 的值将为 200。若用 if-else 语句改写，则有下面的等价程序：

x = 10;

if(x>9)

　　　y=100;

else

　　　y=200;

有关 C 语言中的其他条件语句将在第 3 章进行讨论。

2.3.5　逗号运算符与逗号表达式

逗号在 C 语言中主要起两个作用，一是作为分隔符，一是作为运算符。

1．逗号分隔符

把两个对象分开可以用多种符号，如空格，反斜杠等，但多用逗号作分隔符。在变量的定义和函数的参数中都用到了逗号分隔符。例如：

> int i, j, k;
>
> char c1, c2, c3;
>
> result = max(a, b);

这里，它的作用是把同类的变量名分开，或是把函数的各个参数分开。

2．逗号运算符

作为运算符，它是把两个对象"连接起来"，使之成为一个逗号表达式。其一般形式为

> 表达式 1, 表达式 2

其求值过程是：分别求两个表达式的值，并以表达式 2 的值作为整个逗号表达式的值。

【例 2.9】 逗号运算符。

源程序如下：

```
#include<stdio.h>
Void main()
{
    int a=2,b=4,c=6,x,y;
    y=(x=a+b),(b+c);
    printf("y=%d,x=%d",y,x);
}
```

输出结果为：

> y=6, x=6

注意，y=((x=a+b)，(b+c))与表达式 y=(x=a+b)，(b+c)是不同的，在 y=((x=a+b)，(b+c))中，y 等于整个逗号表达式的值，也就是表达式 2 的值，x 是第一个表达式的值。而在本例中，由于赋值运算符的优先级高于逗号运算符，故 y 的值应该和 x 相同，都为 6。而整个逗号表达式的值才为表达式 2 的值，即为 10。

对于逗号表达式，还要说明两点：

(1) 逗号表达式一般形式中的表达式 1 和表达式 2 也可以又是逗号表达式。

例如：

> 表达式 1, (表达式 2, 表达式 3)

形成了嵌套情形。因此可以把逗号表达式扩展为以下形式：

> 表达式 1, 表达式 2, …表达式 n

整个逗号表达式的值等于表达式 n 的值。例如：

> i=1, j=0, sum=0, m=2*i+3

是一个由四个赋值表达式构成的逗号表达式。

(2) 程序中使用逗号表达式时，通常是要分别求逗号表达式各表达式的值，并不一定要求整个逗号表达式的值。

2.3.6 sizeof 运算符

sizeof 是一个单目运算符，其作用是求运算对象所具有的字节数。它有两种格式：

sizeof(运算对象)

或

sizeof 运算对象

其中，运算对象可以是数据类型名，变量名，常数名等。变量，常量的大小实际上是它所属类型的大小。

【例 2.10】 sizeof 运算符。

源程序如下：

```
#include<stdio.h>
int main()
{
    int i=162;
    float   y=0;
    printf("sizeof(++i)=%d\n",sizeof(++i),i);
    printf("sizeof(162)=%d\n",sizeof(162));
    printf("sizeof(\"china\")=%d\n",sizeof("china"));
    printf("sizeof(int)=%d\n",sizeof(int));
    printf("sizeof(float)=%d\n",sizeof(float));
    printf("sizeof(double)=%d\n",sizeof(double));
    printf("sizeof(1.1)=%d\n",sizeof(1.1));
    printf("sizeof(y=2*i+6.0)=%d\n",sizeof(y=2*i+6.0));
    printf("y=%f\n",y);
    return 0;
}
```

运行输出：

```
sizeof(++i)=4,i=162
sizeof(162)=4
sizeof("china")=6
sizeof(int)=4
sizeof(double)=8
sizeof(1.1)=8
sizeof(y=2*i+6.0)=4
y=0.000000
```

因为考虑到了 '\0'，所以 sizeof("China")=6。

编译程序把浮点常数作为 double 类型来处理，因此有 sizeof(1.1)=8。

sizeof(y=2*i+6.0)=4 是因为赋值运算符的左值 y 的类型是 float，占四字节，所以返回的是 y 类型的长度。

y=0.000000 表明 sizeof 运算并不对运算对象求值。

虽然 sizeof 的使用如同一个函数的调用，但它只是一个运算符，不是函数，它没有函数调用方面的开销。

使用 sizeof 运算符的目的是增强 C 程序的移植性，使之不受制于计算机固有的数据类型长度。正确地使用 sizeof 运算符，能使在 turbo C 中编写的程序最终可以在不同的环境下运行。

2.3.7　运算符优先级小结

C 语言的运算符可分为以下几类：

(1) 算术运算符：用于各类数值运算，包括加(+)、减(−)、乘(*)、除(/)、求余(或称模运算，%)、自增(++)、自减(−−)7 种。

(2) 关系运算符，用于比较运算，包括大于(>)、小于(<)、等于(= =)、大于等于(>=)、小于等于(<=)和不等于(!=)6 种。

(3) 逻辑运算符：用于逻辑运算，包括与(&&)、或(∥)、非(!)3 种。

(4) 位操作运算符：用于逻辑运算的量，按二进制位进行运算，包括位与(&)、位或(∣)、位非(~)、位异或(^)、左移(<<)、右移(>>)6 种。

(5) 赋值运算符：用于赋值运算，分为简单赋值(=)、复合算术赋值(+=，−=，*=，/=，%=)和复合位运算赋值(&=，∣=，^=，>>=，<<=)三类共 11 种。

(6) 条件运算符：是一个三目运算符，用于条件求值(?:)。

(7) 逗号运算符：用于把若干表达式组合成一个表达式(,)。

(8) 指针运算符：用于取内容(*)和取地址(&)两种运算。

(9) 求字节数运算符：用于计算数据类型所占的字节数(sizeof)。

(10) 特殊运算符：有括号( )、下标[ ]、成员(→，.)等几种。

C 语言中不同的运算符具有不同的优先级。在计算表达式的值时，先操作优先级比较高的运算符，如果表达式中的运算符优先级相同，则要按照运算符的结合性来确定计算的先后次序。

一般而言，单目运算符优先级较高，赋值运算符优先级低。算术运算符优先级较高，关系和逻辑运算符优先级较低。多数运算符具有左结合性，单目运算符、三目运算符、赋值运算符具有右结合性。表 2.10 列出了 C 语言所有运算符的优先级，其中包括将在本书后面讨论的某些运算符。

在确定表达式的运算次序时运算符的优先级和结合性是必须遵守的原则。比如根据优先级可以写出 3+4>5−a 这样的表达式。如果记不清运算符的优先级，则可以加括号，如(3+4)>(5−a)。左结合指左边的运算优于右边的运算先执行，如 10/2*5 等价于(10/2)*5；右结合指右边的运算优于左边先执行，如 a=b=3 等价于 a=(b=3)。

表 2.10　运算符的优先级及其结合性

优先级	运　算　符	需要的操作数	结合性
最高	( )　[ ]　→　.		从左向右
	!　~　++　--　-(type)　*　&　sizeof	1(单目运算)	从右向左
	*　/　%	2(双目运算)	从左向右
	+　-	2	从左向右
	<<　>>	2	从左向右
	<=　>=	2	从左向右
	==　!=	2	从左向右
	&	2	从左向右
	^	2	从左向右
	|	2	从左向右
	&　&	2	从左向右
	||	2	从左向右
	?　:	3	从右向左
最低	=　+=　-=　*=　/=　%=　<<=　>>=　&=　^=　|=	2	从右向左
	,		从左向右

2.4　常　见　错　误

针对初学者编程容易出现的一些常见错误,我们把它们列举如下,以供参考。

1. 将 main 写成 Main

C 语言程序中必须有一个 main 函数,如果将 main 函数写成 Main 函数,虽然不会存在语法错误,但会使程序缺少 main 函数。C 语言是区分字母大、小写的,因此 Main 和 main 是不同的标识符。

2. 变量不定义就使用

C 语言规定,变量必须先定义后使用。

例如:

```
#include<stdio.h>
Void main()
{
    x=10;
    y=2;
    printf("%d\n",x+y);
}
```

这个程序在编译时系统会指出错误：变量 x 和变量 y 没有定义。

正确的格式应该在语句

```
x=10;
```

之前加上说明：

```
int x, y;
```

3. 变量没有赋初值就引用

例如：

```
#include<stdio.h>
Void main( )
{
    int x, y, z;
    z = x + y;
    printf("%d\n",z)
}
```

这个程序在编译时会发出警告，告知变量 x、y 没有赋值就使用了。如果要继续执行这个程序，则输出的将是一个随机的值。在程序中，变量应该先赋值再引用。

4. 定义多个变量时，变量名之间应使用空格或分号分隔

例如：

```
int a b;        应该改为    int a, b;
int x；y;        应该改为    int x, y;
```

5. 书写语句时，忘记分号

例如：

```
#include<stdio.h>
void main( )
{
    int a, b=3;
    a=++b               //少了个分号
    b-=a;
    printf("b=%d",b)    //少了个分号
}
```

6. 整型变量赋值时超过整型变量的范围

例如：

```
#include<stdio.h>
void main( )
{
    int i,j,k;
    i = j = 1000000;
```

```
        k = 10*i*j;
        printf("k=%d\n",k);
    }
```

这个程序在编译时不会出现任何问题，但是如果在 PC 上运行，则得不到预期的结果。程序不会输出值 100000000000，而是输出 1215752192，这是因为 int 型变量只能取值于-2147483648~2147483648 之间，而 100000000000 超出了该范围，高位被截断，因而输出了 1215752192。如果需要计算较大整数值时，则可以把变量定义为 long 型，输出时使用%ld 进行输出。若将以上程序改写成：

```
#include<stdio.h>
main( )
{
    int i,j;
    long k;
    i = j = 100;
    k = 10*i*j;
    printf("k=%ld\n",k);
}
```

这时输出结果就为 100000000000。

7. 将数学表达式改成算术表达式时，丢失必要的括号

例如：将数学表达式 $\frac{a+b}{c*d}$ 写成了

a+b\c*d

这实际相当于 $a+\frac{b}{c}*d$，显然不对，正确的写法应该是：

(a+b)/(c*d)

8. 输入字符常量时漏掉单撇号，混淆字符常量和字符串常量
例如：

```
char ch = A;          //应改为 char ch = 'A';
char c;
c = B;                //应改为 c = 'B';
```

字符常量用单撇号括起来，字符串常量用双撇号括起来。有些初学者误以为用双引号括起来的单个字符也是字符常量，如认为 "s" 也还是字符常量。下面的程序是错误的：

```
char ch;
ch = "S";             //应改为 ch = 'S';
```

9. 混淆字符零和数值零

有些初学者误认为 '0' 的值是 0，但实际上 '0' 是字符零，不是数值零，ASCII 码里规定它的值是 48。

10. 向字符变量赋字符串值

例如：

```
char c;
c = "china";
```

字符型变量只能存放一个字符，而不能存放字符串。

11. 用 scanf 输入数据时，忘记地址运算符&，或者错误地加入"\n"

例如：

```
int a, b;
scanf("%d%d",a,b);
```

这种形式的输入在有些编译器中会给出警告，但程序仍可执行，只是不能得到正确的输入值。C 语言要求输入参数应是变量的地址值，所以应该改为

```
int a, b;
scanf("%d%d", &a, &b);
```

另外，许多初学者受 printf 影响，总是把输入写成

```
scanf("%d\n", &a);
```

实际上这不是个错误，但是在执行时，输入数据并回车之后，程序不能继续运行，再次回车之后程序才会运行。这是因为在 scanf 的控制字符串中，所有非格式转换字符和空格字符在输入时都需要一个相同的字符作为匹配，这样就要多打一个回车符，虽然不是真正的错误，但比较麻烦。

12. 向表达式赋值

C 语言规定，不能对表达式赋值，因为表达式不对应内存单元。例如下面的程序是错误的：

```
int a，b;
a+b=10;          //错误，不能向表达式赋值
```

有些初学者搞不清赋值运算的意义，总是按照数学的习惯，认为"="表示相等，因而出现诸如"0= x;"这样的语句，这是错误的。切记：赋值表达式的左边只能是变量。

13. 对 float 型变量使用%运算符

C 语言规定，%只能用于 int 和 char 型变量。因此下面的程序是错误的：

```
int a;
a = 14.2%5;          //错误，应改为 a = 14%5;
```

14. 对表达式进行强制类型转换时漏掉( )

例如，下面的强制类型转换是错误的：

```
int(2.35+12)          //应改为(int)(2.35+12)
```

习 题 二

一、选择题

1. 下面叙述不正确的是( )。

A. C 语句末尾必须有分号

B. C 语言中无论是整数还是实数都能准确地表示

C. 运算符"%"只能用于整数运算

D. 乘除运算符优先级高于加减运算符

2. 下面不属于 C 语言的数据类型是(　　)。

A. 整型　　　　　　　B. 实型　　　　　　C. 逻辑型　　　　D. 双精度实型

3. 下列运算符中，要求运算对象必须是整数的是(　　)。

A. /　　　　　　　　B. *　　　　　　　C. %　　　　　　D. !

4. 以下选项中能表示合法常量的是(　　)。

A. 整数：1，200　　　　　　　　　B. 实数：1.5E2.0

C. 字符斜杠：'\'　　　　　　　　　D. 字符串："\007"

5. 一个字长的二进制位数是(　　)。

A. 2 个 BYTE，即 16 个 bit　　　　B. 3 个 BYTE，即 24 个 bit

C. 4 个 BYTE，即 32 个 bit　　　　D. 随计算机系统不同而不同

6. 在 C 语言系统中，假设 int 类型数据占 2 个字节，则 double、long、unsigned int、char 类型数据所占字节数分别是(　　)。

A. 8，2，4，1　　　　　　　　　B. 2，8，4，1

C. 4，2，8，1　　　　　　　　　D. 8，4，2，1

7. 下列字符串不符合标识符规定的是(　　)。

A. SUM　　　　　　B. sum　　　　　　C. 3cd　　　　　D. end

8. 下面四个选项中，均为合法实数的选项是(　　)。

A. 2e−4.2　　　B. −0.50　　　　　C. 0.2e−.5　　　D. −e5

9. C 语言中，字符型数据在内存中的存储形式是(　　)。

A. 原码　　　　　B. 反码　　　　　C. 补码　　　　　D. ASCII 码

10. 下列正确的字符型常量是(　　)。

A. "a"　　　　　　B. '\\\\'　　　　　C. "\\r"　　　　　D. 277

11. 若有说明语句"int a; float b;"，则以下输入语句正确的是(　　)。

A. scanf("%f%f",&a,&b);　　　　　B. scanf("%f%d",&a,&b);

C. scanf("%d,%f",&a,&b);　　　　　D. scanf("%6.2f%6.2f",&a,&b);

12. 有以下定义：

int a；long b；double x，y；
则以下表达式正确的是(　　)。

A. a%(int)(x−y)　　B. a=x!=y;　　C. (a*y)%b　　D. y=x+y=x

13. 下面合法的赋值语句是(　　)。

A. x+y=2002;　　B. ch="green";　C. x=(a+b)++;　D. x=y=0316;

14. 已知 a 为 int 型，b 为 double 型，c 为 float 型，d 为 char 型，则表达式 a+b*c−d/a 结果的类型为(　　)。

A. int 型　　　　B. float 型　　　　C. double 型　　D. char 型

15. 变量 x、y、z 均为 double 类型且已正确赋值，以下不能正确表示数学式子 x/y/z

的 C 语言表达式是(　　)。

  A. x/y*z   B. x*(1/(y*z))   C. x/y*1/z   D. x/y/z

16. 已知 i、j、k 均为 int 型变量，若从键盘输入：1，2，3<回车>，使 i 的值为 2，j 的值为 2，k 的值为 3，以下输入语句正确的是(　　)。

  A. scanf("-,-,-", i, j, k);   B. scanf("%d %d %d",&i,&j,&k);

  C. scanf("%d,%d,%d",&i,&j,&k);   D. scanf("i=%d,j=%d,k=%d",&i,&j,&k);

17. 以下程序的输出结果是(　　)。

```
#include<stdio.h>
void main( )
{
    int x=11,y=11;
    printf("%d%d\\n",x--,--y);
}
```

  A. 11,11   B. 10,10   C. 10,11   D. 11，10

18. 下面的程序运行后输出为(　　)。

```
#include<stdio.h>
#include<math.h>
void main( )
{
    int a,b;
    float c;
    b=5;c=6;c=b+7;b=c+1;
    a=sqrt((double)b+c);
    printf("%d,%f,%d",a+6,c,b);
}
```

  A. 11.000000, 12.000000, 13.000000   B. 11.000000, 12.000000, 13

  C. 11.0000000, 12, 13   D. 11, 12.000000, 13

19. 下列程序运行的结果是(　　)。

```
#include<stdio.h>
void main( )
{
    float x;
    int i;
    x=3.6;
    i=(int)x;
    printf("x=%f,i=%d",x,i);
}
```

  A. x=3.600000, i=3   B. x=3.6, i=3

  C. x=3, i=3   D. x=3.600000, i=3.0000000

20. 以下程序的输出结果是(   )。

```c
#include<stdio.h>
void main( )
{
    char c='z';
    printf("%c",c-25);
}
```

A. a   B. Z   C. z−25   D. y

21. 10!=9 的值是(   )。

A. true   B. 非零值   C. 0   D. 1

22. 设 int a=12, 则执行完语句 a+=a−=a*a 后, a 的值是(   )。

A. 552   B. 264   C. 144   D. −264

23. 执行下面程序中的输出语句后, 输出结果是(   )。

```c
#include<stdio.h>
void main( )
{
    int a;
    printf("%d\n",(a=3*5,a*4,a+5));
}
```

A. 65   B. 20   C. 15   D. 10

24. 为表示关系 x≥y≥z, 应使用 C 语言表达式(   )。

A. (x>=y)&&(y>=z)   B. (x>=y)AND(y>=z)

C. (x>=y>=z)   D. (x>=y) & (y>=z)

25. 已知有 double 型变量 x=2.5, y=4.7, 整型变量 a=7, 则表达式 x+a%3*(int)(x+y)%2/4 的值是(   )。

A. 2.4   B. 2.5   C. 2.75   D. 0

二、填空题

1. 在 C 语言中, 格式输入库函数为_____, 格式输出库函数为_____。

2. 若以下程序的输出结果是 13, 则

```c
#include<stdio.h>
void main( )
{
    int x=016;
    printf("%d\n", _____);
}
```

3. 若执行下列程序后的输出结果为 "3,4,5,", 则

```c
inta,b=3,c=5;
a=b<c? _____:c++;
printf("%d,%d,%d",a,b,c);
```

4. 执行下列程序后的输出结果是_____。

```
#include<stdio.h>

void main()

{

    float a=1,b;

    b=++a*++a;

    printf("%f\n",b);

}
```

5. 下面程序段的功能是输出大写字母对应的小写字母的 ASCII 码。

```
char ch;

scanf("%c",&ch);

ch=(ch>='A'&&ch<='Z')?( _____ ):ch

printf("_____\n",ch);
```

6. 下面程序段的执行结果是 x=_____, y=_____.

```
int a=3,b=5,x,y;

x=a+1,b+6;

y=(a+1,b+6);

printf("x=%d,y=%d",x,y);
```

7. 下面程序执行后 k 的值为_____。

```
int a=1,b=2,c=3,d=4,k;

k=a>b? a:c>d?c:d
```

8. 以下程序的输出结果是_____。

```
#include<stdio.h>

void main()

{

    int a=200,b=010;

    printf("%d,%d\n",a,b);

}
```

9. 下面程序的运行结果是 x=_____, y=_____。

```
#include<stdio.h>

void main()

{

    float x=4.9;int y;

    y=(int)x;

    printf("x=%f,y=%d",x,y);

}
```

10. 有以下程序：

```
#include<stdio.h>

void main()
```

```
    {
        int x,y;
        scanf("%2d%1d",&x,&y);
        printf("%d\n",x+y);
    }
```

程序运行时输入"1234567"，程序的运行结果是_____。

三、程序设计

1．编程实现输入三个数 x，y，z，按从小到大输出结果。

2．输入一个年份 y，如果是闰年，输出"y is a leap year."，否则输出"y is not a leap year."。

四、写出下列逻辑表达式的值

写出下列逻辑表达式的值，设 a=3，b=4，c=5。

1．a+b>c&&b==c;

2．a||b+c&&b-c;

3．!(a>b)&&!c||1;

4．!(x=a)&&(y==b)&&0;

5．!(a+b)+c-1&&b+c/2。

第 3 章 顺序结构程序设计

3.1 程序设计概述

3.1.1 基础概念

1．程序

从自然语言的角度来讲，程序是解决某个问题的方法和步骤的描述；从计算机的角度来讲，程序是用某种计算机能理解并执行的计算机语言描述解决问题的方法和步骤。计算机程序主要描述两部分内容：问题的每个对象及它们之间的关系，即数据结构的内容；对这些对象的操作规则，即求解的算法。因此，程序=算法+数据结构。

2．程序设计

程序设计就是分析、解决问题的方法和步骤，并将其记录下来的过程。从计算机的角度来讲，必须用计算机语言记录下来，即用某种程序语言来设计计算机执行的指令序列，经过调试，使计算机能正确完成特定的任务。简单来说，程序设计就是设计和编写程序的过程。

3．结构化程序设计

结构化程序设计方法是指用结构化编程语句来编写程序。它把一个复杂的程序分解成若干个较小的过程，每个过程都可以单独地设计、修改、调试；其程序流程完全由设计人员控制，用户可以按照设计人员设计好的程序处理问题。在结构化程序的设计中，仅有三种基本控制结构用于构造程序：顺序结构、选择结构和循环结构。

(1) 顺序结构：是 3 种基本结构中最简单的一种程序组织结构，其特点是完全按照语句出现的先后顺序依次执行。

(2) 选择结构：也称分支结构。选择结构是依据一定的条件选择执行路径，而不是严格按照语句出现的先后顺序。

(3) 循环结构：是一种重复执行某些语句的一种结构。

4．面向过程程序设计

面向过程程序设计致力于用计算机能够理解的逻辑来描述需要解决的问题和解决问题的具体方法和步骤。编程时不仅要说明做什么，还要详细地告诉计算机如何做，即必须考虑程序代码的全部流程。

5．面向对象程序设计

面向对象编程在设计程序时，考虑的是如何创建对象以及创建什么样的对象，克服了面向过程程序设计过分强调求解过程的细节、程序不易重复使用的缺点。面向对象程序设计引入许多新的概念和语言使得开发应用程序变得更容易，耗时更少、效率更高。程序代码大部分都包含在类和对象中，使独立的应用程序有了良好的封装性。

C 语言支持传统的面向过程的编程技术。

3.1.2 算法

1．算法的概念

算法是对特定问题求解方法和步骤的一种描述。算法是解决"做什么"和"怎么做"的问题。程序中的操作语句，实际上就是算法的体现。显然，不了解算法就谈不上程序设计。

做任何事情都有一定的步骤，这些步骤都是按一定的顺序进行的，缺一不可，次序错了也不行。从事各种工作和活动，必须预先想好进行的步骤，即确定算法，然后去实现这个算法以达到目的。在计算机处理实际问题的过程中，"操作步骤"的确定是根据处理方案具体列出计算机操作的步骤。例如：确定了用某种排序方法(冒泡法)对一个班级的一批数(成绩总分)进行排序，但计算机仍然不能立即进行运算，还需将处理方案具体化，写出一步一步如何执行。正如同要求一个人"生产一张办公桌"，对于无经验的工人来说，即使提供了图纸也还是做不出来，而必须按具体步骤一步一步进行(如下料、装配、油漆等)。这种规定的操作步骤就是所谓的算法。

对于同一个问题，可以有不同的解题方法和步骤。例如，求 $1 + 2 + 3 + 4 + \cdots + 100$，有人可能先进行 1 加 2，再加 3，再加 4，……，一直加到 100；而有的人采取这样的方法：$100 + (1 + 99) + (2 + 98) + \cdots + (49 + 51) + 50 = 50 \times 100 + 50 = 5050$。还有一些人采取这样的方法：$100*(100 + 1) / 2$。那我们编程时应采取哪种算法呢？

当然，方法有优劣之分。有的方法只需进行很少的步骤，而有些方法则需要进行较多的步骤。一般都希望采用简单易懂、运算步骤少的方法(如最后一种算法)。因此，为了有效解决问题，不仅需要保证算法正确，还需要考虑算法的质量，选择合适的算法。

2．算法的特性

(1) 有穷性。算法必须在执行有穷步骤后结束，而且每一步都可以在有穷时间内完成。

(2) 确定性。算法中的每一步都必须有明确的含义，不会引起二义性，并且算法只有唯一的执行路径，即相同的输入只会得到相同的输出。

(3) 可行性。算法必须是可行的，即算法中的操作都可以通过已有的基本运算完成。可行性意味着算法可以转换为程序上机运行，并得到正确的结果。

(4) 输入。算法可以有零个或多个输入。尽管对于大多数算法来说，输入参数都是必要的，但对于个别情况，如打印"hello world!"这样的代码，不需要任何输入参数，因此算法的输入可以是零个。

(5) 输出。算法有一个或多个输出，这些输出同输入有特定的关系。

3．算法的表示方法

算法有不同的表示方法，常用的有自然语言、流程图、NS 图、伪代码、PAD 图等。下面简要介绍流程图。

流程图是指用来描述计算机程序结构的示意图，它是描述计算机程序结构的有效工具。流程图一般使用如图 3-1 所示的标准图符来表示各种操作。

起止框　　　输入输出框　　　判断框　　　处理框　　　连接点　　　流程线　　　注释框

图 3-1　常用流程图符号

用图符表示算法，直观形象，易于理解，各种图符的说明见表 3.1。

表 3.1　流程图图符的说明

名　称	说　明
起止框	表示程序的起点和终点
输入输出框	表示数据的输入与输出，其中可以注明存放数据的变量名
判断框	表示判断。菱形内可以注明判断的条件，它有一个入口、两个出口。当条件成立时，程序选择肯定出口；条件不成立时，选择否定出口
处理框	表示对数据的各种处理功能
连接点	表示流程由内部转向外部或由外部转向内部以及换行、换页的连接点
流程线	连接流程图的各个部分，同时指出程序各个部分的执行顺序
注释框	不是流程图中必要的部分，是程序编写人员向读者提供的说明

3.2　C 语 句

C 语句是以分号结尾的字符序列，是 C 语言的基本执行单位，用来向计算机系统发出操作指令。一条语句经过编译后生成若干条机器指令。C 语句包括说明语句、表达式语句和函数调用语句等。

1．说明语句

说明语句用来定义程序所使用的变量及其类型。例如：

```
int a,b;
float c,d;
char e='A';
```

2．表达式语句

表达式语句由表达式加上分号“；”组成。其一般形式如下：

```
表达式；
```

例如：

      c=a+b

是一个表达式，而

      c=a+b;

就是一个表达式语句。

执行表达式语句就是计算表达式的值。例如：

    x=y+z;   /*赋值语句*/

    y+z;   /*加法运算语句，但计算结果不能保留，无实际意义*/

    i++;   /*自增 1 语句，i 值增 1*/

3．函数调用语句

使用一个函数的功能叫做函数调用，如使用函数 scanf、printf、sqrt 等都叫做函数调用。函数调用语句是由一次函数调用加一个分号构成。例如：

    scanf("%d%d",&a,&b);

    printf("Sum=%d\n",s);

4．复合语句

复合语句是由一对花括号"{ }"括起来的一组语句，其一般形式如下：

    {

        语句 1；

        语句 2；

        …

        语句 n；

    }

例如：

    {

      temp=a;

      a=b;

      b=temp;

    }

就是一个复合语句，完成的功能是将变量 a, b 的值进行互换。

复合语句作为一个语句对待，也就是说，单个语句可以使用的地方，复合语句就可以使用。

注意：复合语句中的最后一个语句的分号不能忽略。

5．空语句

空语句只由一个分号构成。例如：

    ;

空语句一般用在程序的某个位置上，按需求出现，但在功能上并不执行任何实际操作。设置空语句的目的，一是在未完成的程序设计模块中，暂时放一条空语句，留待以后对模块逐步求精实现时再增加语句；二是实现空循环等待；三是实现跳转目标点等。

6．控制语句

控制语句用来实现对程序流程的选择、循环、转向和返回等的控制。C 语言中共有 9 种控制语句，包括 12 个关键字。可以分为以下几类：

选择语句：if…else 和 switch(包括 case 和 default)。

循环语句：for，while 和 do-while。

转向语句：continue，break 和 goto。

返回语句：return。

3.3　赋 值 语 句

赋值语句是由赋值表达式加上分号构成的表达式语句。其一般形式如下：

变量=表达式;

赋值语句的功能和特点都与赋值表达式相同。它是程序中使用最多的语句之一。

说明：

(1) 由于在赋值符"="右边的表达式也可以是一个赋值表达式，因此，下述形式是成立的，从而形成嵌套。

变量=(变量=表达式);

是成立的，从而形成嵌套。

将其展开之后的一般形式如下：

变量=变量=…=表达式;

例如：

a=b=c=d=e=5;

按照赋值运算符的右结合性，因此实际上等效于：

e=5;

d=e;

c=d;

b=c;

a=b;

(2) 在变量说明中给变量赋初值和赋值语句的区别：给变量赋初值是变量说明的一部分，赋初值后的变量与其后的其他同类变量之间仍必须用逗号间隔，而赋值语句则必须用分号结尾。

例如：

int a=5,b,c;

而将 5 赋给 a 的赋值语句为

a=5;

在变量说明中，不允许连续给多个变量赋初值。

例如，下述说明是错误的：

int a=b=c=5;

必须写为

     int a=5,b=5,c=5;

赋值语句允许连续赋值。

(3) 赋值表达式和赋值语句的区别：大多数高级语言没有"赋值表达式"，仅有"赋值语句"的概念。在 C 语言中，赋值表达式可以包含在其他表达式中，如下述语句是合法的：

     if((x=y+5)>0) z=x;

按照语法规定，if 后面的()内是一个条件，如可以是 if(x>0)…，这里，x 的位置上是表达式 x=y+5，该语句的功能是：首先将 y+5 赋给 x，再判断 x 的值是否大于 0。

下述语句是非法的：

     if((x=y+5;)>0) z=x;

"x=y+5；"是语句，不能出现在表达式中。

3.4　数据输入输出在 C 语言中的实现

一个完整的计算机程序通常包括数据输入、数据处理、数据输出三部分。所谓的输入输出是以计算机为主体而言的，即输出是指由主机向外设(如显示器、打印机等输出设备)输出数据，输入是指外设(如键盘、磁盘等输入设备)向主机输出数据。

C 语言本身不提供输入输出语句，数据的输入输出操作是由系统提供的库函数来实现的。C 语言提供的函数以库的形式存放在系统中，它们不是 C 语言文本中的组成部分。没有输入输出语句就可以避免在编译阶段处理与硬件有关的问题，可以使编译系统简化，而且通用性强、可移植性好，对各种型号的计算机都适用，便于在各种计算机实现。

系统函数库中有一批"标准输入输出函数"，它们是以标准的输入输出设备为输入输出对象的，包括：getchar(输入字符)、putchar(输出字符)、scanf(格式输入)、printf(格式输出)、gets(字符串输入)、puts(字符串输出)。

另外，在使用系统库函数时，要用预编译命令"#include"将有关的"头文件"包括到用户源文件中。因为在头文件中包含了调用函数时所需的有关信息。在使用标准输入输出库函数时，要用到"stdio.h"文件中提供的信息。".h"代表头文件。#include 命令都是放在程序的开头，所以在调用标准输入输出库函数时，文件开头应该有以下预编译命令：

     #include<stdio.h>

3.5　格式化输入输出函数

3.5.1　格式化输出函数 printf()

格式化输出函数 printf()是 C 语言中使用频率最高的输出库函数，可以输出任何类型的多个数据，是一个标准库函数，它的函数原型在头文件"stdio.h"中。

1．函数调用的一般形式

printf()的一般形式如下：

    printf("格式控制", 输出列表)

圆括号内由两部分组成，中间用逗号间隔。其中，输出列表可以是常量、变量、函数和表达式等。当输出项多于一个时，其间要用逗号分隔。

用双引号括起来的格式控制部分可以包含以下 3 种字符：

(1) 格式说明符：由"%"和格式字符组成，例如"%c"，如表 3.2 所示，它指定输出项的输出格式。

(2) 转义字符：以反斜线"\"开头，后面跟一个或几个字符。例如"\n"，"\t"等。转义字符用来控制光标的位置。

(3) 普通字符：除了上述两种字符以外的其他字符，将按原样输出。

(4) 输出项的个数与格式说明符的个数相同。

表 3.2　printf()中使用的格式说明符

格式说明符	意　义
%d	输出带符号的十进制基本整型数据
%u	输出无符号的十进制基本整型数据
%f	以小数形式输出单、双精度实数，隐含 6 位小数
%E 或%e	以指数形式输出单、双精度实数；底数为 E 或 e，它之前包含 1 位非零整数，隐含 5 位小数
%c	以字符形式输出，只输出一个字符
%s	输出一个字符串
%X 或%x	输出十六进制无符号整数
%o	输出八进制无符号整数

例如 printf( )函数的使用：

```
printf("%d,%c,%f\n",-34,'A',35.7);          /*输出项是常量*/
printf("Aver=%f\n",aver);                   /*输出项是变量*/
printf("%d\n",-i++);                        /*输出项是算术表达式*/
printf("%d\n",fabs(disc)<1e-10);            /*输出项是关系表达式*/
printf("%d\n",a&&b++&&++c);                 /*输出项是逻辑表达式*/
printf("%f\n",x>=0?x:-x);                   /*输出项是条件表达式*/
printf("%d\n",(n=3,n++,n+=2,n+2));          /*输出项是逗号表达式*/
printf("\n%d,%x,%X",y,y,y);                 /*后两项以十六进制输出*/
printf("\n%d,%o",y,y);                      /*后一项以八进制输出*/
```

【例 3.1】　将一个整数分别按 d、o、u、x 格式输出。

源程序如下：

```
#include<stdio.h>
void main( )
{
    int a=2010;
    printf("%d,%o,%u,%x",a,a,a,a)
}
```

程序输出：

2010,3732,2010,7da

整数在内存中是以二进制形式存放的，可以把一个整数按照所需要的形式(如十进制，无符号的八进制，无符号的十六进制，无符号的十进制)自由输出。只要选择相应的格式符，数据形式的转换则由系统自动完成。

2．附加格式说明符

为了使显示输出的数据更符合人们的实际需要，函数 printf()的格式以百分号开始，以一个格式字符结束,中间用附加格式说明符设置输出的宽度，对齐方式和小数位数等，如表 3.3、表 3.4 所示。

表 3.3　printf( )的附加格式说明符

符　号	作　用
l	用于长整型整数，可加在格式符 d、o、x、u 前面
m(正整数)	数据最小宽度
n(正整数)	对实数表示输出 n 位小数；对字符串表示截取的字符个数
-	输出的数字或字符在域内向左靠

表 3.4　printf( )的附加格式说明符举例

输出语句	输出结果	说　明
printf("%5d. ",123)	□□123	输出数据占 5 位，右对齐，左边补空格
printf("%-5d. ",123)	123□□	输出数据占 5 位，左对齐，右边补空格
printf("%2d. ",123)	123	输出数据位数超过指定的列宽，按实际长度输出
printf("%05d. ",123)	00123	%05d 在域宽项前加一个 0，要求在输出一个小于 5 位的数值时，在输出值前面补 0，使其总宽度为 5 位
printf("%6s",HOME)	□□HOME	输出数据占 6 位，右对齐，左边补空格
printf("%+5d",123)	+123	输出数据占 5 位，右对齐，在输出数据前有一个"+"号
printf("%6.2f",12.3)	□12.30	输出列数为 6 位的浮点数，其中小数位数为 2，整数位数为 3，小数点占 1 位，不够 6 位时右对齐
printf("%.2f",12.3)	12.30	整数部分原样输出，小数点后输出 2 位
printf("%.7e\n",-35.724e12)	–3.572400e+13	使用%E 或%e 格式输出实型数据时，若不指定小数位数，保留 5 位小数；若指定小数位数，则输出的小数位数要比所指定的位数少 1

注：其中的□表示一个空格。

3. 说明

(1) 必须按输出项的类型选择对应的格式说明符，否则将导致输出错误。例如：

```
printf("%u,%d\n",-1,3.5);
```

的输出结果是：

```
4294967295, 0
```

之所以这样，是因为输出项的类型与所选择的格式说明不相符(–1 是 int 型，应使用%d；而 3.5 是 double 型，应使用%f 或%e)。输出数据时不能实现不同类型之间的自动转换，而是根据所选格式说明符按数据的存储映像进行输出。

(2) 使用函数 printf( )时，可以没有输出项，常用作提示信息。例如：

```
printf("Enter data:");
printf("Enter a year:\n");
```

(3) 如果想输出百分号字符(%)本身，要在格式控制部分连续写两个%。例如：

```
printf("%d%%\n",10);
```

输出结果为

```
10%
```

(4) 对大多数 C 编译系统(如 Turbo C++ 3.0)，函数 printf()输出项的计算顺序是从右至左，而输出顺序是从左至右。而对于有些 C 编译系统(如 VC++ 6.0)，函数 printf()输出项的计算顺序和输出顺序都是从左至右。

例如：

```
int i=3;
printf("%d,%d\n",i,i++);
```

在 Turbo C++ 3.0 编译系统中输出的结果是：

```
4, 3
```

而在 VC++ 6.0 编译系统中输出的结果是：

```
3, 3
```

【例 3.2】　格式输出函数 printf()。

源程序如下：

```
#include<stdio.h>
void main()
{
    int a=1;
    char b='A';
    float c=3.14159;
    printf("a=%d    b=%c    c=%f",a,b,c);
}
```

输出结果：

```
a=1,  b=A,  c=3.141590
```

3.5.2 格式化输入函数 scanf()

scanf()称为格式化输入函数，即按用户指定的格式从键盘上把数据输入到指定的变量之中。这也是一个标准库函数，它在函数原型的头文件"stdio.h"中。

1. 函数调用的一般形式

scanf 的一般形式如下：

scanf("格式控制"，地址项列表)

圆括号内由两部分组成，中间用逗号间隔。其中，地址项是指在变量的前面加上取地址运算符(&)。当地址的个数多于一个时，其间要用逗号分隔(不是逗号运算符)。用双引号括起来的格式控制部分最好由格式说明符组成。最经常使用的格式说明符如表 3.5 所示，一定要根据变量的类型来选择相应的格式说明符。并且，地址项的个数要与格式说明符的个数相同。

表 3.5 scanf( )中使用的格式说明符

格式说明符	意　义
%d	输入十进制整数
%o	输入八进制整数
%x	输入十六进制整数
%u	输入无符号十进制整数
%f 或%e	输入实型数(小数形式或指数形式)
%c	输入单个字符
%s	输入字符串

【例 3.3】 scanf( )函数的使用。

源程序如下：

```
int a;
float x;
scanf("%d %f",&a,&x);
```

当程序执行到 scanf( )函数时，要求从键盘输入数据。如：

12 1.5✓

输入的数据之间要用空白字符(空格键、回车键和 Tab 键的总称)间隔，结束输入时必须按回车键。这样，12 被存入 a 所代表的存储单元中，1.5 就被存入 x 所代表的存储单元中，接着就可以对 a 和 x 中的数据进行操作。

2. 附加格式说明符

和函数 printf( )相似，scanf( )也是以%开始，以一个格式字符结束，中间使用附加格式说明符，如表 3.6 所示。

表 3.6　scanf( )的附加格式说明符

符　号	作　用
l	输入长整型数据，可加在格式符 d、o、x、u、e 前面
h	输入短整型数据
域宽(正整数)	指定输入数据所占的宽度(列数)
*	本输入项在读入后不赋给相应的变量

3. 说明

(1) "*"符：用以表示该输入项读入后不赋予相应的变量，即跳过该输入值。例如：

scanf("%d %*d %d",&a,&b);

当输入为 1 2 3 时，把 1 赋予 a，2 被跳过，3 赋予 b。

(2) 宽度：用十进制整数指定输入的宽度(即字符数)。例如：

scanf("%5d",&a);

当输入

12345678

时，只把 12345 赋予变量 a，其余部分被截去。

又如：

scanf("%4d%4d",&a,&b);

当输入

12345678

时，将把 1234 赋予 a，而把 5678 赋予 b。

(3) 长度：长度格式符为 l 和 h。l 表示输入长整型数据(如%ld)和双精度浮点数(如%lf)，h 表示输入短整型数据。

(4) scanf 函数中没有精度控制。例如：

scanf("%5.2f",&a);

是非法的。不能企图用此语句输入小数为 2 位的实数。

(5) scanf 中要求使用变量地址，如使用变量名则会出错。例如：

scanf("%d",a);

是非法的，应改为

scanf("%d",&a);

才是合法的。

(6) C 编译在碰到空格、Tab、回车或非法数据时即认为该数据结束。例如：

scanf("%d",&a);

当输入

12A

时，A 为非法数据，即 a 所代表的存储单元中的值为 12。

(7) 在输入字符数据时，若格式控制串中无非格式字符，则认为所有输入的字符均为有效字符。例如：

```
scanf("%c%c%c",&a,&b,&c);
```

当输入为

def

时，则把 'd' 赋予 a，' ' 赋予 b，'e' 赋予 c。

只有当输入为

def

时，才能把 'd' 赋予 a，'e' 赋予 b，'f' 赋予 c。

(8) 如果在格式说明字符串中有除格式字符和格式修饰符之外的其他字符，在输入数据时还应输入与这些字符相同的字符。例如：

```
scanf ("%c %c %c",&a,&b,&c);
```

则输入时各数据之间应该加入空格。

又如：

```
scanf("%d,%d,%d",&a,&b,&c);
```

其中用非格式符 "," 作间隔符，故输入时应为

5,6,7

再如：

```
scanf("a=%d,b=%d,c=%d",&a,&b,&c);
```

则输入应为

a=5,b=6,c=7

(9) 如输入的数据与输出的类型不一致，虽然编译时能够通过，但结果将不正确。例如：

```
#include<stdio.h>
void main( )
{
    int a;
    printf("input a number\n");
    scanf("%d",&a);
    printf("%ld",a);
}
```

运行结果：

input a number

12345678900

-539222988

由于输入数据类型为整型，而输出语句的格式串中说明为长整型，因此输出结果和输入数据不符。需修改程序如下：

```
#include<stdio.h>
void main( )
{
    long a;
```

```
        printf("input a long integer\n");
        scanf("%ld",&a);
        printf("%ld",a);
    }
```

运行结果：

```
input a long integer
1234567890
1234567890
```

当输入数据改为长整型后，输入、输出数据相等。

【例 3.4】　从键盘输入两个字符串，然后分别输出。

源程序如下：

```
#include <stdio.h>
void main( )
{
    char *p, str[20],a[20];
    p=a;
    scanf("%s", p);            /*从键盘输入字符串*/
    scanf("%s", str);
    printf("%s\n", p);         /*向屏幕输出字符串*/
    printf("%s\n", str);
}
```

运行结果：

```
Student
Student1
Student
Student1
```

【例 3.5】　给多个字符变量赋值。

源程序如下：

```
# include <stdio.h>
void main( )
{
    char char1, char2;
    scanf("%c", &char1);
    scanf("%c", &char2);
    printf("char1 = %c, char2 = %c", char1, char2);
}
```

运行结果：

```
as
char1 = a,char2 = s
```

【例 3.6】 输入一个两位正整数，输出其十位数和个位数。

分析：解决此题的关键有两点，一是如何保证输入的数据是两位正整数，可使用条件运算符；二是如何将两位正整数的十位数和个位数分离出来，可以采用除 10 取整得到十位数，除 10 取余得到个位数。

源程序如下：

```
#include<stdio.h>
void main( )
{
    unsigned u;
    scanf("%u",&u);
    (u>=10&&u<=99)?printf("%u,%u\n",u/10,u%10):printf("Data error\n");
}
```

其中的条件表达式语句指明：若是两位正整数，则输出十位数和个位数；否则，输出 Data error(数据错误)。

运行此程序，输入 56，则显示：

5, 6

若执行此程序时，输入 324，则输出：

Data error

当然这个程序也可以用 if-else 结构完成，请读者自行转换。

3.6 字符输入输出函数

格式化输入、输出函数中已经包括了字符的输入、输出方法。此外，系统还专门提供了字符输入输出函数。最经常使用的是字符输入函数 getchar()和字符输出函数 putchar()。

3.6.1 字符输出函数 putchar()

putchar()函数是字符输出函数，其功能是在屏幕的当前光标位置输出单个字符。

1. 函数调用的一般形式

putchar()函数的一般形式如下：

putchar(字符变量)

或　　　　putchar(字符常量)

例如：

```
putchar('A');        /*输出大写字母 A*/
putchar(x);          /*输出字符变量 x 的值*/
putchar('\101');     /*输出字符 A*/
putchar('\n');       /*换行*/
```

2．说明

(1) 字符输出函数 putchar()也可以输出转义字符。控制字符则执行控制功能，不在屏幕上显示。例如：

```
putchar('\n');        /*换行*/
```

(2) 使用字符输入、输出函数前必须使用文件包含命令：

```
#include<stdio.h>
```

或

```
#include "stdio.h"
```

(3) 返回值：如果输出成功，则返回输出的字母，否则返回 EOF。EOF 是在头文件中定义的符号常量，其值为-1。返回值可以用来检测函数执行是否正确，也可以直接作为数据参加运算。

【例 3.7】　有如下程序：

```
#include<stdio.h>
void main()
{
    int x=68;
    char y='B';
    putchar('A');
    putchar(y);
    putchar('\n');
    putchar(67);
    putchar(x);
}
```

该程序的输出结果：

```
AB
CD
```

3.6.2　字符输入函数 getchar()

getchar()函数的功能是从键盘上输入一个字符。其调用的一般形式如下：

```
getchar();
```

通常把输入的字符赋予一个字符变量，构成赋值语句，如：

```
char c;
c=getchar();
```

【例 3.8】　输入单个字符。

源程序如下：

```
#include<stdio.h>
void main()
{
```

```
        char c;
        printf("input a character\n");
        c=getchar();
        putchar(c);
    }
```

运行时，屏幕显示：

input a character

等待输入，当输入

a

时，执行程序，则屏幕输出：

a

注意：getchar 函数无参数，它从标准输入设备(键盘)上读入一个字符，直到输入回车键才结束，回车前的所有输入字符都会逐个显示在屏幕上。函数值为从输入设备输入的第 1 个字符，空格、回车和 Tab 键都能读入。

【例 3.9】 从键盘输入任意一个字符，然后显示输出。

分析：对于字符的输入和输出，可以使用格式化输入、输出函数来实现，也可以使用字符输入、输出函数来完成。

方法 1：使用格式化输入、输出函数。

```
#include<stdio.h>
void main()
{
    char ch;
    scanf("%c",&ch);
    printf("%c\n",ch);
}
```

执行此程序时，若输入$，则显示：

$

方案 2：使用字符输入，输出函数。

```
#include<stdio.h>
void main()
{
    char ch;
    ch=getchar();
    putchar(ch);
    putchar('\n');
}
```

方案 3：对方案 2 程序做类似于数学上的"变量替换"，进行简化。

```
#include<stdio.h>
void main()
```

```
    {
        putchar(getchar());        /*输入的字符立即显示在屏幕上*/
        putchar('\n');
    }
```

当然，也可以将格式化输入、输出函数和字符输入、输出函数互相搭配使用。但要强调的是，使用 getchar 和 putchar 两个函数时，必须在程序开头加上一条命令：

```
        #include<stdio.h>
```

表示这两个函数的有关信息包括在磁盘文件 stdio.h 中。

3.7　顺序程序设计举例

【例 3.10】　计算表达式 z = 3x + 5y − 8。
源程序如下：

```
    #include<stdio.h>
    void main()
    {
        int x,y,z;
        scanf("%d%d",&x,&y);
        z=3*x+5*y-8;
        printf("%d",z);
    }
```

该程序的输出结果：

```
    5    6
    37
```

【例 3.11】　根据两个物体的质量和它们之间的距离，求引力大小。
分析：任何两个物体间都是相互吸引的，其引力大小可用下面的公式计算：

$$F = G \frac{m_1 m_2}{r^2}$$

这就是万有引力定律。其中 m_1 和 m_2 表示两个物体的质量；r 表示它们之间的距离；G 是引力常量。编写程序实现题目的要求，关键是把上面的公式改写成 C 语言表达式。
源程序如下：

```
    const float G=6.67e-11;
    #include<stdio.h>
    void main()
    {
        double m1,m2,r,F;
        scanf("%lf%lf%lf",&m1,&m2,&r);
        F=G*m1*m2/(r*r);
```

```
        print ("Force=%e\n",F);
    }
```

执行此程序，输入数据：

```
    2.0e30    6.0E24    1.5e11↙
```

它们分别是太阳的质量(kg)，地球的质量，地球与太阳的平均距离(m)。

输出结果：

```
    Force=3.55733e+22
```

表示太阳和地球之间的吸引力。这样大的力如果用在直径是 9000 km 的钢柱两端，则可以把它拉断。

通过上述两个例子可以对表达式或公式求值程序设计做如下小结：

(1) 观察表达式或公式中出现的变量和常量。

(2) 对于常量，可将其定义成符号常量或不做处理，对于变量中的自变量应先进行定义，然后进行赋值(通过 scanf()或 "=")。

(3) 根据公式或表达式计算变量的值，并输出。

(4) 为了提高程序的友好性，可在适当的位置用 printf()向用户提示信息。

习　题　三

一、选择题

1．有以下程序：

```
#include<stdio.h>
void main()
{
    int   m,n,p;
    scanf("m=%dn=%dp=%d",&m,&n,&p);
    printf("%d%d%d\n",m,n,p);
}
```

若想从键盘上输入数据，使变量 m 中的值为 123，n 中的值为 456，p 中的值为 789，则正确的输入是(　　)。

  A．m=123n=456p=789   B．m=123　n=456　p=789

  C．m=123,n=456,p=789   D．123 456 789

2．有以下程序：

```
#include<stdio.h>
void main()
{
    int m=0256,n=256;
    printf("%o %o\n",m,n);
}
```

程序运行后的输出结果是(　　　)。

      A．0256 0400　　　　　　　　　　B．0256 256

      C．256 400　　　　　　　　　　　　D．400 400

3．有以下程序：

```
#include<stdio.h>

void main()

{

        int x=102, y=012;

        printf("%2d,%2d\n",x,y);

}
```

执行后的输出结果是(　　　)。

      A．10，01　　　　B．02，12　　　　C．102，10　　　　D．02，10

4．有以下程序：

```
#include<stdio.h>

void main()

{

        int a;

        char c=10;

        float f=100.0;

        double x;

        a=f/=c*=(x=6.5);

        printf("%d %d %3.1f%3.1f\n",a,c,f,x);

}
```

程序运行后的输出结果是(　　　)。

      A．1　65　1　6.5　　　　　　　　B．1　65　1.5　6.5

      C．1　65　1.0　6.5　　　　　　　　D．2　65　1.5　6.5

5．有定义语句"int x，y；"，若想通过"scanf("%d,%d",&x,&y);"语句使变量 x 得到数值11，变量 y 得到数值12，下面四组输入形式中错误的是(　　　)。

      A．11 12✓　　　　　　　　　　　B．11，12✓

      C．11✓ 12✓　　　　　　　　　　D．11，✓12✓

6．设有如下程序段：

```
int x=2002，y=2003；

print("%d\n",(x,y));
```

则下列叙述正确的是(　　　)。

      A．输出语句中格式说明符的个数少于输出项的个数，不能正确输出

      B．运行时产生出错信息

      C．输出值为 2002

      D．输出值为 2003

7. 以下程序段的输出结果是(   )。

```
int a=1234;
printf("%2d\n",a);
```

    A. 12   B. 34   C. 1234   D. 提示出错，无结果

8. 有如下程序：

```
#include<stdio.h>
void main()
{
    int y=3,x=3,z=1;
    printf("%d %d\n",(++x,y++),z+2);
}
```

运行该程序的输出结果是(   )。

    A. 3 4   B. 4 2   C. 4 3   D. 3 3

9. 以下叙述正确的是(   )。

    A. 输入项可以是一个实型常量，如 scanf("%d",3.5)

    B. 只有格式控制而没有输入项，也能正确输入数据到内存，如 scanf("a=%d, b=%d")

    C. 当输入一个实型数据时，格式控制部分可以规定小数点后的位数，如 scanf("%4.2f",&f)

    D. 当输入数据时，必须指明变量地址，如 scanf("%f",&f)

10. 程序段：

```
int   i=65536;
printf("%d\n",i);
```

则其输出结果是(   )。

    A. 65536   B. 0

    C. 有语法错误，无输出结果   D. −1

二、填空题

1. 以下程序段的输出结果是_____。

```
int   i=9;
printf("%o\n"i);
```

2. 以下程序运行后的输出结果是_____。

```
#include<stdio.h>
void main( )
{
    int   a,b,c;
    a=25;
    b=025;
    c=0x25;
```

```
        printf("%d %d %d\n",a,b,c);
    }
```

3．有以下语句段：

```
    int n1=10，n2=20;
    printf("_____",n1,n2);
```

要求按以下格式输入 n1 和 n2 的值，每个输出行从第一列开始。

```
    n1=10
    n2=20
```

4．以下程序的输入结果是_____。

```
    #include<stdio.h>
    void main()
    {
        int a=1,b=2;
        a=a+b;b=a-b;a=a-b;
        printf("%d,%d\n",a,b);
    }
```

5．若想通过以下输入语句使 a=5.0, b=4, c=3，则输入数据的形式应该是_____。

```
    int   b,c;
    float a;
    scanf("%f,%d,c=%d",&a,&b,&c);
```

三、程序设计

1．要将"China"译成密码，译码规律是：用原来字母后面的第 4 个字母代替原来的字母。例如，字母"A"后面第 4 个字母是"E"，"E"代表"A"。因此，"China"应译为"Glmre"。请编一程序，用赋初值的方法使 c1 五个变量的值分别为 'C'、'h'、'i'、'n'、'a'，经过运算，使 c1、c2、c3、c4、c5 分别变为 'G'、'l'、'm'、'r'、'e'，并输出。

2．输出如下图形：

```
    *
   ***
  *****
 *******
```

3．调试下列程序，使之能正确输入 3 个整数之积和 3 个整数之和。

```
    #include<stdio.h>
    void main()
    {
        int a，b，c;
        printf("Please enter 3 numbers: ");
        scanf("%d,%d,%d",&a,&b，&c);
        ab=a+b;
```

```
        ac=a*c;
        printf("a+b+c=%d\n",a+b+c);
        printf("a*b*c=%d\n",a+c*b);
    }
```

输入：40,50,60✓

4. 运行下述程序，分析输出结果，认识各种数据类型在内存中的存储方式。

```
    #include<stdio.h>
    void main()
    {
        int a=10;
        long int b=10;
        float x=10.0;
        double y=10.0;
        printf("a=%d,b=%ld,x=%f,y=%lf\n",a,b,x,y);
        printf("a=%ld,b=%lf,x=%lf,y=%f\n",a,b,x,y);
        printf("x=%f,x=%e,x=%g\n",x,x,x);
    }
```

5. 编程：从键盘读入圆的半径，计算并输出圆的面积和周长。

第4章　选择结构程序设计

选择结构的执行是依据一定的条件选择执行路径，而不是严格按照语句出现的物理顺序。选择结构的程序设计方法的关键在于构造合适的分支条件和分析程序流程，根据不同的程序流程选择适当的分支语句。选择结构分支条件通常用关系表达式或逻辑表达式来表示，实现程序流程的语句由 C 语言的 if 或 switch 语句来完成。设计这类程序时往往都要先绘制其程序流程图，然后根据程序流程写出源程序，这样把程序设计分析与语言分开，使得问题简化，易于理解。下面我们先来介绍 if 语句。

4.1　if 语句

if 语句又叫条件分支语句，它可以根据给定的条件进行判断(真或假)，以决定执行给出的两个分支程序段的哪个。

4.1.1　if 语句的三种基本形式

C 语言提供了三种形式的 if 语句：

1. 单分支结构

if 语句形式为：

　　if(表达式)语句

语义：如果表达式的值为真，则执行其后的语句，否则不执行该语句。其中"表达式"可以是任意表达式，一般为关系表达式或逻辑表达式；而"语句"则是一条合法的 C 语句，称为 if 子句。if 子句可以是单个语句，或是由多个语句构成的复合语句，也可以是空语句。如果是复合语句，则必须用"{}"括起来，此时在逻辑上作为一条语句来处理。另外 if 子句的位置也比较灵活，它可以直接出现在 if 同一行的后面，也可以出现在 if 的下一行。

注意：在{}外面不需要再加分号，因为{}内是一个完整的复合语句。

其执行过程(流程图)如图 4-1 所示。

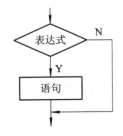

图 4-1　基本的 if 语句

例如：

    if(1)printf("执行了语句");

该例的输出结果为"执行了语句"。因为表达式的值为 1，按"真"处理。由此可见，表达式的类型非常灵活，系统对表达式的值进行判断，若为 0 则按"假"处理，若为非 0 则按"真"处理。

例如：

    if(a<b)

    {

        t=a;

        a=b;

        b=t;

    }

    printf("a,b 两个数中较大的数值为：%d\n",a);

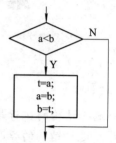

图 4-2　交换 a 和 b 的值

该例的执行过程为：若 a 小于 b，则依次执行复合语句中的 3 条语句，然后执行输出语句；若 a 大于 b，则跳过复合语句，直接执行输出语句。执行过程如图 4-2 所示。

2. 双分支结构

if-else 形式：

    if(表达式)

        语句 1；

    else

        语句 2；

语义：如果表达式的值为真，则执行语句 1，否则执行语句 2。

这里，if 和 else 是 C 语言的关键词。语句 1 称为 if 子句，语句 2 称为 else 子句，这些子句只允许为一条语句，若需要多条语句时，则应该使用复合语句。

需要注意的是，尽管在这种形式的 if 语句中存在两个语句段，但整个 if-else 语句在语法上只是一条语句。尤其要注意的是，"语句 1"后的分号不能丢失，除非这里是一条复合语句。else 不是一条独立的语句，它只是 if 语句的一部分。在程序中，else 必须与 if 配对，共同组成一条 if-else 语句。

例如：

    if (x>0)

        printf("　%f",x);　　　　　　　　各有一个

    else

        printf("　%f",-x);

其执行过程如图 4-3 所示。

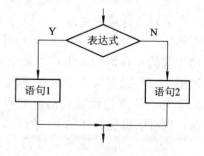

【例 4.1】输入两个整数，输出其中最大的数。

源程序如下：

```
#include<stdio.h>
void main()
```

图 4-3　if 语句第二种形式的流程图

```
{
    int a,b;
    printf("input    two    numbers:");
    scanf("%d%d",&a,&b);
    if(a>b)
        printf("max=%d\n",a);
    else
        printf("max=%d\n",b);
}
```

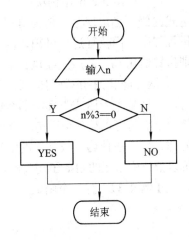

其执行过程如图 4-4 所示。

　　运行结果：

```
input    two    numbers;
6✓
8✓
max=8
```

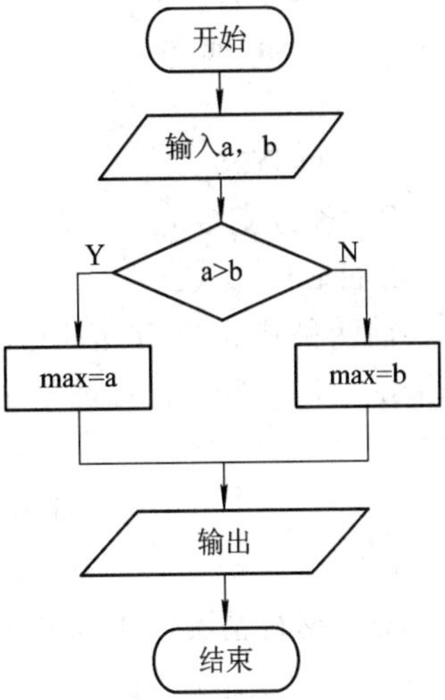

图 4-4　例 4.1 程序流程图

　　注意：本例只运行了一次程序，在实际程序开发中是不可取的，任何程序编写完了都要上机调试运行，那么随便输入一组数据，运行正确了，就能说明程序没有问题了吗？显然是不对的。初学者往往会忽略程序测试工作。按照软件工程学的观点，程序测试的目的是为了尽可能多地发现错误，而不是为了证明程序没有错误。软件测试方法不是本章的主要内容，我们就不作详细的介绍，这里提出这个问题只是为了引起读者对程序测试的重视，虽然不要求用专业化的测试方法，但也不能草率地选用一组数据了事，应该了解一些常用的测试用例选取方法，为自己的程序精心选用一些测试用例，往往可以及早发现程序中的错误。

　　【例 4.2】　　输入一个数，判断它是否能被 3 整除。若能被 3 整除，则输出 YES，否则输出 NO。

　　源程序如下；

```
#include<stdio.h>
void main()
{
    int n;
    printf("input    n:");
    scanf("%d",&n);
    if(n%3==0)
        printf("n=%dYES\n",n);
    else
        printf("n=%dNO\n",n);
}
```

其执行结果如图 4-5 所示。

图 4-5　例 4.2 流程图

运行结果：

```
input n:
6↙
n=6YES
```

3. 多分支结构

if-else-if 形式：

前两种形式的 if 语句一般都用于两个分支的情况。而实际中有些问题可能需要在多种情况中作出判断，如数学中的符号函数，定义为

$$\text{sign}(x) = \begin{cases} 1 & (x > 0) \\ 0 & (x = 0) \\ -1 & (x < 0) \end{cases}$$

对于这种情况，可以采用 if-else-if 语句来解决，其一般形式为

```
if (表达式 1)
    语句 1;
else
    if (表达式 2)
        语句 2;
    else
        if (表达式 3)
            语句 3;
        …
        else
            if (表达式 n)
                语句 n;
            else
                语句 m;
```

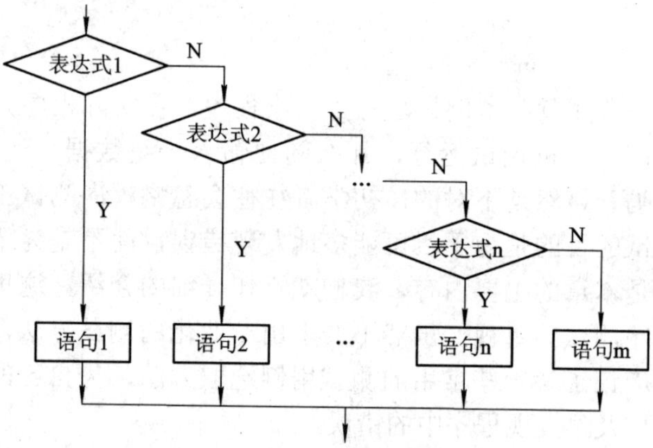

图 4-6　多分支结构的流程图

语义：if-else-if 结构实际上是多个 if-else 结构组合而成的，其执行过程是依次判断表达式的值，当出现某个值为真时，则执行其对应的语句。然后跳到整个 if 语句之外继续执行程序。由执行过程可知，n+1 个语句只有一个会被执行。如果所有的表达式均为假，则执行语句 m，之后继续执行后续程序。if-else-if 语句的执行过程如图 4-6 所示。

这种嵌套的 if 语句构成的序列是编写多路判定的最一般的方法。各个表达式依次求值，一旦某个表达式为真，那么就执行与之相关的语句，从而终止整个语句序列的执行。每一个语句可以是单个语句，也可以是用花括号括住的一组语句。最后一个 else 部分用于处理"上述条件均不成立"的情况或缺省情况，有时对缺省情况下需要采取明显的动作，可以把结构末尾的 else 子句省略，也可以用它来检查错误，捕获"不可能"的条件。

【例 4.3】 有一个函数：

$$y = \begin{cases} 1 & (x>0) \\ 0 & (x=0) \\ -1 & (x<0) \end{cases}$$

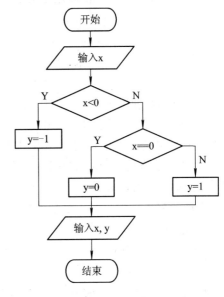

编写一个程序，输入一个 x 值，输出 y 值。

源程序如下：

```
#include<stdio.h>
void main()
{
    int x,y;
    printf("请输入一个数值;\n");
    scanf("%d",&x);
    if(x<0)
        y=-1;
    else
        if(x==0)
            y=0;
        else
            y=1;
    printf("x=%d,y=%d\n",x,y);
}
```

图 4-7　例 4.3 程序流程图

其执行过程如图 4-7 所示。

【例 4.4】　从键盘输入一个字符，根据字符的类别输出相应的提示信息。

分析：本例要求判别键盘输入字符的类别，可以根据输入字符的 ASCII 码值来判别类型。由 ASCII 表可知 ASCII 码值小于 32 的为控制字符。"0" 和 "9" 之间的为数字，"A" 和 "Z" 之间为大写字母，"a" 和 "z" 之间为小写字母，其余的则为其他字符。这是一个多分支选择的问题，可以用 if-else-if 语句编程。

源程序如下：

```
#include<stdio.h>
void main()
{
    char c;
    printf("input a character;");
    c=getchar();
    if(c<32)
        printf("This is    a control character/n");
    else
        if(c>='0'&&c<='9')
            printf("This is a digit/n");
        else
            if(c>='A'&&c<='Z')
                printf("This is a capital letter/n");
```

```
                else
                    if(c>='a'&&c<='z')
                        printf("This is a small letter/n");
                    else
                        printf("This is an othercharacter/n");
        }
```

if 语句在使用中应注意的问题：

(1) 在三种形式的 if 语句中，在 if 关键字后均为表达式。该表达式通常是逻辑表达式或关系表达式，但也可以是其他表达式，如赋值表达式等，甚至可以是一个变量。例如："if(a=5)语句；"和"if(b)语句；"都是允许的。只要表达式的值为非 0，即为"真"。

又如："if(a=5)语句；"中表达式的值永远为非 0，所以其后的语句总是要执行的，当然这种情况在程序中不一定会出现，但在语法上是合法的。

(2) else 子句不能作为语句单独使用，它必须是 if 语句的一部分，与 if 配对使用。

(3) 在 if 语句的三种形式中，所有的语句应为单个语句，如果要想在满足条件时执行一组(多个)语句，则必须把这一组语句用"{}"括起来组成一个复合语句。但要注意的是在右括号"}"之后不能再加分号。例如：

```
        if(a>b)
        {
            a++;
            b++;
        }
        else
        {
            a=0;
            b=10;
        }
```

4.1.2 if 语句的嵌套

当 if 语句中的执行语句又完整地包含一个或多个 if 语句时，就构成了 if 语句的嵌套。其一般形式可表示如下：

```
    if(表达式)
    if 语句；
```

或者

```
    if(表达式)
        if 语句；
    else
        if 语句；
```

嵌套内的 if 语句可能又是 if-else 形的，这将会出现多个 if 和多个 else 重叠的情况，这时要特别注意 if 和 else 的配对问题。例如：

　　　　　if(表达式 1)

　　　　　if(表达式 2)

　　　　　　　　语句 1；

　　　　　　else

　　　　　　　　　语句 2；

其中的 else 究竟是与哪一个 if 配对呢？是应该理解为

　　　　　if(表达式 1)

　　　　　　if(表达式 2)

　　　　　　　　语句 1；

　　　　　　else

　　　　　　　　　语句 2；

还是应理解为

　　　　　if(表达式 1)

　　　　　　if(表达式 2)

　　　　　　　　语句 1；

　　　　　　　else

　　　　　　　　　语句 2；

　　为了避免这种二义性，C 语言规定，从最内层开始，else 总是与它上面最近的(未曾配对的)if 配对，因此对上述例子应按前一种情况理解。

　　那么如果要使 else 与第一个 if 配对，应该怎么写呢？当 if 与 else 的数目不同时，为了实现程序设计者的目的，可以加花括号来确定配对关系：

　　　　　if(表达式 1)

　　　　　{

　　　　　　if(表达式 2)

　　　　　　　　　语句 1；

　　　　　}

　　　　　else

　　　　　　　　语句 2；

这里，"{}"限定了内嵌 if 语句的范围，因此 else 与第一个 if 配对。

　　应当注意的是，书写的对齐格式或者缩进只是为了便于阅读，计算机执行时是不予理睬的，因此一定要牢记 else 的配对规则，必要时加花括号限定范围。

　　【例 4.5】　求一个点所在的象限。

源程序如下：

```
#include<stdio.h>
void main()
{
    float x,y;
    printf("请输入  个坐标: \n");
    printf("x=");
```

```
        scanf("%f",&x);
        printf("y=");
        scanf("%f",&y);
        if (x>0)
            if(y>0)
                printf("这个点在第一象限。\n");
            else
                printf("这个点在第四象限。\n");
        else
            if(y>0)
                printf("这个点在第二象限。\n");
            else
                printf("这个点在第三象限。\n");
    }
```

程序执行情况：

    请输入一个点的坐标：

    x=3

    y=3

    这个点在第一象限。

再运行一次：

    请输入一个点的坐标：

    x=-3

    y=-3

    这个点在第三象限。

该程序没有考虑点在 x 轴或 y 轴时的情况。

4.1.3　条件表达式

求 a,b 中较大者可以用语句

```
    if (a>b)
            max=a;
    else
            max=b;
```

来实现。类似这种 if 和 else 各带一个赋值语句的结构，C 语言提供了一种专门的条件运算符。上面的语句可以用条件运算符来实现：

```
    max=(a>b)?a:b;
```

其中"(a>b)?a:b"是一个条件表达式，执行过程为：如果 a>b 为真，则表达式取 a 的值，否则取 b 的值。

条件运算符(?:)是 C 语言中唯一的一个三目运算符，即有三个参与运算的量，由条件运算符组成条件表达式的一般形式如下：

　　　　表达式 1?表达式 2：表达式 3

　　其求值规则为：如果表达式 1 的值为真，则以表达式 2 的值作为条件表达式的值，否则以表达式 3 的值作为整个条件表达式的值。其执行过程见图 4-8。

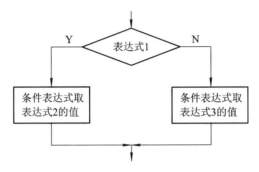

图 4-8　条件表达式流程图

　　条件表达式体现了 C 语言简洁、明快的风格，这种紧凑的表现形式是 C 语言区别于其他高级语言的一个显著特点。使用条件表达式时，应注意以下几点：

　　(1) 条件运算符的运算优先级低于关系运算符和算术运算符，但高于赋值运算符。因此 max=(a>b)?a:b 可以去掉括号而写为

　　　　max=a>b?a:b

如果有

　　　　a>b?a:b+1

则相当于 a>b?a:(b+1)，而不是(a>b?a:b)+1。

　　(2) 条件运算符 "?" 和 ":" 是一对运算符，不能分开单独使用。

　　(3) 条件表达式不能取代所有的 if 语句，只有在 if 语句中内嵌的语句为赋值语句时才能代替 if 语句。下面的 if 语句就无法用一个条件表达式代替：

```
if(a>b)
    printf("%d",a);
else
    printf("%d",b);
```

但可以用下面的语句代替：

```
        printf("%d", a>b?a:b);
```

即将条件表达式的值输出。

　　(4) 条件运算符的结合力方向是自右向左。

　　例如：

　　　　a>b?a:c>d?c:d

应理解为

　　　　a>b?a:(c>d?c:d)

　　这也就是条件表达式嵌套的情形，即其中的表达式 3(c>d?c:d)又是一个条件表达式，但这种情况在实际应用中很少见。

【例 4.6】 用条件表达式改写例 4.1。

源程序如下：

```c
#include<stdio.h>
void main()
{
    int   a,b,max;
    printf("\n input two numbers:");
    scanf("%d%d",&a,&b);
    printf("max=%d",a>b?a:b);
}
```

运行结果如下：

```
8   6✓
8
```

【例 4.7】 用条件运算符求 3 个整数中的最大数。

源程序如下：

```c
#include<stdio.h>
void main()
{
    int a,b,c;
    printf("\n 请输入 3 个整数");
    scanf("%d%d%d",&a,&b,&c);
    printf("最大数是: %d\n",(a>b?a:b)>c?(a>b?a:b):c);
}
```

运行结果如下：

```
请输入 3 个整数：
8   6   9✓
最大数是：9
```

【例 4.8】 从键盘输入一个字符，如果它是大写字母，则把它转换成小写字母输出；如果不是，则不转换直接输出。

分析： 首先输入一个字母(可能是大写字母，也可能是小写字母)；然后将输入的字母转换成大写字母。从字母的 ASCII 码可知，大写字母的 ASCII 码值比小写字母的 ASCII 码值小 32，因此，小写字母的 ASCII 码值减 32 就是大写字母。最后输出大写字母即可。这里涉及到字符数据的输入输出问题。

源程序如下：

```c
#include<stdio.h>
void main()
{
    char ch;
    printf("Input a character: ");
```

```
    scanf("%c",&ch);
    ch=(ch>='A'&&ch<='Z')?(ch+32) : ch;
    printf("ch=%c\n",ch);
}
```
运行结果如下：

　　G✓

　　g

再次运行：

　　3✓

　　3

4.2　switch 语句

前述的 if 语句的第三种形式提供了一种多分支选择的功能，虽然可以解决多分支问题，但如果分支较多，嵌套的层次就多，会使程序冗长，可读性降低。C 语言提供了专门用于处理多分支情况的语句——switch 语句。使用该语句编写程序可使程序的结构更加清晰，增强可读性。

switch 语句又叫开关选择语句，其功能是根据给定的条件，决定执行多个分支中的哪一个。因此，它常用于各种分类统计、菜单等程序设计。其一般形式如下：

```
switch(表达式)
{
    case 常量表达式 1：语句 1；
    case 常量表达式 2：语句 2；
        ...
    case 常量表达式 n：语句 n；
    default          : 语句 n+1；
}
```

语义：计算表达式的值，如果值与哪个常量表达式的值匹配，就执行哪个 case 后的语句序列，然后不再进行判断，继续执行所有 case 后的语句。如果表达式的值与所有 case 后的常量表达式的值均不相同，则执行 default 后的语句。由于 case 和 default 后都允许是语句序列，所以在其后安排多个语句时，也不必用花括号括起来。

说明：

(1) switch 之后圆括号的后面不能加分号。

(2) switch 后面圆括号内表达式的值可以为整型、字符型或枚举型。

(3) 各 case 后面常量表达式的值必须互不相同。

(4) 各 case 的出现次序不影响执行结果。

(5) default 分支可以放在 switch 语句的任何位置，也可以省略，但习惯上人们总是倾向于把 default 语句写在最后。

(6) case 后面的语句可以是任何语句,也可以为空,但 default 后面不能为空。若为复合语句,则花括号可以省略。

(7) 若某个 case 后面的常量表达式的值与 switch 后面圆括号内表达式的值相等,就执行该 case 后面的语句。若想执行完某一语句后退出,必须在语句最后加上 break 语句。这样,完整而合理的 switch 结构的形式如下:

```
switch(表达式)
{
    case 常量表达式 1:   语句 1;break;
    case 常量表达式 2:   语句 2; break;
     …
    case 常量表达式 n:   语句 n; break;
    default        :   语句 n+1;
}
```

流程图如图 4-9 所示。

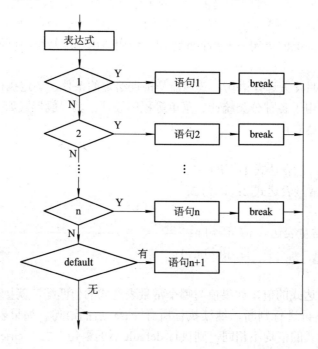

图 4-9   switch 结构流程图

这是 C 语言与其他高级语言多分支结构最显著的区别之处,也给程序设计带来了方便,但也带来了书写上的麻烦。

(8) 多个 case 可以共用一组语句。

(9) switch-case 语句可以嵌套,即一个 switch-case 语句中又含有 switch-case 语句。

从语法上看,任何一个 switch 语句表示的多分支结构都可以用 else if 形式来替代,但并非所有用 else if 形式表示的程序段都能用 switch 语句来替代。switch 语句对条件的写法要求更苛刻。紧跟着 switch 后面的表达式的数据类型应为整型或字符型,它与 case

后面的常量表达式的类型必须一致，并且常量表达式中不能包含变量。实际上，switch 语句的重点就在于如何设计 switch 后面的表达式，并让它的值正好能够匹配 n 个常量表达式中的一个。

【**例 4.9**】 假设某高速公路的一个收费站的收费标准为：小型车 15 元/车次，中型车 35 元/车次，大型车 50 元/车次，重型车 70 元/车次。编写程序，首先在屏幕上显示一个菜单：

> 1——小型车
> 2——中型车
> 3——大型车
> 4——重型车

然后请用户选择车型，根据用户的选择输出应交的费用。

分析：此题只需根据用户的输入(1，2，3，4)，与 case 语句后的常量表达式相对应即可。

```c
#include<stdio.h>
void main()
{
int x;
printf("\n 1----小型车");
printf("\n 2----中型车");
printf("\n 3----大型车");
printf("\n 4----重型车");
printf("\n 请选择车型： ");
scanf("%d",&x);
switch(x)
    {
        case 1:printf("费用是%d 元\n",15);break;
        case 2:printf("费用是%d 元\n",35);break;
        case 3:printf("费用是%d 元\n",50);break;
        case 4:printf("费用是%d 元\n",70);break;
        default:printf("输入错误! ");
    }
}
```

运行结果如下：

> 1——小型车
> 2——中型车
> 3——大型车
> 4——重型车
> 请选择车型： 3✓
> 费用是 50 元

4.3 选择分支程序举例

【例 4.10】 写一个程序从键盘输入某一个年份 year (4 位十进制数),判断其是否为闰年。闰年的条件是:能被 4 整除但不能被 100 整除,或者能被 400 整除。

分析:

(1) 如果 x 能被 y 整除,则余数为 0,即如果 x%y 的值等于 0,则 x 能被 y 整除!

(2) 首先将是否为闰年的标志 leap 预置为 0 (非闰年),这样仅当 year 为闰年时将 leap 置为 1 即可。这种处理两种状态值的方法,对优化算法和程序可读性非常有效,请仔细体会。

源程序如下:

```
#include<stdio.h>
void main()
{
    int year,leap=0;                    /*leap=0: 预置为非闰年*/
    printf("please input the year:\n");
    scanf("%d",&year);
        if(year%4==0)                   /*被 4 整除*/
        {
            if(year%100==0)
            {
                if(year%400==0)
                    leap=1;
                else
                    leap=0;
            }
            else
                leap=1;
        }
        else
            leap=0;                      /*不能被 4 整除*/
    if(leap)
        printf("%d is leap year.\n",year);
     else
        printf("%d is not a leap year.\n",year);
}
```

运行结果如下:

please input the year:

2000

2000 is a leap year.

再次运行，结果如下：

please input the year:

2001

2001 is not a leap year.

除了上述算法外，还可以利用逻辑运算能描述复杂条件的特点，将上述程序优化如下：

```
#include<stdio.h>
void main()
{
    int year;
    printf("please input the year. ");
    scanf("%d",&year);
    if((year%4==0&&year%100!=0)||(year%400==0))
        printf("%d is a leap year.\n",year);
    else
        printf("%d is not a leap year.\n",year);
}
```

【例 4.11】　求一元二次方程 $ax^2+bx+c=0$ 的解。

分析：求解一元二次方程要考虑各种特殊情况，其过程如下：

(1) 如果 a=0，此时方程变为 bx+c=0，则还要考虑以下两种情况。

① 若 b=0，则该方程无意义(因为 a 与 b 都为 0)，输出 "ERR"，结束。

② 若 b!=0，则该方程只有一个实根，即输出 x = –c/b，结束。

(2) 如果 a!=0，需要考虑以下两种情况。

① b=0，此时方程变为 $ax^2+c=0$。在这种情况下，如果 a 与 c 异号，则方程有两个实根 $x_{1,2}=\pm\sqrt{-c/a}$；如果 a 与 c 同号，则方程有两个虚根 $x_{1,2}=\pm i\sqrt{-c/a}$，其中 $i=\sqrt{-1}$。

② b!=0。在这种情况下，如果 c=0，两个实根分别为 $x_1=0$，$x_2=-b/a$，否则计算判别式 $d=b^2-4ac$，再考虑以下两种情况：如果 d≥0，则方程有两个实根；如果 d<0，则方程有两个共轭复根。

基于以上分析，源程序如下：

```
#include <stdio.h>
#include <math.h>
void main( )
{
    double a, b, c, d, x1, x2, p;
    printf("input a, b, c: ");
    scanf("%lf%lf%lf", &a, &b, &c);
```

```
        if (a==0.0)
        {
            if (b==0.0)
                printf("ERR\n");                    /*方程为 c=0，错误*/
            else
                printf("x=%f\n", -c/b);             /*方程为 bx=c*/
        }
        else
            if (b==0.0)                             /*方程为 ax²+c =0*/
            {
                d=c/a;
                if (d<=0.0)                         /*两个实根*/
                {
                    printf("x1=%f\n", sqrt(-d));
                    printf("x2=%f\n", -sqrt(-d));
                }
                else                                /*两个虚根*/
                {
                    printf("x1=+j%f\n", sqrt(d));
                    printf("x2=-j%f\n", sqrt(d));
                }
            }
            else
                if (c==0.0)                         /*方程为 ax²+bx =0*/
                {
                    printf("x1=0.0\n");
                    printf("x2=%f\n", -b/a);
                }
                else                                /*方程为 ax²+bx+c =0*/
                {
                    d=b*b-4*a*c;
                    if (d>=0.0)                     /* b²-4ac≥0, 两个实根*/
                    {
                        d=sqrt(d);
                        if (b>0.0)
                            x1=(-b-d)/(2*a);
                        else
                            x1=(-b+d)/(2*a);
                        x2=c/(a*x1);
```

```
                    printf("x1=%f\n", x1);
                    printf("x2=%f\n", x2);
        }
        else                        /* b²–4ac <0, 两个共轭复根*/
        {
                    d=sqrt(-d)/(2*a);
                    p=-b/(2*a);
                    printf("x1=%f+j%f\n", p, d);
                    printf("x2=%f-j%f\n", p, d);
        }
    }
}
```

【例 4.12】 从键盘输入一个百分制成绩 score，按下列原则输出其等级：score≥90，等级为 A；80≤score<90，等级为 B；70≤score<80，等级为 C；60≤score<70，等级为 D；score<60，等级为 E。

分析： 该例的难点是如何把成绩转换成常量表达式相对应的形式，例如 80~90 应该对应一个 case 语句，输出一个提示信息，而这可以将成绩整除 10 来解决。

源程序如下：

```
#include<stdio.h>
void main()
{
    int    score,grade;
    printf("Input a score(0~100): ");
    scanf("%d",&score);
    grade=score/10;              /*将成绩整除 10，转化成 switch 语句中的 case 标号*/
    switch (grade)
    {
        case 10:if(score>100) printf("The score is out of range!\n");
                else printf("grade=A\n");break;
        case 9:printf("grade=A\n");break;
        case 8:printf("grade=B\n");break;
        case7:printf("grade=C\n");break;
        case6:printf("grade=D\n");break;
        case 5:
        case 4:
        case 3:
        case 2:
        case 1:
        case 0: printf("grade=E\n");break;
```

```
default: printf("The score is out of range!\n");
        }
    }
```

程序运行情况如下：

```
input a score (0~100):85
grade=B
```

再次运行程序，结果如下：

```
input a score (0~100):102
The score is out of range!
```

【例 4.13】 已知某公司员工的底薪水为 500，某月所接工程的利润 profit(整数)与利润提成的关系如下(计量单位：元)：

profit≤1000	没有提成
1000＜profit≤2000	提成 10%
2000＜profit≤5000	提成 15%
5000＜profit≤10000	提成 20%
10000＜profit	提成 25%

分析：要使用 switch 语句，必须将利润 profit 与提成的关系转换成某些整数与提成的关系。

分析本题可知，提成的变化点都是 1000 的整数倍(1000、2000、5000、…)，如果将利润 profit 整除 1000，则

profit≤1000	对应 0、1
1000＜profit≤2000	对应 1、2
2000＜profit≤5000	对应 2、3、4、5
5000＜profit≤10000	对应 5、6、7、8、9、10
10000＜profit	对应 10、11、12、…

为了解决相邻两个区间的重叠问题，最简单的方法就是，利润 profit 先减 1(最小增量)，然后再整除 1000：

profit≤1000	对应 0
1000＜profit≤2000	对应 1
2000＜profit≤5000	对应 2、3、4
5000＜profit≤10000	对应 5、6、7、8、9
10000＜profit	对应 10、11、12、…

源程序如下：

```
#include<stdio.h>
void main( )
{
    long    profit;
    int     grade;
    float    salary=500;
```

```
        printf("Input    profit: ");
        scanf("%ld", &profit);
        grade= (profit - 1) / 1000;
/*将利润–1，再整除 1000，转化成 switch 语句中的 case 标号*/
        switch(grade)
        {
            case   0:   break;                              /*profit≤1000 */
            case   1: salary += profit*0.1; break;          /*1000＜profit≤2000 */
            case   2:
            case   3:
            case   4: salary += profit*0.15; break;         /*2000＜profit≤5000 */
            case   5:
            case   6:
            case   7:
            case   8:
            case   9: salary += profit*0.2; break;          /*5000＜profit≤10000 */
            default: salary += profit*0.25;                 /*10000＜profit */
        }
        printf("salary=%.2f\n", salary);
    }
```

【例 4.14】 给出一个不多于 5 位的正整数，要求：

(1) 求它是几位数；

(2) 分别输出每一位数字；

(3) 按逆序输出每一位数字。如：321，输出为 123。

分析：因为输入的正整数的位数不能确定，所以只能一一判断。

源程序如下：

```
    #include<stdio.h>
    void main()
    {
        long num;
        int n1,n2,n3,n4,n5,n;
        printf("请输入  0—99999 之间的数字：");
        scanf("%1d",&num);
        if(num>9999)
            n=5;
        else if(num>999)
            n=4;
        else if(num>99)
            n=3;
```

```
        else if(num>9)
            n=2;
        else
            n=1;
        printf("n=%d\n",n);
        printf("每一位数字是:");
        n5=num/10000;
        n4=(num-n5*10000)/1000;
        n3=(num-n5*10000-n4*1000)/100;
        n2=(num-n5*10000-n4*1000-n3*100)/10;
        n1=(num-n5*10000-n4*1000-n3*100-n2*10);
        switch(n)
        {
            case  5:  printf("%d,%d,%d,%d,%d",n5,n4,n3,n2,n1);
                      printf("\n 按逆序输出各位数字：");
                      printf("%d%d%d%d%d",n1,n2,n3,n4,n5);
                      break;
            case  4:  printf("%d,%d,%d,%d",n4,n3,n2,n1);
                      printf("\n 按逆序输出各位数字：");
                      printf("%d%d%d%d",n1,n2,n3,n4);
                      break;
            case  3:  printf("%d,%d,%d",n3,n2,n1);
                      printf("\n 按逆序输出各位数字：");
                      printf("%d%d%d",n1,n2,n3);
                      break;
            case  2:  printf("%d,%d",n2,n1);
                      printf("\n 按逆序输出各位数字：");
                      printf("%d%d",n1,n2);
                      break;
            case  1:  printf("%d",n1);
                      printf("\n 按逆序输出各位数字：");
                      printf("%d",n1);
                      break;
        }
    }
```

运行结果：

请输入 0—99999 之间的数字: 123↙

n=3

每一位数字是：1,2,3

按逆序输出各位数字：321

习 题 四

一、选择题

1. 请阅读以下程序:

```c
#include <stdio.h>
void main()
{
    int a=5,b=0,c=0;
    if(a=b+c)
        printf("***\n");
    else
        printf("$$$\n");
}
```

该程序的输出结果是( )。

A. 有语法错误不能通过编译　　　　B. 可以通过编译但不能通过链接

C. 输出***　　　　　　　　　　　　D. 输出$$$

2. 有如下程序:

```c
#include "stdio.h"
void main()
{
    int x=1,a=0,b=0;
    switch(x)
    {
        case 0:b++;
        case 1:a++;
        case 2:a++;b++;
    }
    printf("a=%d,b=%d\n",a,b);
}
```

该程序的输出结果是( )。

A. a=2,b=1　　　　B. a=1,b=1　　　　C. a=1,b=0　　　　D. a=2,b=2

3. 有以下程序:

```c
#include "stdio.h"
void main()
{
    int i=1,j=1,k=2;
```

```
        if((j++||k++)&&i++)
        printf("%d,%d,%d\n",i,j,k);
    }
```

执行后的输出结果是(   )。

　　A．1,1,2　　　　　　B．2,2,1　　　　　C．2,2,2　　　　　D．2,2,3

4．有如下程序：

```
    #include "stdio.h"
    void main()
    {
        float x=2.0,y;
        if(x<0.0)
            y=0.0;
        else
            if(x<10.0)
                y=1.0/x;
            else
                y=1.0;
        printf("%f\n",y);
    }
```

该程序的输出结果是(   )。

　　A．0.000000　　　B．0.250000　　　C．0.500000　　　D．1.000000

5．有如下程序：

```
    #include "stdio.h"
    void main()
    {
        float x=2.0,y;
        if(x<0.0) y=0.0;
        else   if(x>10.0) y=1.0/x;
        else   y=1.0;
        printf("%f\n",y);
    }
```

该程序的输出结果是(   )。

　　A．0.000000　　　B．0.250000　　　C．0.500000　　　D．1.000000

6．下列程序的运行结果是(   )。

```
    #include "stdio.h"
    void main()
    {
        int i=2,p;
        int j,k;
```

```
    int f(int,int);
    j=i;
    k=++i;
    p=f(j,k);
    printf("%d",p);
}
int f(int a,int b)
{
    int c;
    if(a>b)c=1;
    else if(a==b)c=0;
    else c=-1;
    return(c);
}
```

　　A．−1　　　　　　　B．1　　　　　C．2　　　　D．编译出错，无法运行

7．有如下程序段，其编译有错误，则错误在(　　　)语句。

```
#include "stdio.h"
void main( )
{
    int a=30,b=40,c=50,d;
    d=a>30?b:c;
    switch(d)
    {
        case a:printf("%d,",a);
        case b:printf("%d,",b);
        case c:printf("%d,",c);
        default:printf("#");
    }
}
```

　　A．default:printf("#");

　　B．d=a>30?b:c;

　　C．case a:printf("%d,",a);

　　　　case b:printf("%d,",b);

　　　　case c:printf("%d,",c);

　　D．switch(d)

8．若"int k=8;"，则执行下列程序后，变量 k 的正确结果是(　　　)。

```
#include "stdio.h"
void main()
{
```

```
    int k=8;

    switch(k)

    {

        case 9:k+=1;

        case 10:k+=1;

        case 11:k+=1;break;

        default:k+=1;

    }

    printf("%d\n",k);

}
```

    A. 12   B. 11   C. 10   D. 9

9. 与"if(a==1)a=b; else a++;"语句功能不同的 switch 语句是( )。

    A. switch(a)   B. switch(a==1)

```
        {                                   {
            case:a=b;break;                     case 0:a=b;break;
            default:a++;                        case 1:a++
        }                                   }
```

    C. switch(a)   D. switch(a==1)

```
        {                                   {
            default:a++;break;                  case 1:a=b;break;
            case 1:a=b;                         case 0:a++;
        }                                   }
```

10. 若有定义：float x=1.5;int a=1,b=3,c=2; 则正确的 switch 语句是( )。

    A. switch(x)   B. switch((int)x)

```
        {                                   {
            case 1.0:printf("*\n");             case 1:printf("*\n");
            case 2.0 printf("**\n");            case 2:printf("**\n");
        }                                   }
```

    C. switch(a+b)   D. switch(a+b)

```
        {                                   {
            case 1:printf("*\n");               case 1:printf("*\n");
            case 2+1: printf("**\n");           case c:printf("**\n");
        }                                   }
```

二、填空题

1. 有以下程序

```
#include"stdio.h"
void main( )
{
```

```
        int a=1,b=2,c=3,d=0;
        if(a==1)
        if(b!=2)
        if(c==3)d=1;
        else d=2;
        else d=4;
        else d=5;
        printf("%d\n",d);
    }
```

程序运行后输出的结果是_____。

2. 下面程序的执行结果是_____。

```
    #include<stdio.h>
    void main( )
    {
        int a=-1,b=1;
        if((++a<0)&&!(b--<=0))
            printf("%d,%d\n",a,b);
        else
            printf("%d,%d\n",b,a);
    }
```

3. 下面程序的输出结果是_____。

```
    #include <stdio.h>
    void main( )
    {
        int x=8,y=-7,z=9;
        if (x<y)
        if (y<0) z=0;
            else z-=1;
            printf("%d\n",z);
    }
```

4. 阅读下面的程序：

```
    #include<stdio.h>
    void main()
    {
        char a;
        a=getchar();
        switch(a)
        {
            case 65:printf("%c", 'A' );
```

```
        case 66:printf("%c", 'B' );
        default:printf("%s\n","other");
    }
}
```

当程序在执行时，如果输入的是 'A'，则输出结果为_____。

三、程序设计

1．企业发放的奖金根据利润提成。

利润(I)低于或等于 10 万元时，奖金可提成 10%；利润高于 10 万元而低于 20 万元时，低于 10 万元部分按 10%提成，高于 10 万元的部分可提成 7.5%；利润在 20 万元到 40 万元之间时，高于 20 万元的部分可提成 5%；利润在 40 万元到 60 万元之间时，高于 40 万元的部分可提成 3%；利润在 60 万元到 100 万元之间时，高于 60 万元部分可提成 1.5%；利润高于 100 万元时，超过 100 万元的部分按 1%提成。

从键盘输入当月利润(Ⅰ)，求应发放的奖金总数。

2．输入三个整数 x、y、z，将这三个数由小到大输出。

3．输入某年某月某日，判断这一天是这一年的第几天。

4．编程计算下列分段函数的值。

$$y = \begin{cases} x\%3 & x \geq 10 \\ x^2 & -2 < x < 10 \\ 1/x & x \leq -2 \end{cases}$$

第 5 章　循环结构程序设计

5.1　循环语句概述

首先来看下面的两个问题：

(1) 在屏幕上输出整数 1～20，每两个整数中间空一个格。

(2) 计算 1 + 2 + 3 + … + m，m 由用户指定。

对于问题(1)，先看下面的解法：

```
#include<stdio.h>
void main()
{
    printf("1 2 3 4 5 6 7 8 9 10 11 12 13 14 15 16 17 18 19 20\n" );
}
```

毫无疑问，这个程序的语法是对的，它能够顺利地通过编译，也能够完成题目的要求，但这绝不是一个好的程序，因为程序设计者没有掌握程序设计思想。如果题目是要求输出 1～2000，那又该怎么办呢？这个问题的解决思路应该是从输出 1 开始，每次输出一个比前一次大 1 的整数，重复 20 次。

对于问题(2)，可以首先设计一个累计器 sum，其初值为 0，依次累加 1～m，即利用 sum+=n 来计算(n 依次取 1,2，…，m)，所以只要解决以下 3 个问题即可。

① 将 n 的初值置为 1；

② 每执行 1 次"sum+=n"后，n 增 1；

③ 当 n 增到 m 时，停止计算。此时，sum 的值是 1～m 的累计和。

像这类问题，需要用一种重复计算的结构即循环结构来实现，C 语言提供了 4 条循环语句：

(1) goto 语句和 if 语句构成循环；

(2) while 语句；

(3) do-while 语句；

(4) for 语句。

循环语句是结构化程序中一种很重要的结构。其特点是，在给定条件成立时，反复执行某程序段，直到条件不成立为止。给定的条件称为循环条件，反复执行的程序段称为循环体。在循环设计中，有些是循环次数确定的循环，即执行确定次数之后循环结束，有些循环没有事先预定循环次数，而是通过达到一定条件后由控制转移语句强制结束和跳转。循环结构是结构化程序的三种基本结构之一，它与顺序结构、选择结构共同作为各种复杂程序的基本构造单元。C 语言提供了多种循环语句，可以组成各种不同形式的循环结构。几乎所有的程序都包括循环，灵活掌握循环结构对于编写高效简洁的程序至关重要。

对循环结构程序设计来说，首先要掌握的是思想，而不是语法，只要是重复的工作，不管次数多少都可以用循环结构。

5.2 goto 语句

goto 语句是一种无条件转移语句，其使用格式如下：

    goto 语句标号；

其中，标号是一个有效的标识符，这个标识符加上一个 ":" 一起出现在函数内某处，执行 goto 语句后，程序将跳转到该标号处并执行其后的语句。另外，标号必须与 goto 语句同处于一个函数中，但可以不在一个循环层中。通常 goto 语句与 if 条件语句连用，当满足某一条件时，程序跳到标号处运行。

结构化程序设计方法主张限制使用 goto 语句，主要是因为它会使程序层次不清，且不易读，难于调试。C 语言中可以使用 break 和 continue 语句跳出本层循环和结束本次循环，goto 语句的使用机会已大大减少，只是需要从多层循环的内层循环跳出时才用到 goto 语句。但是，这种用法不符合结构化程序设计的原则，一般不宜采用，只有在不得已(例如大大提高效率)时才使用。

【例5.1】 用 goto 语句和 if 语句构成循环，求 $\sum\limits_{n=1}^{100} n$ 。

源程序如下：

```
#include<stdio.h>
void main()
{
        int i,sum=0;
        i=1;
    loop:
        if(i<=100)
        {
            sum=sum+i;
            i++;
            goto loop;
        }
        printf("%d\n",sum);
}
```

5.3　while 语句

while 语句用来实现"当型"循环结构，即满足一定条件时才执行后面的循环体语句。其一般形式如下：

　　while(表达式)

　　　　循环体

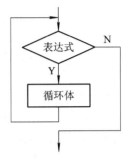

图 5-1　while 语句流程

其中，表达式可以是任意类型，一般表达式或逻辑表达式，其值为循环条件。循环体可以是任何语句。

while 语句的语义：

(1) 计算 while 后面圆括号中表达式的值，若其结果为真(非 0)，转(2)；否则转(3)。

(2) 执行循环体，转(1)。

(3) 退出循环，执行循环体后面的语句。

while 语句流程如图 5-1 所示。

while 语句的特点：先判断表达式，后执行循环体。

【例 5.2】　用 while 语句构成循环体，求 $\sum\limits_{n=1}^{100} n$ 。

其流程如图 5-2 所示，源程序如下：

```
#include<stdio.h>
void main( )
{
    int i,sum=0;
    i=1;
    while(i<=100)
    {
        sum=sum+i;
        i++;
    }
    printf("%d\n",sum);
}
```

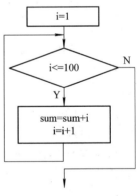

图 5-2　例 5.2 的流程图

【例 5.3】　用 while 语句解决"1+2+3+…+m"的问题。

源程序如下：

```
#include<stdio.h>
void main( )
{
        int i,sum,m;
```

```
        i=1; sum=0;
        printf("\n Please input a integer:");      /*提示用户输入一个整数*/
        scanf("%d",&m);
        while (i<=m)                                /*当 i≤m 时，进行循环*/
        {
                sum=sum+i;                          /*累加*/
                i++;                                /*i 的内容加 1*/
        }
        printf("sum=%d\n",sum);
    }
```

对 while 语句的说明：

(1) while 后面的括号"( )"不可省略。如果循环体不是空语句，则不能在 while 后面的圆括号后加分号(;)。

(2) while 后面的表达式可以是任意类型，但通常是条件表达式或逻辑表达式。表达式的值是循环控制的条件。由于 while 语句是先判断表达式，后执行循环体，所以循环体有可能一次也不执行。

(3) 当循环体需要执行多条语句时，应使用复合语句。复合语句必须用"{ }"括起来，否则只执行到第一个分号处。

(4) 在循环体中要有使循环趋于结束的语句(即使得"表达式"变为零的语句)，否则就成为死循环。

(5) 遇到下列情况退出循环：条件表达式不成立(为 0)；循环体内遇 break, return, goto 语句。

(6) 死循环，也称为无限循环，即当条件表达式始终是非零时，while 语句将无法停止。事实上，C 语言程序员有时故意用非零常量作为条件表达式来构造无限循环。常用形式为：

```
        while(1)
        循环体
```

除非循环体含有跳出循环的语句(break, return，goto)或者调用了导致程序终止的函数，否则上述这种形式的 while 语句将永远执行下去。

5.4　do-while 语句

do-while 语句用来实现"直到型"循环结构。其一般形式如下：

```
    do
        循环体
    while(表达式);
```

注意：当循环体语句组仅由一条语句构成时，可以不使用复合语句形式。

do-while 语句的语义：

(1) 执行循环体。

(2) 计算 while 后面圆括号中表达式的值，若其结果为真(非 0)，转(1)，否则转(3)。

(3) 退出循环，执行循环体后面的语句。

do-while 语句流程图如图 5-3 所示。

do-while 语句的特点：先执行循环体，后判断表达式。

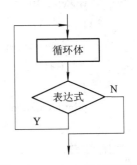

图 5-3　do-while 语句流程图

【例 5.4】　用 do-while 语句求解 1～100 的累计和。

其流程图如图 5-4 所示，源程序如下：

```
#include<stdio.h>
void main()
{
    int i,sum=0;
    i=1;
    do
    {
        sum=sum+i;
        i++;
    }
    while(i<=100);
    printf("%d\n",sum);
}
```

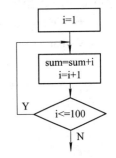

图 5-4　例 5.4 程序流程图

对 do-while 语句的说明：

(1) while 后面的括号"( )"不可省略。

(2) while(表达式)后面的分号";"不能省略，否则将出现语法错误。

(3) while 后面的表达式可以是任意类型，但通常是条件表达式。表达式的值是循环控制的条件。

(4) 循环体若是一个单条语句，则可以省略其中的一对花括号。但为了提高程序的可读性，习惯上在任何条件下都保留这一对花括号。

(5) 由于 do-while 语句是先执行循环体，后判断表达式，所以循环体至少执行一次。

可以看到，对同一个题目可以用 while 语句处理，也可以用 do-while 语句处理。在一般情况下，若两者的循环体部分是一样的，则它们的结果也一样。但若 while 后面的表达式一开始为假(0 值)，则两种循环的结果是不同的。

【例 5.5】　while 和 do-while 循环比较。

(1) while 循环：

```
#include<stdio.h>
void main( )
{
    int sum=0,i;
    scanf("%d",&i);
```

```
        while(i<=10)
        {
                sum=sum+i;
                i++;
        }
        printf("sum=%d",sum);
    }
```

运行结果:

输入 1 时, 为 55

输入 11 时, 为 0

(2) do-while 循环:

```
    #include<stdio.h>
    void main( )
    {
            int sum=0,i;
            scanf("%d",&i);
            do
            {
                    sum=sum+i;
                    i++;
            }
            while(i<=10);
            printf("sum=%d",sum);
    }
```

运行结果:

输入 1 时, 为 55

输入 11 时, 为 11

可以看到, 当输入的 i 值小于或等于 10 时, 二者得到相同的结果; 而当 i>10 时, 二者的结果就不同了。

5.5 for 语句

for 语句是循环控制中使用最广泛的、最灵活的一种语句, 它不仅用于已知循环次数的情况, 而且可以用于循环次数不确定而只给出循环结束条件的情况。

for 语句的一般形式如下:

    for(<表达式 1>;<表达式 2>;<表达式 3>)
            循环体语句;

for 语句的语义:

（1）先求解表达式 1。

（2）求解表达式 2，若其值为真(非 0)，则执行 for 语句中指定的内嵌循环体语句，然后执行第(3)步；若其值为假(0)，则结束循环，转到第(5)步。

（3）求解表达式 3。

（4）转回第(2)步继续执行。

（5）循环结束，执行 for 语句后面的一条语句。

for 语句的特点：先判断表达式，后执行循环体。

for 语句的执行过程如图 5-5 所示。

for 语句最简单的应用形式也是最容易理解的形式如下：

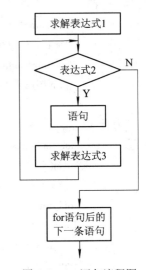

图 5-5　for 语句流程图

  for(循环变量赋初值；循环条件；循环变量增量)
   循环体语句

其中，"循环变量赋初值"总是一个赋值语句，它用来给循环控制变量赋初值；"循环条件"是一个关系表达式，它决定什么时候退出循环；"循环变量增量"定义循环控制变量每循环一次后按什么方式变化。这三个部分之间用"；"分隔。

例如：

  for(i=1; i<=100; i++)
   sum=sum+i;

先给 i 赋初值 1，判断 i 是否小于等于 100，若是则执行语句"sum=sum+i；"，之后 i 值增加 1，再重新判断，直到条件为假，即 i>100 时，结束循环。

等价的 while 语句如下：

  i=1;
  while(i<=100)
  {
   sum=sum+i;
   i++;
  }

对于 for 语句的一般形式，就是如下的等价 while 循环形式：

  表达式 1；
  while(表达式 2)
   {
    语句
    表达式 3；
   }

【例 5.6】　用 for 语句求解 1～100 的累计和。

方法 1：

```
#include <stdio.h>
void main( )
```

```
        {
            int i,sum=0;
            for(i=1;i<=100;i++)
                sum=sum+i;
            printf("sum=%d\n",sum);
        }
```

方法 2：

```
        #include <stdio.h>
        void main( )
        {
            int i,sum;
            for(sum=0,i=1;i<=100;i++)
                sum=sum+i;
            printf("sum=%d\n",sum);
        }
```

方法 3：

```
        #include <stdio.h>
        void main( )
        {
            int i,sum;
            for(sum=0,i=1;i<=100; sum=sum+i ,i++) ;
            printf("sum=%d\n",sum);
        }
```

由以上三种方法可知，for 语句相对于 while 和 do-while 语句更加简练，过程控制更集中，也更容易阅读和理解。

对 for 语句的说明：

(1) "表达式 1" 可以是任何类型，一般为赋值表达式，用于给控制循环次数的变量赋初值。在表达式(1)中可以使用逗号运算符。"表达式(1)" 既可以设置循环变化量的初始值，又可以是与循环变化量无关的其他表达式。如：

```
        for(sum=0,i=1;i<=100;i++)
```

"表达式 1" 可以省略，但其后的分号 ";" 必须保留。如：

```
        for(;i<=100;i++)
```

(2) "表达式 2" 一般是关系表达式或逻辑表达式，但也可以是数值表达式或字符表达式，只要其值为真，就执行循环体。

例如：

```
        for(i=0;(c=getchar())!='\n';i+=c);
```

又如：

```
        for(;(c=getchar())!='\n';)
        printf("%c",c);
```

"表达式 2"可以省略，但其后的分号";"必须保留。如：

```
for(i=1;;i++);
```

注意：如果在循环体中不作其他处理，很容易形成死循环。

例如：

```
for(i=1;;i++)
    sum=sum+i;
```

相当于：

```
i=1;
while(1)
{
    sum=sum+i;
    i++;
}
```

(3) "表达式 3"可以是任何类型，一般为赋值表达式，用于修改循环控制变量的值，以便使得某次循环后，"表达式 2"的值为"假"(0)，从而退出循环。"表达式 3"可以省略。需特别注意的是，"表达式 3"后无分号。在"表达式 3"中可以使用逗号运算符。如：

```
for(i=1;i<=100;i++,i++)
```

(4) 可省略"表达式 1 (循环变量赋初值)"和"表达式 3 (循环变量增量)"。

例如：

```
for(;i<=100;)
{
    sum=sum+i;
    i++;
}
```

相当于：

```
while(i<=100)
{
    sum=sum+i;
    i++;
}
```

(5) 3 个表达式都可以省略。

例如：

```
for( ; ; ) 语句
```

相当于

```
while(1) 语句
```

(6) "循环体"可以是任何语句，可以是单独的一条语句，也可以是复合语句。复合语句必须用一对花括号"{ }"括起来。

【例 5.7】　用递推算法计算 1!+2!+…+n!的值。

分析：所谓递推算法，其基本思想就是利用前一项的值推算出当前项的值。在前面"求 $1+2+\cdots+100$ 的和"的程序中已多次用到此算法，其递推式子为 sum = sum+i。"t=t*i"形式可以求阶乘。"sum = sum + t"形式可以求和。

递推算法是循环程序设计的精华之一，在对多项式的求解过程中，很多情况可以使用递推算法来实现。使用递推算法编程，既可使程序简练，又可节省计算时间。

源程序如下：

```
#include <stdio.h>
vid main( )
{
    int i, n;
    long sum,t;                /*注意变量的数据类型*/
    printf("\n n=?");
    scanf("%d",&n);
    t=1; sum=1;
    for(i=2;i<=n;i++)
    {
        t=t*i;                 /*使用递推方法计算 n!*/
        sum+=t;                /*计算 1!+2!+…*/
    }
    printf("\n sum=%ld",sum);
}
```

5.6　三种循环语句的选用

while 语句在执行循环体之前对作为循环条件的表达式求值和验证，而 do-while 语句则在之后。对于 do-while 语句，其循环体至少被执行一次。

如果循环次数在执行循环体之前就已确定，则一般用 for 语句；如果循环次数是由循环体的执行情况确定的，则一般用 while 或 do-while 语句。

当循环体至少执行一次时，用 do-while 语句，反之，如果循环体可能一次也不执行时，则选用 while 语句。

5.7　break 语句

break 语句的一般形式：

```
break;
```

语义：当 break 用于开关语句 switch 中时，可使程序跳出 switch 而执行 switch 以后的语句。而当 break 语句用于 while、do-while、for 循环语句中时，可使程序从循环体内跳出循环体，即提前结束循环，接着执行循环体后面的语句。

break 语句在循环语句中的位置：

(1) break 语句在 while 语句中的位置如图 5-6 所示。

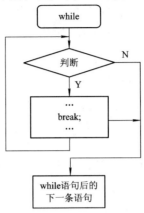

图 5-6　break 语句在 while 语句中的位置

(2) break 语句在 do-while 语句中的位置如图 5-7 所示。

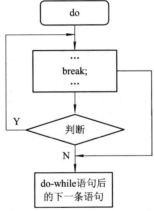

图 5-7　break 语句在 do-while 语句中的位置

(3) break 语句在 for 语句中的位置如图 5-8 所示。

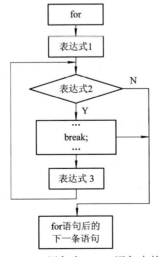

图 5-8　break 语句在 while 语句中的位置

【例 5.8】 用 break 语句求 10 以内能被 2 整除的最小正整数。

源程序如下：

```
#include <stdio.h>
void main( )
{
    int i;
    for(i=1;i<=10;i++)
    {
        if(i%2==0)
        {
            printf("%d\n",i);
            break;
        }
    }
}
```

运行结果：

```
2
```

【例 5.9】 输入一个正整数 m，判断它是否为素数。

分析：

(1) 判断某数 n 是否是素数的算法：根据素数的定义，用 2～m-1 之间的每一个数去整除 n，如果都不能被整除，则表示该数是一个素数。

(2) 判断一个数是否能被另一个数整除，可通过判断它们整除的余数是否为 0 来实现。

源程序如下：

```
#include <stdio.h>
void main( )
{
    int i,m;
    printf("请输入一个正整数：");
    scanf("%d",&m);
    for(i=2;i<m;i++)
            if (m%i==0)   break;
    if(i= =m)
            printf("%d 是素数！\n",m);
    else
            printf("%d 不是素数！\n",m);
}
```

运行结果：

```
请输入一个正整数：14
14 不是素数！
```

注意：

(1) break 语句不能用于循环语句和 switch 语句之外的任何其他语句。

(2) 在多重循环的情况下，使用 break 语句时，仅仅退出包含 break 的那层循环体，即 break 语句不能使程序控制退出一层以上的循环。

5.8　continue 语句

continue 语句的一般形式：

　　continue;

语义：结束本次循环，跳过循环体中尚未执行的部分，进行下一次是否执行循环的判断。在 while 语句和 do-while 语句中，continue 把程序控制转到 while 后面的表达式处，而在 for 语句中 continue 把程序控制转到表达式 3 处。

continue 语句只能用在循环结构的语句中，通常和 if 语句连在一起使用，即满足某种条件时便结束本次循环，进入到下一次循环。

continue 语句在循环语句中的位置：

(1) continue 语句在 while 语句中的位置如图 5-9 所示。

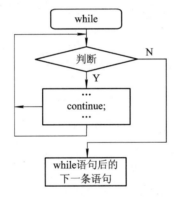

图 5-9　continue 语句在 while 语句中的位置

(2) continue 语句在 do-while 语句中的位置如图 5-10 所示。

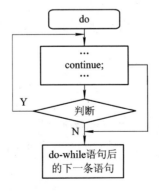

图 5-10　continue 语句在 do-while 语句中的位置

(3) continue 语句在 for 语句中的位置如图 5-11 所示。

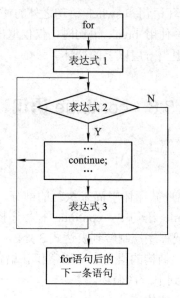

图 5-11　continue 语句在 for 语句中的位置

【例 5.10】　　输出 100 以内的能被 7 整除的自然数。

方法 1：在循环体中，直接从能被 7 整除的自然数入手。

```c
#include<stdio.h>
void main( )
{
  int   n;
  for(n=1; n<=100; n++)
      if(n%7==0)
          printf ("%d ",n);
  printf("\n");
}
```

方法 2：在循环体中，也可以从不能被 7 整除的自然数入手。

```c
#include<stdio.h>
void \main( )
{
  int   n;
  for(n=1; n<=100; n++)
  {
      if(n%7!=0)   continue;        /*若 n 不能被 7 整除，则循环转到增量部分*/
      printf("%d ",n);              /*执行此语句，输出能被 7 整除的自然数*/
  }
  printf("\n");
}
```

方法 3：最简单的方法是从循环控制变量的初值和增量入手。

```
#include<stdio.h>
void main( )
{
    int n;
    for(n=7; n<=100; n+=7)
    printf ("%d ",n);
    printf("\n");
}
```

break 语句和 continue 语句的异同：

(1) break 语句可以用在 switch 语句和循环语句中，而 continue 语句只能用在循环语句中。

(2) break 语句和 continue 语句两者用在循环中都是用来结束循环的，但两者的功能不同：

① break 语句用来结束整个循环。当遇到它时循环会立即结束，程序跳出循环，执行循环外的语句。

② continue 语句用来结束本次循环。当遇到它时，程序会自动跳过循环体内下面尚未执行的语句，而进行下一次是否执行循环的判断，但它不会终止整个循环的执行。

(3) 循环嵌套时，break 和 continue 语句只影响包含它们的最内层循环，与外层循环无关。

5.9　循环的嵌套

一个循环体内又包含另一个完整的循环结构，称为循环的嵌套。内嵌的循环中还可以嵌套循环，这就是多层循环。外层的循环语句和内层的循环语句可以相同，也可以不相同。就是说，三种循环语句可以相互嵌套。

例如，下面几种形式都是合法的

```
(1)                          (2)
    while(…)                     while(…)
    {                            {
        …                            …
        while(…)                     do
        {                            {
            …                            …
        }                            } while(…);
        …                            …
    }                            }
```

(3)

```
    do
    {
        …
        do
        {
            …
        }
        while(…);
        …
    }
    while(…);
```

(4)

```
    for(…; …; …)
    {
        …
        while(…)
        {
            …
        }
        …
    }
```

使用循环的嵌套编写程序时应注意以下问题：

(1) 外层循环执行一次，内层循环要执行一轮，即外层循环控制变量取一个值时，内层循环变量要从初值一直取到内层循环控制条件不满足时，内层循环才算执行完一轮。然后随着外层循环控制变量值的改变，继续判断是否满足外层循环控制条件，如果满足，继续执行内层循环，否则，嵌套的循环结束。

(2) 通常情况下，内层循环控制直接引入外层循环的相关变量。

(3) 可以使用各类循环语句相互嵌套来解决复杂问题。

【例 5.11】 输出 100 以内的所有素数。

方法 1：外层循环使用 for 语句。

```
#include<stdio.h>
#include<math.h>
void main( )
{
    unsigned   m,i,k,counter=0;
    for(m=2;m<100;m++)                 /*外层循环*/
    {
        k=sqrt(m);                     /*求平方根*/
        for(i=2;i<=k;i++)              /*内层循环*/
            if(m%i==0)break;
        if(counter%10==0)             /*每输出 10 个数换一行*/
        printf("\n");
        if(i>k)
        {
            printf("%u",m);           /*是质数则输出*/
            counter++;
        }
    }
```

```
        printf("\n");
    }
```

比较一下内、外两层循环控制变量的变化，显然，外层循环控制变量变化慢，内层循环控制变量变化快。具体地说，对外层循环控制变量 m 的每个值，内层循环控制变量 i 由 2 开始，依次增 1，直到 k 为止或中途退出循环。

方法 2：外层循环使用 while 语句。

```
#include<math.h>
#include<stdio.h>
void main()
{
    unsigned   m,i,k;
    int counter=0;
    m=2;                        /*初值*/
    while(m<100);               /*条件*/
    {
        k=sqrt(m);
        for(i=2;i<=k;i++)
            if(m%i==0) break;
        if(counter%10==0)       /*每输出 10 个数换一行*/
            printf("\n);
        if(i>k)
            {
                printf("%u",m);  /*是质数则输出*/
                counter++;
            }
        m++;                    /*增量*/
    }
    printf("\n");
}
```

方法 3：外层循环使用 do-while 语句。

```
#include<math.h>
#include<stdio.h>
void main()
{
    unsigned   m,i,k;
    int counter=0;
    m=2;                /*初值*/
    do
    {
```

```
        k=sqrt(m);
        for(i=2;i<=k;i++)
            if(m%i==0)   break;
        if(counter%10==0)              /*每输出 10 个数换一行*/
            printf("\n");
        if(i>k)
        {
            printf("%u",m);            /*是质数则输出*/
            counter++;
        }
        m++;                           /*增量*/
    }
        while(m<100);                  /*条件*/
        printf("\n");
}
```

5.10 程序举例

　　【例 5.12】　求出 Fibonacci 数列：1，1，2，3，5，8，…的前 20 项。该数列源自于一个有趣的问题：一对兔子，一个月后长成中兔，第三个月长成大兔，长成大兔以后每个月生一对小兔。第 20 个月有多少对兔子？

　　Fibonacci 数列可以用数学上的递推公式来表示：

$$F_1=1$$
$$F_2=1$$
$$\vdots$$
$$F_n=F_{n-1}+F_{n-2} \quad (n\geqslant3)$$

　　分析：Fibonacci 的计算公式上文已给出，利用这一公式，可以在程序中定义两个变量 f1 和 f2，并将两者赋初值 1，输出后根据 $F_n=F_{n-1}+F_{n-2}(n\geqslant3)$ 的特点，可以利用迭代的方法来实现。

　　源程序如下：

```
        #include<stdio.h>
        void main( )
        {
            int a,b,j,F1,F2;
            F1=1;F2=1;
            printf("\n%10d%10d",F1,F2);       /*输出序列的前两个值*/
            for(j=2;j<=10;j++)                /*从 3 到 20 循环*/
            {
                F1=F1+F2;                     /*求最新的数列值覆盖 F1*/
```

```
        F2=F2+F1;                          /*求第二新的数列值覆盖 F2*/
        printf("%10d%10d",F1,F2);          /*输出 F1 和 F2*/
        if(j%2==0)
        printf("\n");                      /*每输出 4 个数字换行*/
      }
    }
```

程序运行结果如下：

1	1	2	3
5	8	13	21
34	55	89	144
233	377	610	987
1597	2584	4181	6765

在以上程序段中，使用了 f1 和 f2 两个变量，f1 和 f2 的初始值均为 1，在循环中，不断用 f1+f2 覆盖新的 f1，不断用刚刚更新的 f1 加上原来的 f2 覆盖新的 f2。那么，新的 f1 是每次循环求出的新的 Fibonacci 数列的第一个数，新的 f2 是每次循环求出的新的数列的第二个数。循环一次求出两个数。

【例 5.13】   根据下面的公式求 π 的近似值。

$$\frac{\pi}{4}=1-\frac{1}{3}+\frac{1}{5}-\frac{1}{7}+\frac{1}{9}-\cdots$$

分析：这是项数无限的求和(叫做无穷级数)问题，解决问题的关键是根据前项找出后项的规律。就本题而言，分母的规律很明显，即后项的分母等于前项的分母加 2。相邻两项的符号是正、负依次交替。

方法 1：计算前 100 项的和。

```c
#include<stdio.h>
void main( )
{
   int k=1,s=1;
   unsigned long n=1;
   double t=1,pi=0;
   while(k<=100)
     {
        pi=pi+t;
        n=n+2;
        s=-s;
        t=s*1.0/n;
        k++;
     }
     printf("pi=%f\n",pi*4);
}
```

方法 2：计算到某项的绝对值小于 10^{-6} 时停止。显然，当项的绝对值大于 10^{-6} 时就进行循环。

```c
#include<stdio.h>
#include<math.h>
void main( )
{
    int s=1;
    unsigned long n=1;
    double t=1,pi=0;
    while(fabs(t)>1e-6)
    {
        pi+=t;
        n+=2;
        s=-s;
        t=s*1.0/n;
    }
    printf("Pi=%f\n",pi*4);
}
```

上面两个例子尽管表现形式不同，但循环中常常涉及：由变量的旧值推出其新值，如例 5.1 的 sum=sum+n，此例的 n=n+2；或者用变量的新值取代其旧值，如此例的 t=s*1.0/n，我们把这样的过程叫做递推。

【例 5.14】 输出如下形状为直角三角形的九九乘法口诀表。

$1 \times 1 = 1$

$1 \times 2 = 2$ $2 \times 2 = 4$

$1 \times 3 = 3$ $2 \times 3 = 6$ $3 \times 3 = 9$

...

$1 \times 9 = 9$ $2 \times 9 = 18$ $3 \times 9 = 27$ $4 \times 9 = 36$ $5 \times 9 = 45$ $6 \times 9 = 54$ $7 \times 9 = 63$ $8 \times 9 = 72$ $9 \times 9 = 81$

分析：此题用"*"号类型题目的方法求解。用循环嵌套，外层控制行数，内层控制每一行的格式。

源程序如下：

```c
#include <stdio.h>
void main( )
{
    int i,j,result;
    printf("\n");
    for(i=1;i<=9;i++)
    {
        for(j=1;j<=i;j++)
        {
```

```
            result=i*j;
            printf("%d*%d=%-4d",i,j,result);
        }
        printf("\n");
    }
}
```

【例 5.15】　已知公鸡每只 5 元，母鸡每只 3 元，小鸡 1 元 3 只。要求用 100 元钱正好买 100 只鸡，问：公鸡，母鸡，小鸡各多少只？

分析： 此问题可以使用穷举法求解。

穷举法的基本思想是假设各种可能的解，让计算机进行测试，如果测试结果满足条件，则假设的解就是所要求的解。如果所要求的解是多值的，则假设的值也是多值的。在程序设计中，实现多值解的假设往往使用多重循环进行组合。穷举法又称测试法。穷举法对于人来说是一件单调而繁琐的工作，但对于计算机来说，重复的事非常适合用循环解决，并能发挥计算机高速运算的优势。

设公鸡、母鸡、小鸡数分别为 x、y、z，则根据题意可列出两个方程：

$$x + y + z = 100$$

$$5x + 3y + \frac{z}{3} = 100$$

使用多重循环组合出各种可能的 x、y 和 z 值，然后进行测试。

源程序如下：

```
#include<stdio.h>
void main()
{
    int x,y,z;
    for(x=1;x<=20;x++)
    for(y=1;y<=33;y++)
    {
        z=100-x-y;
        if(5*x+3*y+z/3==100)
        printf("\n%d,%d,%d",x,y,z);
    }
}
```

【例 5.16】　找出 1000 以内的所有水仙花数。所谓水仙花数是指一个三位数，其各位数字的立方和等于该数本身。例如，$153=1^3+5^3+3^3$，故 153 是水仙花数。

分析： 利用 for 循环控制 100~999 个数，每个数分解出个位、十位、百位。

源程序如下：

```
#include<stdio.h>
void main( )
{
```

```
        int m, a, b, c;
        printf("The all narcissus numbers in 1000 are:\n");
        for(m=100;m<1000;m++)
        {
            a=m/100;
            b=m%100/10;
            c=m%10;
            if(a*a*a+b*b*b+c*c*c==m)
                printf("%8d"，m);
        }
    }
```

【例 5.17】 将一个正整数分解质因数。例如：输入 90，打印出 90=2*3*3*5。

分析：对 n 进行分解因数，应先找到一个最小的质数 k，然后按下述步骤完成：

(1) 如果这个质数恰好等于 n，则说明分解质因数的过程已经结束，打印出即可。

(2) 如果 n 不等于 k，但 n 能被 k 整除，则应打印出 k 的值，并用 n 除以 k 的商，作为新的正整数 n，重复执行第一次。

(3) 如果 n 不能被 k 整除，则用 k+1 作为 k 的值，重复执行第(1)步。

源程序如下：

```
    #include<stdio.h>
    void main()
    {
        int n,i;
        printf("\nplease input a number:\n");
        scanf("%d",&n);
        printf("%d=",n);
        for(i=2;i<=n;i++)
        {
            while(n!=i)
            {
                if(n%i==0)
                {
                    printf("%d*",i);
                    n=n/i;
                }
                else
                break;
            }
        }
        printf("%d",n);
    }
```

运行结果:

  please input a number:

  56

  56=2*2*2*7

5.11　常见错误

1. 误把"=="作为等号使用

这种情况与条件语句中的情况一样,例如:

```
while (x=1)
{
    ...
}
```

这是一个恒真条件的循环,正确的写法是:

```
while (x==1)
{
    ...
}
```

2. 多加分号

在不该加分号的地方加了分号。例如:

```
for(i=1;i<=8;i++);
    count=count+1;
```

由于 for 后加了一个分号,表示循环体只有一个空语句,而"count=count+1;"与循环无关。正确的写法如下:

```
for(i=1;i<=8;i++)
    count=count+1;
```

3. 漏掉花括号

循环体由多条语句构成,但忘记由花括号扩起来,就形成一条语句。例如:

```
for(i=1;i<=8;i++)
    sum=sum+1;
    count=count+1;
```

由于没有花括号,循环体就只剩下"sum=sum+1;"一条语句了。正确的写法应为:

```
for(i=1;i<=8;i++)
{
    sum=sum+1;
    count=count+1;
}
```

4. 花括号的不匹配

由于各种控制结构的嵌套,有些左右花括号可能相距较远,这就可能忘掉右侧花括号而造成不匹配现象。这种情况在编译时可能产生许多莫名其妙的错误，而且错误提示与实际错误无关。最好的解决办法是在一开始就把左右两个花括号写上，然后再在其中写入程序。

习 题 五

一、选择题

1. 有以下程序：

```
#include<stdio.h>
void main()
{
    int   i,j,m=1;
    for(i=1;i<3;i++)
    {
        for(j=3;j>0;j--)
        {
            if(i*j>3)   break;
            m=i*j;
        }
    }
    printf("m=%d\n",m);
}
```

程序运行后输出的结果是(   )

  A．m=1   B．m=2   C．m=4   D．m=5

2. 有以下程序：

```
#include<stdio.h>
void main()
{
    int a=1,b=2;
    for(;a<8;a++)
    {
        b+=a;
        a+=2;
    }
    printf("%d, %d\n", a, b);
}
```

程序运行后的结果是(   )。

  A．9, 18   B．8, 11   C．7, 11   D．10, 14

3．以下关于 return 语句的叙述正确的是(　　)。

A．一个自定义函数中必须有一条 return 语句

B．一个自定义函数中可以根据不同情况设置多条 return 语句

C．定义成 void 类型的函数中可以有带返回值的 return 语句

D．没有 return 语句的自定义函数在执行结束时不能返回到调用处

4．下面程序的运行结果是(　　)。

```
#include<stdio.h>
void main()
{
    int y=10;
    do
    {
        y--;
    }
    while(--y);
    printf("%d\n",y--);
}
```

A．=-1　　　　　　B．=1　　　　　　C．=8　　　　　　D．=0

5．下面程序的运行结果是(　　)。

```
#include<stdio.h>
void main()
{
    int a=1,b=10;
    do
    {
        b-=a;
        a++;
    }
    while(b--<0);
    printf("a=%d,b=%d\n",a,b);
}
```

A．a=3,b=11　　　　　B．a=2,b=8　　　　C．a=1,b=-1　　　D．a=4,b=9

6．下列程序的输出结果是(　　)。

```
#include "stdio.h"
void main()
{
    int i,a=0,b=0;
    for(i=1;i<10;i++)
```

```
        {
            if(i%2==0)
            {
                a++;
                continue;
            }
            b++;
        }
        printf("a=%d,b=%d",a,b);
    }
```

A．a=4,b=4   B．a=4,b=5   C．a=5,b=4   D．a=5, b=5

7．C 语言中 while 和 do-while 循环的主要区别是(   )。

    A．do-while 循环体至少无条件执行一次

    B．while 的循环控制条件比 do-while 的循环控制条件更严格

    C．do-while 循环允许从外部转到循环体内

    D．do-while 的循环体不能是复合语句

8．下列循环中没有构成死循环的是(   )。

A．
```
int i=100;
while(1)
{
    i=i+1;
    if(i>100) break;
}
```
B．`for(;;);`

C．
```
int k=10000;
do
{
    k++;
}
while(k>10000);
```
D．
```
int s=36;
while(s) --s;
```

9．设有以下程序段：

```
int x=0,s=0;
while(!x!=0)
{
        s+=++x;
}
printf("%d",s);
```

则(   )。

    A．运行程序段后输出 0   B．运行程序段后输出 1

    C．程序段中的控制表达式是非法的   D．程序段执行无限次

10. 对以下程序段的描述，正确的是(　　)。

```
x=-1;
do
{
    x=x*x;
}
while(!x);
```

    A．是死循环　　　　　　　　　　　B．循环执行两次

    C．循环执行一次　　　　　　　　　　D．有语法错误

11. 下述程序中，i>j 共执行的次数是(　　)。

```
#include<stdio.h>
void main( )
{
    int i=0, j=10, k=2, s=0;
    for(;;)
    {
        i+=k;
        if(i>j)
        {
            printf("%d",s);
            break;
        }
        s+=i;
    }
}
```

    A．4　　　　　　B．7　　　　　　　C．5　　　　　　　　D．6

12. 下列语句中(假设 x、y、a、b 已经定义好)，错误的是(　　)。

    A．while(x=y) 5;　　　　　　　　　　B．do x++ while(x==10);

    C．while(0);　　　　　　　　　　　　D．do 2;while(a==b);

13. 若 i、j 已经定义为整型，则以下程序段中内循环体的执行次数是(　　)。

```
for(i=6; i; i--)
    for(j=0;j<5;j++)
    {
        …
    }
```

    A．40　　　　　　B．35　　　　　　　C．30　　　　　　　　D．25

14. 下列说法中错误的是(　　)。

    A．只能在循环体内使用 break 语句

    B．在循环体内使用 break 语句可以使流程跳出本层循环体，从而提前结束本层循环

C．在 while 和 do-while 循环中，continue 语句并没有使整个循环终止

D．continue 的作用是结束本次循环，即跳过本次循环体中余下尚未执行的语句，接着再一次进行循环判断

15．下面程序段的运行结果是_____。

```
int n=0;
  while (n++<=2)
      printf("%d",n);
```

A．012　　　　　　B．123　　　　　　C．234　　　　　　D．错误信息

二、填空题

1．有以下程序：

```
#include <stdio.h>
void main( )
{
    int m,n;
    scanf("%d%d",&m,&n);
    while(m!=n)
    {
        while(m>n)    m=m-n;
        while(m<n)    n=n-m;
    }
    printf("%d\n",m);
}
```

程序运行后，当输入 14 63✓ 时，输出结果是_____。

2．有一堆零件(100 到 200 之间)，如果分成 4 个零件一组的若干组，则多 2 个零件；若分成 7 个零件一组，则多 3 个零件；若分成 9 个零件一组，则多 5 个零件。以下程序是求这堆零件总数。

```
#include <stdio.h>
void main( )
{
    int i;
    for(i=100;i<200;i++)
    if((i-2)%4==0)
    if(!((i-3)%7))
        if(_____)
            printf("%d",i);
}
```

三、程序设计

1．输入一行字符，分别统计出其中英文字母、空格、数字和其他字符的个数。

2．一个数如果恰好等于它的因子之和，这个数就称为"完数"。例如 6=1+2+3，因此 6 是"完数"。编程找出 1000 之内的所有完数。

3．打印出以下图案：

(1) *****
  ****
  ***
  **
  *

(2)   *
    * * *
   * * * * *
  * * * * * * *
   * * * * *
    * * *
     *

(3) a
 a b
 a b c
 a b c d
 a b c
 a b
 a

(4)   1
    1 2 3
   1 2 3 4 5
  1 2 3 4 5 6 7
 1 2 3 4 5 6 7 8 9

4．编程输出如下所示 M 行 N 列的中空矩形，其中 M 和 N 由键盘输入。

 # # # # # # # #
 #   #
 #   #
 # # # # # # # #

第 6 章　数　　组

除了前几章介绍的基本类型(整型、字符型、实型)以外，C 语言还提供了构造类型数据，包括数组、结构体和共同体。构造类型数据是由基本类型数据按一定规则组成的，因此又被称为"导出类型"。

本章介绍数组。数组是有序数据的集合，是 C 语言提供的一种最简单的构造类型，数组中的每一个元素都属于同一个数据类型，在内存中占有连续的存储单元。用一个统一的数组名和下标来唯一地确定数组中的元素。通俗地讲，数组就是一组具有相同名字的变量。在程序中可用单个变量存储单个数据，而对一系列类型相同且数据之间有某种联系的数据，如描述某个班级 60 个同学某科成绩，如果用单个变量来表示时，就需定义 60 个变量，很不方便。如果用数组就简单多了，我们只需要定义一个长度为 60 的整型数组即可。而且根据实际需要我们定义的数组可以为一维的，也可以是多维的。

6.1　一　维　数　组

6.1.1　一维数组的定义

和普通变量一样，数组在使用之前必须先定义，一维数组的定义格式如下：

　　　类型说明符　　数组名[常量表达式]；

例如：

　　　int　a[10];

定义了一个整型一维数组，数组名为 a，含有 10 个元素。

说明：

(1) 数组名的命名规则和变量名相同，遵循标识符命名规则。

(2) 数组名后是方括号括起来的"常量表达式"，不能用圆括号。

(3) 在定义数组时，需要指定数组中元素的个数，方括号中的"常量表达式"用来表示元素的个数，即数组长度。C 语言中数组下标是从 0 开始的，例如：a[10]表示 a 数组有 10 个元素，依次为 a[0]、a[1]、a[2]、a[3]、a[4]、a[5]、a[6]、a[7]、a[8]、a[9]，不存在数组元素 a[10]。

定义"int　a[10];"后，C 编译程序将为 a 数组在内存中开辟如图 6-1 所示的 10 个连续的存储单元。图中标明了存储单元的名字，可以用这些名字直接引用各存储单元。

图 6-1　数组 a 在内存中的存储单元

(4) "常量表达式"中可以包含整型常量和符号常量，不能包含变量。也就是说，C 语言不允许对数组的大小作动态定义，即数组的大小不依赖于程序中变量的值。例如，下述对数组的定义是错误的：

```
int   n;
scanf("%d",&n);            /*在程序中临时输入数组的大小*/
int a[n];
```

(5) 在定义数组的语句中，可以有多个数组说明符，它们之间用逗号隔开，例如：

```
int a[5],b[7];
```

定义了两个名为 a 和 b 的整型数组，其中 a 数组包含 5 个元素，下标从 0 到 4，b 数组包含 7 个元素，下标从 0 到 6。

定义时，数组说明符和普通变量名可以同时出现在一个类型的定义语句中，例如：

```
int   c,d,e[8];
```

6.1.2　一维数组元素的引用

像普通变量一样，一个数组一经定义，就可以在程序中引用它的元素。对数组元素的访问一般是通过下标运算符"[]"和下标值来进行的。C 语言规定只能逐个引用数组元素，而不能一次引用整个数组。

数组元素的表示形式如下：

数组名[下标]

其中下标可以是整型常量或整型表达式。例如：

```
a[5]=a[1]+a[2]+a[2*4];
```

【例 6.1】　输入 20 个学生的单科成绩，求平均分。源程序如下：

```
#include<stdio.h>
void main()
{
    float    score[20],sum=0,aver;        /*定义数组与变量*/
    int    i;
    for(i=0;i<20;i++)                      /*注意：条件不能写成 i≤20*/
    {
        scanf("%f",&score[i]);             /*输入学生的单科成绩*/
        sum+=score[i];                     /*对分数进行累加*/
    }
    aver=sum/20;                           /*求平均分*/
    printf("Average=%.2f\n",aver);         /*输出平均分*/
}
```

该例中定义了一个含 20 个元素的数组，用来存放学生成绩。若没有数组这一构造数据类型，同类型的变量就要定义 20 个，比较操作也要写 20 次。如果是 50 个学生，100 个学生呢？程序要写得很长。定义数组后，常常通过下标有规律地变化来构造循环。

6.1.3 一维数组的初始化

通常可以用两种方式对数组元素设置初值，一种用赋值语句或输入语句使数组中的元素得到初值；另一种是与普通变量一样，在变量说明时为数组元素设置初值，此时由编译系统完成数组元素初值的设置，这种方式叫做数组的初始化。

对数组元素的初始化可以用以下方法实现：

(1) 将数组元素的初值一次写在一对花括号内，数据之间用逗号隔开。如：

int a[10]={5，8，-2，9，-12，10，7，1，0，35}；

(2) 可以只对一个数组的前面几个元素赋初值。例如：

int a[10]={5，8，-2，9，-12}；

这时，后面几个元素的值均为 0，即 a[5]~a[9]的值都是 0。

(3) 一个数组的所有元素的值均为 0 时，可简写成：

int a[10]={0}；

但不能写成：

int a[10]=0；

(4) 与"未初始化的变量，其值是不确定的"一样，数组如果没有进行初始化，其元素的值也是不确定的。如：

int c[7]；

不能认为 c[0]~c[6]的值都是 0。

6.1.4 一维数组程序举例

【例 6.2】 在数组中放入 1~10 十个数，按逆序输出。

源程序如下：

```
#include<stdio.h>
void main()
{
    int   a[10], i;
    for(i=0;i<10;i++)
        a[i]=i+1;                      /*用循环体对数组元素赋值*/
    for(i=9;i>=0;i--)                   /*i--用来控制逆序*/
        printf("%d",a[i]);
    printf("\n");
}
```

【例 6.3】 用数组处理 Fibonacci 数列问题，输出前 20 项。

分析：斐波那契数列(Fibonacci)的发明者是意大利数学家列昂那多·斐波那契(Leonardo

Fibonacci）。斐波那契数列指的是这样一个数列：1、1、2、3、5、8、13、21、…，这个数列从第三项开始，每一项都等于前两项之和。

源程序如下：

```
#include<stdio.h>
void main( )
{
    int f[20]={1,1};                  /*给 Fibonacci 数列的前两项赋值*/
    int i;
    for (i=2;i<20;i++)
        f[i]=f[i-1]+f[i-2];           /*给 Fibonacci 数列的后 18 项赋值*/
    for (i=0;i<20;i++)
    {
        if(i%5==0) printf("\n");
        printf("%12d", f[i]);
    }
}
```

运行结果：

1	1	2	3	5
8	13	21	34	55
89	144	233	377	610
987	1597	2584	4181	6765

思考：如果要求 Fibonacci 数列的前 40 项，程序该如何修改？

【例 6.4】 输入任意 10 个数，对其从小到大进行排序。

方法 1：用冒泡排序法。

冒泡排序是将相邻的两个数进行比较，若为逆序，则将两个数据交换。小的数据就好像水中气泡逐渐向上漂浮，大的数据则像石块往下沉，如表 6.1 所示。

表6.1 冒 泡 排 序

49	38	38	38	38	38	38	38	38	38
38	49	49	49	49	49	49	49	49	49
64	64	64	64	64	64	64	64	64	64
96	96	96	96	75	75	75	75	75	75
75	75	75	75	96	13	13	13	13	13
13	13	13	13	13	96	27	27	27	27
27	27	27	27	27	27	96	52	52	52
52	52	52	52	52	52	52	96	34	34
34	34	34	34	34	34	34	34	96	22
22	22	22	22	22	22	22	22	22	96
初始值	第1趟	第2趟	第3趟	第4趟	第5趟	第6趟	第7趟	第8趟	第9趟

若有 10 个数，第 1 次将 49 和 38 交换，第 2 次将 49 和 64 交换……共进行 9 次，得到 38、49、64、75、13、27、52、34、22、96 的顺序。经过这样的交换，则最大的数 96 已经像石块一样沉到底，为最下面的一个数，而小数像水中气泡一样向上浮起到一个位置。经过第一趟(共 9 次)比较后，得到最大的数 96。然后进行第二次(共 8 次)比较，得到一个次大的数 75，依次进行下去，对余下的数按上面的方法进行比较，共需要 9 趟。如果有 n 个数，则要进行 n-1 趟比较。在第一趟中要进行 n-1 次比较，在第 j 趟中要 n-j 次比较。

源程序如下：

```
#include<stdio.h>
void main()
{
    int data[10];
    int i,j,temp;
    printf("Please input 10 numbers:\n");
    for(i=0;i<10;i++)
    scanf("%d",&data[i]);
    /*冒泡法排序*/
    for(i=0;i<10-1;i++)
        for(j=0;j<10-i;j++)
            if(data[j]>data[j+1])
            {
                temp=data[j];
                data[j]=data[j+1];
                data[j+1]=temp;
            }
    printf("\nthe result of sort:\n");
    for(i=0;i<10;i++)
    printf("%d",data[i]);
}
```

执行结果：

```
Please input 10 numbers:
49 38 64 96 75 11 27 52 34 22↙
the result of sort:
11 22 27 34 38 49 52 64 75 96
```

方法 2：用选择排序法。

选择排序法是从 10 个数据中找出最小数与第 1 个元素值交换，然后在后 9 个数中找出最小数与第 2 个元素值交换……在后 2 个数据中找出最小数与第 9 元素值交换，即每比较一次，找出一个未排序数中的最小值。共比较 9 轮，如表 6.2 所示。

表 6.2 选 择 排 序

v[0]	v[1]	v[2]	v[3]	v[4]	v[5]	v[6]	v[7]	v[8]	v[9]	
49	38	64	96	75	13	27	52	34	22	初始值
13	38	64	96	75	49	27	52	34	22	第 1 轮
13	22	64	96	75	49	27	52	34	38	第 2 轮
13	22	27	96	75	49	64	52	34	38	第 3 轮
13	22	27	34	75	49	64	52	96	38	第 4 轮
13	22	27	34	38	49	64	52	96	75	第 5 轮
13	22	27	34	38	49	64	52	96	75	第 6 轮
13	22	27	34	38	49	52	64	96	75	第 7 轮
13	22	27	34	38	49	52	64	96	75	第 8 轮
13	22	27	34	38	49	52	64	75	96	第 9 轮

源程序如下:

```
#include<stdio.h>
void main()
{
    int v[10],i;
    int temp,current,j;                          /*定义循环变量和临时变量*/
    printf("Please input 10 numbers:\n");
    for(i=0;i<10;i++)
        scanf("%d",&v[i]);
    for (current=0;current<10;current++)         /*选择法排序*/
        for (j = current + 1; j < 10; j++)
            if (v[current] > v[j])
            {
                temp = v[current];
                v[current] = v[j];
                v[j] = temp;
            }
    printf("\nthe   result of sort:\n");          /*输出排序后的数据*/
    for (i = 0; i < 10; i++)
        printf("%d ", v[i]);
}
```

执行结果:

Please input 10 numbers

49 38 64 96 75 11 27 52 34 22

```
the result of sort:
11 22 27 34 38 49 52 64 75 96
```

程序中第一层循环控制找出最小值存放的位置，初始值为 V[0]，内层循环负责找出最小值，然后把最小值放在 current 所指的数组位置上。

6.2 二 维 数 组

一维数组用来描述一行或一列数据。例如，一个学生的 6 科成绩或 20 个学生的单科成绩。要描述由多行多列组成的二维表的数据，就要用二维数组，如一个班级的学生成绩表有 20 个学生 6 科成绩。

6.2.1 二维数组的意义

二维数组类型说明的一般形式：

数据类型　数组名[常量表达式 1] [常量表达式 2];

与二维表相对应，二维数组的“常量表达式 1”指出二维表的行数，“常量表达式 2”指出二维表的列数。例如：

```
float score[20][6];
int   a[3][4];
```

前一个语句表示数组 score 是 20×6 (20 行 6 列)的二维数组，共 120 个 float 型变量的集合；后一个语句表示数组 a 是 3×4 (3 行 4 列)的二维数组，共 12 个 int 型变量的集合。

说明：

(1) 可以把二维数组看做一种特殊的一维数组：即它的元素又是一个一维数组。例如，可以把 a 看做一个一维数组，它有 3 个元素 a[0]、a[1]、a[2]，每个元素又是一个包含 4 个元素的一维数组，如图 6-2 所示。

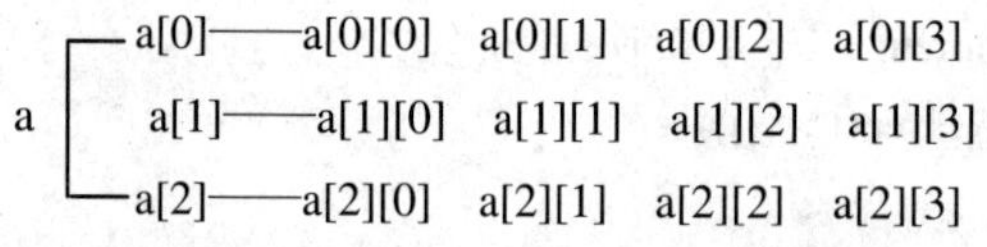

a
a[0]——a[0][0]　a[0][1]　a[0][2]　a[0][3]
a[1]——a[1][0]　a[1][1]　a[1][2]　a[1][3]
a[2]——a[2][0]　a[2][1]　a[2][2]　a[2][3]

图 6-2　二维数组和一维数组的对应

(2) 二维数组中元素的顺序是按行存放，即在内存中先顺序存放第一行的元素，再存放第二行的元素，依此类推，如图 6-3 所示。

a[0][0]　a[0][1]　a[0][2]　a[0][3]
a[1][0]　a[1][1]　a[1][2]　a[1][3]
a[2][0]　a[2][1]　a[2][2]　a[2][3]

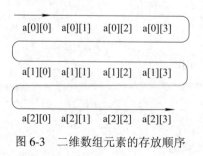

图 6-3　二维数组元素的存放顺序

6.2.2　二维数组元素的引用

二维数组元素的表示形式:

数组名 [下标][下标]

其中, 下标应为整型常量或整型表达式。

例如:

a[3][4]

表示 a 数组中第三行第四列的元素。

注意: 下标变量和数组说明在形式上有些相似, 但两者具有完全不同的含义。数组说明的方括号中给出的是某一维的长度, 而数组元素中的下标是该元素在数组中的位置标识。前者只能是常量; 后者可以是常量、变量或表达式, 如数组元素 a[3][4]表示 a 数组中第三行第四列的元素, 行号和列号均从 0 算起。常出现如下错误:

int a[3][4];

a[3][4]=5

按照定义, 数组 a 可用的行下标的范围为 0~2, 列下标的范围为 0~3。a[3][4]超出了数组的范围。

6.2.3　二维数组的初始化

可以用以下方法对二维数组进行初始化:

(1) 将所有的数据写在一个花括号内, 按数组排列对各元素赋初值。例如:

int a[2][3]={1,2,3,4,5,6};

(2) 按行给二维数组元素赋初值。例如:

int a[2][3]={{1,2,3},{4,5,6}}

这种赋值方法比较直观, 把第一对花括号内的数据赋值给第一行的元素, 第二对花括号的数据赋给第二行元素, 依次类推。

(3) 可以只对部分数组元素赋初值, 未赋初值的元素自动取 0 值, 例如:

int a[3][3]={{1},{2},{3}};

是对每一行元素赋值, 未赋值的元素取 0 值。赋值后各元素的值为

$$
\begin{matrix}
1 & 0 & 0 \\
2 & 0 & 0 \\
3 & 0 & 0
\end{matrix}
$$

也可以对各行中的某一个元素赋初值, 例如:

inta[3][3]={{0,1}{0,0,2}{3}};

赋值后的元素为

$$
\begin{matrix}
0 & 1 & 0 \\
0 & 0 & 2 \\
1 & 0 & 0
\end{matrix}
$$

也可以只对某几行元素赋初值, 例如:

　　　　int a[3][4]={{2},{5,7}}

赋值后的元素值为

$$
\begin{array}{cccc}
2 & 0 & 0 & 0 \\
5 & 7 & 0 & 0 \\
0 & 0 & 0 & 0
\end{array}
$$

这种方法适用于非 0 元素较少时，不必将所有的 0 都写出来，只需输入少量数据即可。

　　(4) 如对全部元素赋初值，则第一维的长度可以不给出。例如：

　　　　int a[3][3]={1,2,3,4,5,6,7,8,9};

可以写为

　　　　int a[ ][3]={1,2,3,4,5,6,7,8,9};

　　在定义时也可以只对部分元素赋初值而省略第一维的长度，但应分行赋初值，例如：

　　　　int a[ ][4]={{1,0,3},{ },{0,2}};

　　赋值后的元素值为

$$
\begin{array}{cccc}
1 & 0 & 3 & 0 \\
0 & 0 & 0 & 0 \\
0 & 2 & 0 & 0
\end{array}
$$

6.2.4　二维数组程序举例

【例 6.5】 用二维数组来表示线性代数中的矩阵。求 3×4 矩阵 **a** 的转置矩阵 **b**。

$$
\mathbf{a} = \begin{bmatrix} 1 & -4 & 15 & -6 \\ 4 & 12 & -1 & 20 \\ 3 & 15 & 21 & 8 \end{bmatrix} \qquad
\mathbf{b} = \begin{bmatrix} 1 & 4 & 3 \\ -4 & 12 & 15 \\ 15 & -1 & 21 \\ -6 & 20 & 8 \end{bmatrix}
$$

　　分析：比较这两个矩阵所对应的数组，可看出同一个元素在两个数组中的对应位置关系。如 -1 在 **a** 中的位置是 1 行 2 列(行和列的位置从 0 算起)，在 **b** 中的位置是 2 行 1 列。本例可以采取以下两种方法来实现。

　　方法 1：借助一个 4 行 3 列的二维数组。

```
#include<stdio.h>
void main( )
{
  int a[3][4]={{1,-4,15,-6},{4,12,-1,20},{3,15,21,8}};
  int b[4][3],i,j;
  printf("Array a:\n");
  for(i=0; i<3; i++)
  {
      for(j=0; j<4; j++)
      {
```

```
            printf("%5d",a[i][j]);                    /*二重循环内输出 a 数组*/
            b[j][i]=a[i][j];                          /*数组元素赋值，行列互换*/
        }
        printf("\n");                                 /*输入完一行后换行*/
    }
    printf("Array b:\n");
    for(i=0; i<4; i++)
    {
        for(j=0; j<3; j++)
            printf("%4d",b[i][j]);                    /*输出转置矩阵 b*/
        printf("\n");                                 /*输入完一行后换行*/
    }
}
```

运行结果：

```
    Array a:
        1        -4        15        -6
        4        12        -1        20
        3        15        21         8
    Array b:
        1         4         3
       -4        12        15
       15        -1        21
       -6        20         8
```

方法 2：直接输出一个矩阵的转置矩阵。

```
#include<stdio.h>
void main( )
{
    int a[3][4]= {{1,-4,15,-6},{4,10,-1,20},{3,15,21,8}},i,j;
    printf("Array b:\n");
    for(j=0; j<4; j++)                                /*列循环，j 值范围是 0～3*/
    {
        for(i=0; i<3; i++)                            /*行循环，i 值范围是 0～2*/
            printf("%4d",a[i][j]);
        printf("\n");
    }
}
```

运行结果：

```
    Array b:
        1         4         3
       -4        12        15
```

15	-1	21
-6	20	8

【例 6.6】 求一个 3 行 4 列矩阵中最大元素的值，以及该元素所在的行号和列号。

分析：可以采用"打擂台算法"。先把 a[0][0]的值赋给变量 max；然后 a[0][1]与 max比较，如果 a[0][1]>max，则表示 a[0][1]是已经比较过的数据中值最大的，把它的值赋给max，取代 max 的原值；依次处理，最后 max 就是最大的值。

源程序如下：

```
#include<stdio.h>
void main()
{
    int   i,j,max,r=0,c=0;
    int a[3][4]={0};
    max=a[0][0];
    printf("please enter 12 numbers to array a:\n");
    for(i=0;i<3;i++)
      for(j=0;j<4;j++)
        scanf("%d",&a[i][j]);
    for(i=0;i<3;i++)
      for(j=0;j<4;j++)
        if(a[i][j]>max)
          {
              max=a[i][j];
              r=i;
              c=j;
          }
    printf("max=%d row=%d column=%d\n", max, r, c);
}
```

运行结果：

```
please enter 12 numbers array a:
4  7  9  5  3  12  -8  -5  7  13  6  4
max=13   row=2   column=1
```

【例 6.7】 一个学习小组有 5 个人(见下表)，每个人有三门课的考试成绩。求全组分科的平均成绩和各科总平均成绩。

姓名	数学	英语	C 语言
张三	80	75	92
王五	61	65	71
李四	59	63	70
赵二	85	87	90
周一	76	77	85

　　分析：可设一个二维数组 a[5][3]存放 5 个人三门课的成绩，再设一个一维数组 v[3]存放所求得的各分科平均成绩，设变量 l 为全组各科总平均成绩。

　　源程序如下：

```
#include<stdio.h>
void main()
{
    int i,j,s=0,l,v[3],a[5][3];
    printf("input score\n");
    for(i=0；i<3;i++)
    {
        for(j=0；j<5;j++)
        {
            scanf("%d",&a[j][i]);
            s=s+a[j][i];
        }
        v[i]=s/5;
        s=0;
    }
    l=(v[0]+v[1]+v[2])/3
    printf("数学：%d\n 英语：%d\n 语言：%d\n",v[0],v[1],v[2]);
    printf("total：%d\n",l);
}
```

　　【例 6.8】　编程输出如下的杨辉三角形(要求打印 10 行)。

```
    1
   1  1
  1  2  1
 1  3  3  1
1  4  6  4  1
      ……
```

　　分析：杨辉三角的计算及赋值方法是比较典型的，对这一类问题要先分析其规律。三角形的第一列和对角线元素的值均为"1"，从第三行第二列开始的元素等于其上一行同列和前一列元素之和。至于打印的格式控制只需考虑所加空格的数量即可。

　　源程序如下：

```
#include<stdio.h>
void main()
{
    int i,j,t,a[10][10];
    for(j=0;j<10;j++)
    {
```

```
            a[j][0]=1;
            a[j][j]=1;
        }
    for(i=1;i<10;i++)
        for(j=1;j<i;j++)
            a[i][j]=a[i-1][j-1]+a[i-1][j];
        for(i=0;i<10;i++)
        {
            for(j=0;j<=20-2*i;j++)    //添加杨辉三角中每行之前的空格
                printf(" ");
            for(j=0;j<=i;j++)
                printf("%4d",a[i][j]);
            printf("\n");
        }
    }
```

6.3   字符数组和字符串

用于存放字符型数据的数组称为字符组数。
在 C 语言中，字符数组中的一个元素只存放一个字符。

6.3.1   字符数组的定义

若数组元素的数据类型是字符型，则称这种数组为字符数组。
(1) 一维字符数组的定义形式：
    char 数组名[常量表达式];
 例如：
    char c[5];
由于字符型和整型可以互相通用，因此上例也可以定义为
    int c[5];
在 C 语言中，字符数组中的一个元素只能存放一个字符。
(2) 二维字符数组的定义形式：
    Char   数组名[常量表达式][常量表达式];
例如：
    char str[5][20];

6.3.2   字符串

C 语言的字符串是指以空操作字符(即\0，值为 0 的字符)结尾的有限个字符的序列。

空操作字符(\0)是字符串的结束标志,所以又把它叫做字符串结束字符。

字符数据有两种表现形式——字符常量和字符变量。

C 语言的字符串也有两种表现形式:字符串常量和存储在字符数组中的字符串"变量"。由于 C 语言不提供字符串变量这个概念,所以字符串"变量"的实质是字符数组,主要指一维字符数组和二维字符数组。

字符串常量是用双撇号括起来的有限个字符序列。

例如:

　　　　"C programming", "This is a book.", "It's me.", "$456.7"

双撇号(不是中文的双引号)是定界符,它不属于字符串常量的内容。其中的字符既可以是打印字符,也可以是控制字符;字符个数可以是 1 个或多个,也可以是 0 个(叫空串)。例如:

　　　　"A", "China", "I am a student.\n", " "(空格串),""(空串)

需要注意的是,字符串结束标志字符是隐含的。

对于字符串常量,需要注意以下两点:

(1) 字符串常量的长度是指双撇号内的字符个数。要特别注意,用转义方式表示的字符其个数是 1。如上面的 5 个字符串的长度分别是 1、5、16、2 和 0。

(2) 字符串常量在存储时,所占字节数是其长度加 1,这最后一个字节留给字符串结束标志字符。

6.3.3 字符数组的初始化

字符型数组的初始化方法与数值型数组的初始化方法类似。

例如:

　　　　char c[10]={'c', ' ', 'p', 'r', 'o', 'g', 'r', 'a', 'm'};

赋值后各元素的值为:c[0]的值为 'c',c[1]的值为 ' ',c[2]的值为 'p',c[3]的值为 'r',c[4]的值为 'o',c[5]的值为 'g',c[6]的值为 'r',c[7]的值为 'a',c[8]的值为 'm'。

说明:

(1) 若大括号中的初值个数大于数组的长度,则语法错误。

(2) 若大括号中的初值个数小于数组的长度,其余元素的值默认为空字符 '\0'。

(3) 若字符数组元素的个数与初值个数相同,可以在定义时省略长度,编译程序将根据初值的个数确定数组的长度。

例如:

　　　　char c[ ]={'c', ' ', 'p', 'r', 'o', 'g', 'r', 'a', 'm'};

这时 c 数组的长度自动定为 9。

(4) C 语言允许用字符串常量对字符数组进行初始化。

例如,下列四个赋值语句是等价的:

　　　　char a[15]={"how do you do?"};

　　　　char a[15]="how do you do?";

　　　　char a[ ]="how do you do?";

```
char a[ ]={'h','o','w',' ','d','o',' ','y','o','u',' ','d','o','?','\0'};
```

虽然下列初始化语句是允许的：

```
char b[15]="china";
```

但下面的用法都是错误的：

```
char b[15];
b= "china";
```

或者：

```
char b[15];
b[15]= "china";
```

也可以定义和初始化一个二维字符数组，其用法和二维数字数组完全一样。

例如：

```
char str1[4][12]={ "C language","C plus plus","Visual C++","C sharp"};
char str2[6][16]={ "ALGOL","B","C","C++","VC++","C#"};
```

6.3.4　字符数组的引用

数组必须先定义，然后才能使用。

一维字符数组的引用形式：

数组名 [下标]

例如：

```
str[2]=str[2*2];
```

二维字符数组的引用形式：

数组名[下标][下标]

说明：

(1) 其中下标可以是整型常量、变量或整型表达式。

(2) 每一维的下标值都不能超过定义时的范围。

例如：

```
str[2][1]=str[1*2][0];
```

6.3.5　字符数组的输入与输出

字符数组的输入与输出有两种方法：

(1) 对数组中的每一个字符元素逐个进行输入或输出，用格式符"%c"。

(2) 将数组中的所有字符作为一个字符串进行输入或输出，用格式符"%s"。在采用字符串方式后，字符数组的输入输出将变得简单、方便。

【例 6.9】　在下列 C 程序中，首先分别为字符数组元素 a[1]与 a[2]读入字符，然后输出数组元素 a[2]中的字符。

源程序如下：

```
#include<stdio.h>
void main()
```

```
    {
        char a[5];
        scanf("%c%c",&a[1],&a[2]);
        a[0]='a';a[3]='d';a[4]='1\0';
        printf("%c\n",a[2]);
    }
```

运行上述程序时，如果从键盘输入 bcgh，则输出结果为 c。

【例 6.10】 输入一维数组。

源程序如下：

```
    #include<stdio.h>
    void main( )
    {
        char c[ ]="BASIC\ndBASE";
        printf("%s\n",c);

    }
```

注意在本例题的 printf 函数中，使用的格式字符串为"%s"，表示输出的是一个字符串。而在输出列表中给出数组名即可，因为数组名代表了数组的首地址，不能写为

```
    printf("%s",c[ ]);
```

对于用%s 进行输入输出应注意以下几点：

(1) 在用格式说明符%s 为字符型数组输入数据时，遇到空白字符(空格键、回车键和 Tab 键的总称)，输入就结束。因此，如果在输入的字符串中包括空格符，则只截取空格前的部分作为字符串赋给字符数组。

(2) 在为字符型数组输入字符串时，输入字符串的长度不能大于数组的长度。特别要注意的是，字符串中还有一个字符串结束符，它虽然不计入字符串的长度中，但它实际要占一个字节空间(即占一个字符元素的空间)。

【例 6.11】 字符型数组的输入输出。

源程序如下：

```
    #include<stdio.h>
    void main( )
    {
        char str1[ ]="how do you do";
        char str2[10];
        scanf("%s",str2);              /*用的是数组的名字，不用再加&*/
        printf("%s\n",str2);
        printf("%s\n",str1);

    }
```

运行时如果输入：

```
    HOW DO YOU DO
```

则程序输出：

　　　　HOW

　　　　how do you do

　　说明只读了 HOW 给 str2。

　　如果要在数组 str2 中存入字符串"HOW DO YOU DO"，可将 scanf 语句的输入格式改写为

　　　　scanf("%[^\n]",str2);

此时，在遇到回车符时，scanf 才结束字符的输入。

　　也可以用下面将要介绍的字符串处理函数 gets(str2)来给数组赋值。

6.3.6　字符串处理函数

　　C 语言提供了丰富的字符串处理函数，大致可分为字符串的输入、输出、合并、修改、比较、转换、复制、搜索几类。使用这些函数可大大减轻编程的负担。用于输入输出的字符串函数，在使用前应包含文件"stdio.h"，使用其他字符串函数应包含头文件"string.h"。以下为几个最常用的字符串函数。

1. 字符串输出函数 puts

　　格式：puts(字符数组名)

　　功能：把字符数组中的字符串输出到显示器。

　　假如一个字符数组 str 已被初始化为"china"，则执行

　　　　puts(str);

其结果是在终端上输出：

　　　　china

　　由于可以用 printf 函数输出字符串，因此 puts 函数用得不多。用 puts 函数输出的字符串可以包含转义字符。例如：

　　　　char str[]="BASIC\ndBASE";

　　　　puts(str);

输出：

　　　　BASIC

　　　　dBASE

2. 字符串输入函数 gets

　　格式：gets(字符数组名)

　　功能：从标准输入设备(键盘)输入一个字符串。

　　本函数得到一个函数值，即为该字符数组的首地址。

　　用 gets 函数可以输入包含空格在内的字符串，直到遇到回车为止。

3. 测字符串长度函数 strlen

　　格式：strlen(字符数组名)

　　功能：测字符串的实际长度(不含字符串结束标志 '\0')并作为函数返回值。

　　例如：

```
char s[10]= "abcde";
printf("%d\n",strlen(s));
```

则输出结果为 5。

在使用这个函数时，"字符串"可以是字符数组名，也可以是字符串常量。例如：

```
printf("%d, %d\n",sizeof(s), strlen(s));
```

结果是：

```
10, 5
```

注意 sizeof(s)与 strlen(s)的不同。

4．字符串比较函数 strcmp

格式：strcmp(字符数组名 1，字符数组名 2)

功能：按照 ASCII 码顺序比较两个数组中的字符串，并由函数返回值返回比较结果。

字符串 1 = 字符串 2，返回值 = 0

字符串 1 > 字符串 2，返回值 > 0

字符串 1 < 字符串 2，返回值 < 0

说明：

(1) 执行这个函数时，自左向右逐个比较对应字符的 ASCII 码值，直到发现不同字符或字符串结束符 '\0' 为止。

(2) 字符串不能直接用数值型比较符(==、! =、>、< 等)比较。

例如 if(a>b)是错误的。

(3) "字符串 1"与"字符串 2"可以是字符数组名，也可以是字符串常量。

例如：

```
#include<stdio.h>
#include<string.h>
void main()
{
    char a[6]="abc",b[6]= "abcd";
    if(strcmp(a,b)>0)
        printf("%s,%s\n",a,b);
    else
        printf("%s,%s/n",b,a);
}
```

输出结果：

```
abcd,abc
```

因为 '\0' − 'd' < 0。

5．字符串连接函数 strcat

格式：strcat(字符数组名 1，字符数组名 2)

功能：把字符数组 2 中的字符串连接到字符数组 1 中字符串后面，并删去字符串 1 后的串结束标志 '\0'。本函数的返回值是字符数组 1 的首地址。

例如：

```
char s1[20]= "abcd";
char s2[ ]="cdef";
strcat(s1,s2);
printf("%s\n",s1);
```

则输出结果为

abcdcdef

说明：

(1) 字符数组 1 的长度必须足够大，以便能容纳被连接的字符串。

(2) 连接后系统将自动取消字符串 1 后面的结束符 '\0'。

(3) "字符串 2"可以是字符数组名，也可以是字符串常量，如：

```
strcat(s1, "cdef")
```

6．字符串拷贝函数 strcpy

格式：strcpy(字符数组名 1，字符数组名 2)

功能：把字符数组 2 中的字符串拷贝到字符数组 1 中，串结束标志 '\0'也一同拷贝。

例如：

```
char s2[ ]="abcde";
char s1[10];
strcpy(s1,s2);                    /*不能写成 s1=s2*/
printf("%s\n",s1);
```

则输出结果为

abcde

说明：

(1) 字符数组 1 的长度必须足够大，以便能容纳字符串 2。

(2) "字符数组名 2"可以是字符数组名，也可以是字符串常量，如 strcpy(s1,"abcde")，这是相当于把一个字符串赋予一个字符数组。

(3) 字符串只能用拷贝函数，不能用赋值语句进行赋值。但是，单个字符可以用赋值语句赋给字符变量或字符数组元素。

7．大小写转换函数

格式：strlwr(字符串)

功能：将字符串中的大写字母转换成小写字母。

格式：strupr(字符串)

功能：将字符串中的小写字母转换成大写字母。

6.3.7 字符数组程序举例

【例 6.12】 已知两个一维字符数组定义如下：

```
char s1[50]="I am a student.", s2[50];
```

请将字符数组 s1 中的字符串复制到字符数组 s2 中。

方法 1：所谓字符串复制，是指数组元素的对应赋值。但本题的特点是，数组 s1 中的字符串并没有"填满"整个数组，即字符串的长度小于字符数组的长度。s1 中字符串结束标志符后的字符不属于该字符串的内容，就没必要复制了。所以，逐个元素赋值应该进行到 s1 中字符串结束标志字符为止。

```
#include<stdio.h>
void main()
{
    char s1[50]=" I am a student.",s2[50];
    int i=0;
    while(s1[i]!='\0')              /*条件可写成 s1[i]*/
    {
        s2[i]=s1[i];                /*逐个元素赋值*/
        i++;
    }
    s2[i]='\0';                     /*这一步不能少*/
    for(i=0;s2[i];i++)              /*条件 s2[i]等价于 s2[i]!='\0'*/
        printf("%c",s2[i]);
    printf("\n");
}
```

字符串复制的核心部分(while 语句)是事先判断元素 s1[i]是否是字符 '\0'，再决定是否赋值。这样，循环结束后，字符 '\0' 并没有存入到字符数组 s2 中，所以必须人为的添加字符串结束标志字符。否则，s2 中存储的不是所要求的字符串。

为了避免人为地添加字符串结束标志字符，将上面的"先判断，后赋值"改成"先赋值，后判断"。

方法 2：

```
#include<stdio.h>
#include<string.h>
void main()
{
    char s1[50]="I am a student.",s2[50];
    int   i=0;
    while((s2[i]=s1[i])!='\0')
        i++;
    for(i=0;s2[i];i++)
        putchar(s2[i]);
    putchar('\0');
}
```

若把 while 语句中的条件(s2[i]=s1[i])!= '\0' 写成其等价形式 s2[i]=s1[i]，编译时有一个警告错误，但它不影响程序的正常运行。

方法 3：其实，"先赋值，后判断"最适合于 do-while 语句。

```
#include<stdio.h>
#include<string.h>
main()
{
    char s1[50]="I am a student",s2[50];
    int i=0;
    do
    {
        s2[i]=s1[i];
    }
    while(s1[i++]);
    for(i=0;s2[i];i++)
        putchar(s2[i]);
    putchar('\n');
}
```

【例 6.13】　回文数问题。

所谓回文，是指正读和反读都是相同的数，如：123454321。

分析：可以定义一个字符串，只需要判断第一个字符和最后一个字符是否相同，第二个字符和倒数第二个字符是否相同，依此类推。如果有一个不相同，则不是回文数。当字符串长度为奇数时，中间一个数不用比较。

源程序如下：

```
#include<stdio.h>
#include<string.h>
void main()
{
    int i,l,flag=1;
    char a[10];
    printf("Input a string: ");       /*输入回文数字存入字符串 a 中*/
    scanf("%s",&a);
    l=strlen(a);
    for(i=0;i<l/2-1;i++)              /*用循环方式判断是否为回文数*/
    {
        if(a[i]!=a[l-i-1])
        {
            flag=0;                   /*不等时就不是回文数，不再判断*/
            break;
        }
    }
```

```
    if(flag)
        printf("\n%s is palindrome!\n",a);
    else
        printf("\n%s is'nt palindrome!\n",a);
}
```

【例 6.14】 删除某一字符串中某个特定的字符。

源程序如下：

```
#include<stdio.h>
void main()
{
    char a[]="this is a string";
    char c='i';
    int i,j=0;
    for(i=0;a[i]!='\0';i++)
        if(a[i]!=c)
            a[j++]=a[i];
    a[j]='\0';                    /*不要忘记加结束标志符号*/
    printf("%s",a);
}
```

【例 6.15】 输入五个国家的名称，按字母顺序排列输出。

分析： 五个国家名应由一个二维字符数组来处理，然而 C 语言规定可以把一个二维数组当成多个一维数组来处理。因此本题又可以按五个一维数组处理，而每一个一维数组就是一个国家名字符串。用字符串比较函数比较各一维数组的大小并排序，然后输出结果即可。

源程序如下：

```
#include<stdio.h>
#include<string.h>
void main()
{
    char st[20],cs[5][20];
    int i,j,p;
    printf("input country's name:\n");
    for(i=0;i<5;i++)
        gets(cs[i]);
    printf("\n");
    for(i=0;i<5;i++)
    {
        p=i;
        strcpy(st,cs[i]);
```

```
            for(j=i+1;j<5;j++)
            if(strcmp(cs[j],st)<0)
            {
                p=j;                    /*p 记录下较小字符串的位置*/
                strcpy(st,cs[j]);
            }
        if(p!=i)                        /*交换两个字符串*/
        {
            strcpy(st,cs[i]);
            strcpy(cs[i],cs[p]);
            strcpy(cs[p],st);
        }
        puts(cs[i]);
    }
    printf("/n");
}
```

　　本程序的第一个 for 语句中，用 gets 函数输入五个国家名字符串。前面说过 C 语言允许把一个二维数组按多个一维数组处理，本程序说明 cs[5][20]为二维字符数组，可分为五个一维数组 cs[0]、cs[1]、cs[2]、cs[3]、cs[4]。因此在 gets 函数中使用 cs[i]是合法的，在第二个 for 语句中又嵌套了一个 for 语句组成双重循环。这个双重循环完成按字母顺序排序的工作。在外层循环中把字符数组 cs[i]中的国家名字符串拷贝到数组 st 中，并把下标 i 赋予 p。进入内层循环后，把 st 与 cs[i]以后的各字符串作比较，若有比 st 小者则把该字符串拷贝到 st 中，并把其下标赋予 p。内循环完成后若 p 不等于 i，则说明有比 cs[i]更小的字符串出现，因此交换 cs[i]和 st 的内容。至此已确定了数组 cs 的第 i 号元素的排序值。然后输出该字符串。在外循环全部完成之后即完成全部排序和输出。

习　题　六

一、选择题

1．在 C 语言中，引用数组元素时，其数组下标的数据类型允许是(　　)。
　　A．整型常量　　　　　　　　　　B．整型表达式
　　C．整型常量或整型表达式　　　　D．任何类型的表达式
2．以下对一维整型数组 a 的正确说明是(　　)。
　　A．int a(10);　　　　　　　　　B．int n=10,a[n];
　　C．int n;　　　　　　　　　　　D．#define SIZE 10
　　　　scanf("%d");　　　　　　　　　　int a[SIZE];
　　　　int a[n]

3. 若有 int a[10]; 则对 a 数组元素的正确引用是(　　)。

　　A．a[10]　　　　B．a[3.5]　　　　C．a(5)　　　　　　D．a[10-10]

4. 以下能对一维数组 a 进行正确初始化的语句是(　　)。

　　A．int a[10]=(0,0,0,0,0)　　　　B．int a[10]={};

　　B．int a[]={0};　　　　　　　　D．int a[10]="10*1";

5. 以下能对二维数组 a 进行正确初始化的语句是(　　)。

　　A．int a[2][]={{1,0,1},{5,2,3}};

　　B．int a[][3]={{1,2,3},{4,5,6}};

　　C．int a[2][4]={{1,2,3},{4,5},{6}};

　　D．int a[][3]={{1,0,1},{},{1,1}};

6. 若有 int a[3][4]={0};则下面正确的叙述是(　　)。

　　A．只有元素 a[0][0]可得到初值 0

　　B．此说明语句不正确

　　C．数组中各元素都可得到初值，但其值不一定为 0

　　D．数组中每个元素均可得到初值 0

7. 对下面程序说法正确的是(　　)。

```
#include<stdio.h>
1void main()
2{
3    float a[10]={0.0};
4    int i;
5    for(i=0;i<3;i++)scanf("%d",&a[i]);
6    for(i=1;i<10;i++)a[0]=a[0]+a[i];
7    printf("%f\n,a[0] ");
8}
```

　　A．没有错误　　　　　　　　　　B．第 3 行有错误

　　C．第 5 行有错误　　　　　　　　D．第 7 行有错误

8. 若二维数组 a 有 m 行，则计算任意元素 a[I][J]在数组中位置的公式为(　　)。

　　A．i*m+j　　　　　　　　　　　B．j*m+i

　　C．i*m+j-1　　　　　　　　　　D．i*m+j+1`

9. 若有以下程序片段(　　)。

```
char str[]="ab\n\012\\\"";
printf("%d",strlen(str));
```

则上面程序片段的输出结果是(　　)。

　　A．3　　　　　　B．4　　　　　　C．6　　　　　　　D．12

10. 调用函数 strcat(strcpy(strl,str2),str3)的功能是(　　)。

　　Λ．将串 str1 复制到串 str2 中后再连接到串 str3 之后

　　B．将串 str1 复制到串 str3 中后再连接到 str3 串之后

　　C．将串 str2 复制到串 str1 中后再将串 str3 连接到串 str1 之后

D. 将串 str2 连接到串 str1 之后再将串 str1 复制到串 str3 之后

11. 以下程序的输出结果是(　　)。

```c
#include<stdio.h>
void main( )
{
    char w[ ][10]={"ABCD","EFGH","IJKL","MNOP"},k;
    for(k=1;k<3;k++)
        printf("%s\n",w[k]);
}
```

A. ABCD   B. ABCD   C. EFG   D. EFGH
  FGH   EFG   JK   IJKL
  KL   IJ
                M

12. 以下程序的输出结果是(　　)。

```c
#include<stdio.h>
void main( )
{
    int n[3],i,j,k;
    for(i=0;i<3;i++)
        n[i]=0;
    k=2;
    for(i=0;i<k;i++)
        for(j=0;j<k;j++)
            n[j]=n[i]+1;
    printf("%d\n",n[1];)
}
```

A. 2   B. 1   C. 0   D. 3

13. 以下程序运行后，输出结果为(　　)。

```c
#include<stdio.h>
void main( )
{
    int y=18,i=0,j,a[8];
    do
    {
        a[i]=y%2;
        i++;
        y=y/2;
    }
    while(y>=1);
```

```
        for(j=i-1;j>=0;j--)
            printf("%d",a[j]);
    }
```

    A．10101   B．10010   C．10011   D．10110

二、程序设计

1．求一个 4×4 矩阵对角线元素之和。

2．找出一个二维数组的鞍点，即该位置上的元素在该行上最大、在该列上最小。也可能没有鞍点。

3．输入一个字符串，然后反序输出。

第7章 函 数

　　一个较大的程序一般应分为若干个程序模块，每一个模块用来实现一个特定的功能。在高级语言中，设计者通过设计相应的子程序实现模块功能。在 C 语言中，子程序的作用是通过函数来完成的。一个 C 程序可以由一个主函数和若干个其他函数构成。通过主函数调用其他函数，以及其他函数间相互调用来实现程序功能。

　　一般来说，使用函数的目的有三个，第一是实现代码共享，就如同使用系统函数一样，可以通过调用使用其他人设计的函数；第二是提高代码的可复用性，即在不同的程序中调用定义好的函数，实现代码优化，方便维护和开发；第三是实现程序的模块化。

　　应该指出的是，在 C 语言中，所有的函数定义，包括主函数 main 在内，都是平行的。也就是说，在一个函数的函数体内，不能再定义另一个函数，即不能嵌套定义。但是函数之间允许相互调用，也允许嵌套调用。函数还可以自己调用自己，称为递归调用。习惯上把调用者称为主调函数，被调用者称为被调函数。

　　main 函数是主函数，它可以调用其他函数，而不允许被其他函数调用。因此，C 程序的执行总是从 main 函数开始，完成对其他函数的调用后再返回到 main 函数，最后由 main 函数结束整个程序。一个 C 源程序必须有，且只能有一个主函数 main。

　　通过本章的学习，我们将学习到函数的定义方法、函数的类型与函数的返回值；形式参数与实际参数、参数值的传递；函数的调用、嵌套调用、递归调用；局部变量、全局变量以及变量的存储类别，变量的作用域和生存期，内部函数和外部函数等。

7.1　函数的定义

　　在 C 语言中的函数分为两大类：一类是程序员定义的函数，另一类是 C 语言标准库中预定义的函数。

　　C 语言标准库提供了丰富的函数集(如 Turbo C，MS C 都提供了三百多个库函数)，这些函数能完成常用的数学计算、字符串操作、字符操作、输入/输出等多种操作。使用标准库函数可以节省程序开发的时间，使程序具有更好的可移植性，因此应尽量多地熟悉和掌握标准库函数。

　　函数定义的格式如下：

```
<返回值类型><函数名>(<参数列表>)
{
        声明部分
        语句部分
}
```

说明：

(1) 函数名是任何合法的标识符，最好能直观地反映出该函数所完成的任务，以增强程序的可读性。

(2) 返回值类型定义了函数中 return 语句返回值的类型，是返回给调用者结果的数据类型。该返回值可以是任何有效类型。如果不指定返回值类型，编译器总假定返回的是 int 类型，即便如此，也应明确地写出返回 int 类型，这是一种良好的习惯。

(3) 参数列表是用逗号分开的变量表，参数说明的形式是：

    <参数类型> <参数名>

当函数被调用时这些变量接收调用参数的值。一个函数可以没有参数，这时函数表是空的。但即使没有参数，括号仍然是必须要有的。参数说明段定义了其中参数的类型。

(4) 函数体由大括号{}括起来，一般由两部分组成：说明部分和语句部分。说明部分是声明用于函数内部的临时变量，也可以没有说明部分，只有语句部分。

(5) 在 C 程序中，一个函数的定义可以放在任意位置，既可放在主函数 main 之前，也可放在 main 之后。

【例 7.1】　定义求两个浮点数之和的函数。

```
float sum(float x,float y)
{
        return    x+y;
}
```

第一行说明 sum 函数是一个浮点型函数，其返回的函数值是一个浮点型。形参为 x,y,均为浮点型。x,y 的具体值是由主调函数在调用时传送过来的。在{}中的函数体内，除形参外没有使用其他变量，因此只有语句而没有声明部分。在 sum 函数体中的 return 语句是把 x+y 的值作为函数的值返回给主调函数。有返回值函数中至少应有一个 return 语句。

7.2　函数的返回值与函数类型说明

7.2.1　函数的返回值

函数的返回值(或称函数的值)是指函数被调用之后，执行函数体中的程序段所取得的，并需要返回给主调函数的值。如调用正弦函数取得正弦值，函数的返回值用 return 语句实现。return 语句有两种形式：

```
    return;
```

或者为

   return (表达式);

  例如:

   return;

   return (-1);

   return(x+y);

都是正确的 return 语句。

  return 语句用于结束函数执行,返回主调函数。当 return 语句后面带有表达式时,该语句的功能是计算表达式的值,转换为函数类型说明所指定的类型,并返回给主调函数。

  如果 return 语句后没有表达式,则只做返回主调函数操作;如果一个不带表达式的 return 语句写在函数最后,则也可以省略,函数执行完会自动返回主调函数。

  在函数中允许有多个 return 语句,但每次调用只能有一个 return 语句被执行,因此只能返回一个函数值。如例 7.2 所示,函数在 s1、s2 相等时返回 1,不相等时返回-1。

  【例 7.2】 函数返回值应用示例 1。

  源程序如下:

```
int find _ char (char s1,char s2)
{
    if(s1 == s2)
        return 1;
    else
        return -1;
}
```

  所有的函数,除了空值类型外,都有一个返回值。该值由返回语句确定。无返回语句时,返回值是 0 。这就意味着,只要函数没有被说明为空值,它就可以用在任何有效的 C 语言表达式中作为操作数使用。这样下面的表达式都是合法的。

   x = power(y);

   if (max(x, y)>100) printf("greater; ");

   for (ch=getchar( ); isdigit (ch);) . . . ;

  值得注意的是,函数不能作为赋值对象,下列语句是错误的:

   swap (x ,y) =100;

  C 编译程序将认为这个语句是错误的,而且对含有这种错误语句的程序不予编译。我们编写的程序中大部分函数属于三种类型。

  第一种类型是简单计算型函数,设计成对变量进行运算,并且返回计算值。计算型函数实际上是一个"纯"函数,例如 sqrt()和 sin()。

  第二类函数是信息处理型函数,并且返回一个值,仅以此表示处理的成功或失败。例如 write(),用于向磁盘文件写信息。如果写操作成功了,则 write()返回写入的字节数,当函数返回-1 时,标志写操作失败。

  最后一类函数是严格的过程型函数,没有明确的返回值。如果读者用的是符合 ANSI 建议标准的 C 编译程序,那么所有这一类函数应当被说明为空值类型。

　　需要说明的是，虽然除了空值函数以外的所有函数都有一个返回值，但是我们并不是必须把它赋给某个变量。如果没有用它赋值，那么它就被丢弃，如例 7.3，它使用了mul()函数。mul()函数定义为

　　　　int mul(int x, int y){......}

【例 7.3】　函数返回值应用示例 2。

源程序如下：

```
1    void main( )
2    {
3    int x，y，z;
4    x = 10 ;y = 20 ;
5    z = mul (x ,y);
6    printf ( "%d" ,mul( x,y ) );
7    mul ( x ,y );
8    }
```

　　在第 5 行，mul()的返回值被赋予 z，在第 6 行中，返回值实际上没有赋给任何变量，但被 printf()函数所使用；在第 7 行，返回值被丢弃不用，因为既没有把它赋给一个变量，也没有把它用作表达式中的一部分。

　　一旦函数被定义为空类型后，就不能在主调函数中使用被调函数的函数值了。例如，在定义 mul()为空类型后，在主函数中写下述语句：

　　　　z = mul (x ,y);

　　　　printf (" % d " ,mul (x,y));

就是错误的。

　　为了使程序具有良好的可读性并减少出错，凡不要求返回值的函数都应定义为空类型。

7.2.2　函数类型说明

　　当一个函数没有明确说明类型时，C 语言的编译程序自动将整型(int)作为这个函数的缺省类型，缺省类型适用于很大一部分函数。当有必要返回其他类型数据时，需要分两步处理：首先，必须给函数以明确的类型说明符；其次，函数类型的说明必须处于对它的首次调用之前。只有这样，C 编译程序才能为返回非整型值的函数生成正确代码。

　　函数类型说明语句的一般形式是：

　　　　<返回值类型><函数名> ( );

　　可将函数说明为返回任何一种合法的 C 语言数据类型。注意，即使函数使用形参，也不要将其写入说明语句。

　　类型说明符告诉编译程序它返回什么类型的数据。这个信息对于程序能否正确运行关系极大，因为不同的数据有不同的长度和内部表示。返回非整型数据的函数被使用之前，必须把它的类型向程序的其余部分说明。若不这样做，C 语言的编译程序就认为函数是返回整型数据的函数，调用点又在函数类型说明之前，编译程序就会对调用生成错

误代码。

【例 7.4】 函数类型说明示例。

源程序如下：

```
    float sum();                    /*函数说明*/
    void main()
    {
        float first,second;
        first =123.23；
        second = 99.09；
        printf ("%f",sum(first,second) );
    }
    float sum (float a,float b)        /*函数定义*/
    {
        return a+b;
    }
```

第一个函数的类型说明 sum()函数返回浮点类型的数据，如图 7-1 所示。这个说明使编译程序能够对 sum()的调用产生正确代码。

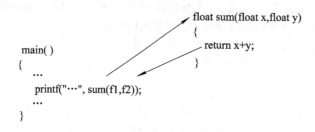

图 7-1　例 7.4 函数调用过程示意图

如果 return 语句的表达式类型和函数头部返回值类型不一致，则应该返回哪一个类型呢？应该返回函数头部说明的类型。比如，若 sum 函数的定义作如下修改：

```
    int sum(float x,float y)
    {
        return x+y;
    }
```

则主调函数中应作如下修改：

```
    printf("%d\n",sum(f1,f2));
```

因为 sum 函数的返回值的类型是 int 类型。如再用"%f"格式，将会输出不正确的结果。

若未使用类型说明语句，函数返回的数据类型可能与调用者所要求的不一致，其结果是难以预料的。如果两者同处于一个文件中，编译程序可以发现该错误并停止编译。如果不在同一个文件中，编译程序无法发现这种错误。类型检查仅在编译中进行，链接和运行时均不检查。因此，必须十分细心以确保绝不发生上述错误。

当被说明为整型的函数返回字符时，这个字符值被转换为整数。C 语言以不加说明的方式进行字符型与整型之间的数据转换，因而多数情况下，返回字符值的函数并不是说明为返回字符值，而是由函数的这种字符型向整型的缺省类型转换隐含实现的。

7.3　函数的调用

7.3.1　函数的形式参数和实际参数

函数的参数分为形式参数和实际参数两种。函数定义时的参数我们称之为形式参数，简称形参。形参的定义是在函数名之后和函数开始的花括号之前。

调用时使用的参数，我们称之为实际参数，简称实参。实参出现在主调函数中，进入被调函数后，实参变量也不能使用。

形参和实参的功能是数据传送。发生函数调用时，主调函数把实参的值传送给被调函数的形参，从而实现主调函数向被调函数的数据传送。

函数的形参和实参具有以下特点：

(1) 形参变量只有在被调用时才分配内存单元，在调用结束时，即刻释放所分配的内存单元。因此，形参只有在函数内部有效。

(2) 实参可以是常量、变量、表达式、函数等，无论实参是何种类型的量，在进行函数调用时，它们都必须具有确定的值，以便把这些值传送给形参。因此应预先用赋值、输入等办法使实参获得确定值。

(3) 实参和形参在数量上、类型上、顺序上应严格一致，否则会发生类型不匹配的错误。

(4) 函数调用中发生的数据传送是单向的。即只能把实参的值传送给形参，而不能把形参的值反向地传送给实参。因此在函数调用过程中，形参的值发生改变，而实参中的值不会变化。

一般说来，有两种方法可以把参数传递给函数。第一种叫做"赋值调用"(call by value)，这种方法是把参数的值复制到函数的形式参数中。这样，函数中的形式参数的任何变化不会影响到调用时所使用的变量。把参数传递给函数的第二种方法是"引用调用"(call by reference)。这种方法是把参数的地址复制给形式参数，在函数中，这个地址用来访问调用中所使用的实际参数。这意味着，形式参数的变化会影响调用时所使用的那个变量(详细内容请参见后续章节)。

除少数情况外，C 语言使用赋值调用来传递参数。这意味着，一般不能改变调用时所用变量的值。请看例 7.5。

【例 7.5】　赋值调用示例。

源程序如下：

```
void exchange(int i, int j)
{
    int k;
```

```
        printf("i=%d,j=%d\n",i,j);
        k=i;
        i=j;
        j=k;
        printf("i=%d,j=%d\n",i,j);
    }
    #include<stdio.h>
    void main()
    {
        int m=1,n=10;
        printf("m=%d,n=%d\n", m, n);
        exchange(m, n);
        printf("m=%d,n=%d\n", m, n);
    }
```

运行输出：

m=1,n=10   (函数调用前)

i=1,j=10   (函数中参数交换前)

i=10,j=1   (函数中参数交换后)

m=1,n=10   (函数调用后)

本程序中定义了一个函数 exchange，该函数的功能是交换 i 和 j 的值。在主函数中定义并初始化 m 和 n 值，并作为实参，在调用时传送给 exchange 函数的形参量 i 和 j。在主函数中用 printf 语句输出实参 m、n 的值，即输出 m=1,n=10。在函数 exchange 中也用 printf 语句输出了一次 i 和 j 的值，这个 i 和 j 的值是形参 i 和 j 从实参 m 和 n 取得的值，因此输出为 i=1, j=10。在调用函数中，完成 i 和 j 值交换之后，再次调用 printf 语句输出了 i 和 j 的值，即输出 i=10, j=1。返回主函数之后，输出实参 m 和 n 的值仍为 m=1, n=10。可见，实参的值不随形参的变化而变化，例 7.5 的调用过程如图 7-2 所示。

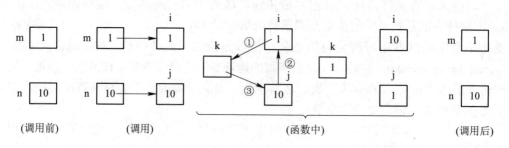

图 7-2 例 7.5 的调用示意图

7.3.2 函数的调用

在 C 语言中，函数调用的一般形式为

函数名(实际参数表)

对无参函数调用时则无实际参数表，但括号仍然要保留。如果有多个实参，则各实参之间用逗号分隔，实参应该在数目上与形参保持一致。实际参数表中的参数可以是常数、变量或其他构造类型数据及表达式。

按被调函数在主调函数中的位置，有以下几种调用方式。

1．被调函数作为函数语句单独出现

一个函数可看作是个函数表达式，在其后面加分号即构成函数语句，如我们经常使用的输入/输出函数：

```
printf("a=%d,b=%d\n",a,b);
scanf ("%d",&b);
```

就是函数调用语句。例 7.5 中的

```
exchange(m,n);
```

也是一个函数调用语句。

2．被调函数作为另一个表达式的一部分

函数作为表达式中的一项出现在表达式中，以函数返回值参与表达式的运算。这种方式要求函数是有返回值的。

例如，求两个数的平均值，可调用函数 sum：

```
i=sum(m,n)/2;
```

3．被调函数作为另外一个函数的参数

函数作为另一个函数调用的实际参数出现。这种情况是把该函数的返回值作为实参进行传送，因此要求该函数必须是有返回值的。

例如，输出两个数的和：

```
printf("sum=%f\n", sum(a,b))
```

即把 sum 调用的返回值又作为 printf 函数的实参来使用的。

在函数调用中还应该注意的一个问题是求值顺序的问题。所谓求值顺序，是指对实参表中各量是自左至右使用还是自右至左使用。对此，各系统的规定不一定相同。介绍 printf 函数时已提到过，这里从函数调用的角度再予以强调。

【例 7.6】　函数调用中求值顺序示例。

源程序如下：

```
#include <stdio.h>
void main( )
{
    int f(int a，int b);
    int i=2,n;
    n=f(i,++i);
    printf("\nn=%d\n"，n);
}
int f(int a,int b)
{
```

```
        int c;
        if(a>=b)    c=1;
        else        c=0;
        return(c);
    }
```

如按照从右至左的顺序求值，则函数调用相当于 f (3,3)，程序运行得到的结果为 1；如按照从左至右的顺序求值，则函数调用相当于 f (2,3)，程序运行得到的结果为 0。

由于 Turbo C 限定是自右至左求值，所以结果为 1。

【例 7.7】 求三个整数的最大公因子。

求三个数的最大公因子可以采取这样的方法，先求两个数的最大公因子，然后利用这个最大公因子与第三个数求最大公因子，这样就得到了三个数的最大公因子。由于要多次求最大公因子，所以最好把它写成一个函数。

源程序如下：

```
/*求三个数的最大公因子*/
void main()
{
    int a, b, c, d;
    int gcd(int m, int n);
    printf("Input three integers.\n");
    scanf("%d%d%d",&a,&b,&c);
    d = gcd(a,b);                   /*求两个数的最大公因子*/
    d = gcd(d,c);                   /*与第三个数再求最大公因子*/
    printf("gcd = %d\n",d);
}
/*用 Euclid 算法求最大公因子*/
int gcd(m,n)
int m,n;
{
    int r;
    while(n!=0)
    {
        r = m%n;
        m = n;
        n = r;
    }
    return (m);
}
```

运行结果

```
Input three integers.

13   52   91
```

gcd = 13

在本程序中，我们把求最大公因子的操作用函数 gcd 实现，在 main 中两次调用它。如果不用函数，相同结构的程序需要重复写两次。在实际中，我们总是倾向于把公共的操作尽可能地写成独立的函数，以便在需要的时候调用，而不是把所有的操作都写到 main 中去。

7.3.3　被调用函数的声明和函数原型

在主调函数中调用某函数之前应对该被调函数进行说明(声明)，这与使用变量之前要先进行变量说明是一样的。在主调函数中对被调函数作说明的目的是使编译系统知道被调函数返回值的类型，以便在主调函数中按此种类型对返回值作相应的处理。

其一般形式为

　　类型说明符　被调函数名(类型　形参，类型　形参…);

或为

　　类型说明符　被调函数名(类型，类型…);

括号内给出了形参的类型和形参名，或只给出形参类型。这便于编译系统进行检错，以防止可能出现的错误。

例 7.7　main 函数中对 gcd 函数的说明为

　　int gcd(int m, int n);

或写为

　　int gcd(int,int);

C 语言中又规定在以下几种情况时可以省去主调函数中对被调函数的函数说明。

(1) 如果被调函数的返回值是整型或字符型，则可以不对被调函数作说明，而直接调用。这时系统将自动对被调函数返回值按整型处理。

(2) 当被调函数的函数定义出现在主调函数之前时，在主调函数中也可以不对被调函数再作说明而直接调用。例如例 7.5 中，函数 exchange 的定义放在 main 函数之前，因此可在 main 函数中省去对 exchange 函数的函数说明 void exchange(int i, int j)。

(3) 如在所有函数定义之前，在函数外预先说明了各个函数的类型，则在以后的各主调函数中，可不再对被调函数作说明。例如：

```
char str(int a);
float f(float b);
void main( )
{
    ……
}
char str(int a)
{
    ……
}
```

```
float f(float b)
{
    ……
}
```

其中第 1、2 行对 str 函数和 f 函数预先作了说明。因此在以后各函数中无需对 str 和 f 函数再作说明就可直接调用。

(4) 对库函数的调用不需要再作说明,但必须把该函数的头文件用 include 命令包含在源文件前部。

7.4　函数的嵌套调用与递归调用

7.4.1　函数的嵌套调用

C 语言中不允许在函数定义中再进行其他函数的嵌套定义,但却允许在函数定义中调用其他函数,例如,函数 f1 调用函数 f2,而函数 f2 又调用函数 f3,这就构成了函数的嵌套调用。其关系如图 7-3 所示。

图 7-3　函数嵌套调用图

【例 7.8】　输入一个整数,输出其平方与立方。

分析:我们先把求平方和立方的计算编成函数,再在主函数中调用它们。

```
/* calculate   square */ ;
long sq(int i)
{
    long a;
    a = i*i;
    return a;
}
/* calculate cube */ ;
long cub(int j)
{
    long b;
    b = sq(j)*j;
```

```
        return b;
    }
    # include<stdio.h>
    void main()
    {
        int n;
        printf("Input n = ?\n");
        scanf("%d",&n);
        printf("Square of%d is %ld\n",n,sq(n));
        printf("Cube of %d is %ld\n",n,cub(n));
    }
```

运行输出：

Input　n = ?

6

Square of　6　is　36

Cube　of　6　is　216

在上面的程序中，当求平方时，主函数直接调用 cub 函数；当求立方时，主函数调用 cub 函数，而 cub 函数又调用 sq 函数，构成嵌套调用。

【例 7.9】　用牛顿迭代法求一个正实数的平方根。

分析：利用牛顿迭代法求正实数的平方根是计算机求解平方根近似值的最简单方法之一。其思路如下：

(1) 设置初始猜测值为 1。

(2) 如果 |(猜测值)^2 – x| < epsilon，则转到(4)。

(3) 令新的猜测值为(x/猜测值+猜测值)/2，返回(2)。

(4) 猜测值是满足精度要求的 x 的平方根。

源程序如下：

```
    /*求实数的平方根*/
    void main()
    {
        float squ_rt(),a;
        printf("Input a = \n");
        scanf("%f ",&a);
        if(a<0)
        printf("Negative argument to square root.\n");
        else
        printf("square_root(%f) = %f \n", a, squ_rt(a) );
    }
    /*用牛顿迭代法求 x 的平方根*/
    float squ_rt(x)
    float x;
```

```
        {
            float abs_value( );
            float epsilon, guess ;
            epsilon = 1E-5;
            guess = 1;
            while(abs_value(guess*guess -x) >=epsilon)
                    guess = (x/guess + guess) / 2.0;
            return (guess);
        }
        /*求 x 的绝对值*/
        float abs_value(x)
        float x;
        {
                if(x < 0)
                        x = -x;
                return(x);
        }
```

程序执行结果

```
    Input a = 5.0
    square_root(5.000000) =2.236069
```

在本程序中，函数 main 调用了求平方根的函数 squ_rt，而 squ_rt 中又调用了求绝对值的函数 abs_value，这种嵌套函数调用的结构如图 7-4 所示。

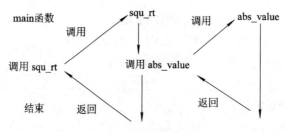

图 7-4 例 7-9 的函数嵌套调用

从上面的例子可以看出，C 程序总是从 main 开始执行，在 main 中往往需要调用其他的函数，而这些函数又可以调用另外一些函数。通过这样的形式，我们可以用自顶向下，逐步求精的方法编写程序，在高层只考虑做什么，在需要的地方写一个函数调用，而把函数的实现放到以后，同样在定义一个被调用函数时也采用同样的办法，把更为细致的实现放到更下层的函数中，直到一个函数只完成一个单一的功能。这种结构的程序更易于保证正确性，也更容易理解、维护与修改。

7.4.2　函数的递归调用

C 语言支持函数的递归调用。如果函数内部一个语句调用了函数自己，则称这个函数是"递归"。

用递归解决问题，就是把问题分为两部分：一部分属于基本问题，对它可以直接求出结果；另一部分虽然不是基本问题，但是与原问题类似并且比原问题简单一些。对稍微简单一些的问题继续进行分解，直至达到边界条件。解决完边界处的问题(即基本问题)后，函数会沿着调用顺序不断给上一次的调用返回结果，直至原始问题。这看起来似乎很复杂，但事实上是个很自然的过程。

递归的例子很多。例如定义整数的递归方法是用数字 1，2，3，4，5，6，7，8，9 加上或减去一个整数。例如，数字 15 是 7+8；数字 21 是 9+12；数字 12 是 9+3。

【例 7.10】　求 Fibonacci 数列：1，1，2，3，5，8，13，… 观察数列，可发现这样的规律：从第 3 项开始，每一项都是其前面相邻两项之和。设 fib(n)表示第 n 个 Fibonacci 数，则有

$$\begin{cases} \text{fib(n)} = 1 & (n = 1 \text{ 或 } n = 2) \\ \text{fib(n)} = \text{fib(n}-1) + \text{fib(n}-2) & (n \geqslant 3) \end{cases}$$

Fibonacci 函数的数学表达式已清楚地表明这是个递归问题，因此可以很容易地用 C 语言写出它的递归函数。程序如下：

```c
#include<stdio.h>
long fib(int);
void main()
{
    long bf;
    int n;
    printf("Enter a integer n=:");
    scanf("%d", &n);
    bf=fib(n);
    printf("Fibonacci(%d)=%ld", n, bf);
}
long fib(int m)
{
    if(m= =1 | | m= =2)
            return 1;
    else
            return fib(m-1)+fib(m-2);
}
```

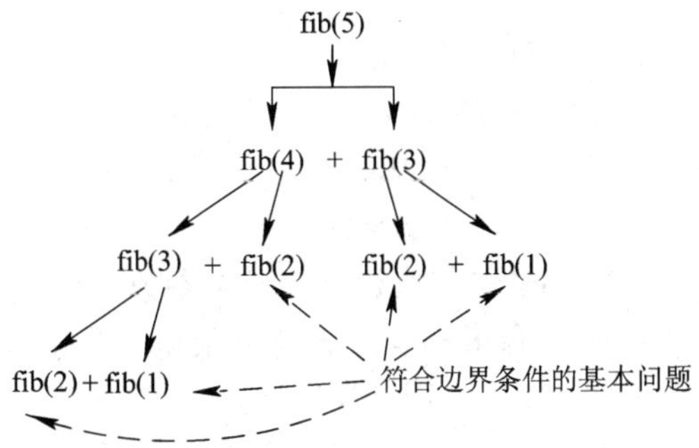

图 7-5　求 fib(5)的递归调用

该程序的示意图如图 7-5 所示。

另外一个较简单的例子就是计算整数阶乘的函数。数 n 的阶乘(写为 n!)是 1 到 n 之间所有数字的乘积。例如 3 的阶乘是 $1 \times 2 \times 3$，同时又是 $3 \times 2!$，同理可以发现，n! = n × (n − 1)!，例 7.11 和 7.12 分别给出了使用递归和不使用递归实现求 n! 的程序设计。

【例 7.11】　用递归实现阶乘计算。

源程序如下：

```
        void main( )
        {
            long factor();
            int i;
            for( i= 0; i <= 10; i++)
                printf("%2d!= %ld\n",i,factor(i));
        }
        long factor (n)                    /*递归调用方法*/
        int n;
        {
            long answer;
            if ( n= = 0 )
                answer = 1;
            else
                answer = factor(n-1) * n;      /*函数自身调用*/
            return (answer);
        }
```

程序运行结果：

```
    0! = 1
    1! = 1
    2! = 2
    3! = 6
    4! = 24
    5! = 120
    6! = 720
    7! = 5040
    8! = 40320
    9! = 362880
    10! = 3628800
```

factor()递归执行时，当用参数 0 调用 factor()时，函数返回 1；除此之外的其他值调用将返回 factor(n-1)*n 这个乘积。为了求出这个表达式的值，用(n-1)调用 factor()，一直到 n 等于 0，调用开始返回。

如：计算 2 的阶乘时，其步骤为：

(1) 求 factor(2)，由于 2≠0，所以执行 else 后面的语句

```
    answer = factor(n-1) * n;
```

得到

```
    answer = factor(1) * 2;
```

(2) 求 factor(1)，第一次调用 factor()，参数为 1，同样由于 1≠0，继续执行 else 后面的语句，得到

answer = factor(0) * 1;

(3) 求 factor(0)，第二次调用 factor( )时，参数为 0，由于 0=0，故执行

answer = 1;

得

factor(0) = 1，

(4) 返回第(2)步，得到

answer = factor(0) * 1;

即

answer = 1 * 1;

也即

factor(1)=1;

(5) 返回第(1)步，执行

answer = factor(1) * 2;

得到

answer = 1* 2;

这样最终得到了 factor(2)的值为 2，并将其返回主函数进行输出。图 7-6 给出了求 factor(2)时函数的调用情况。

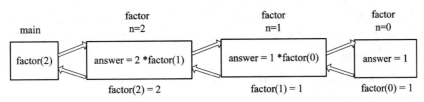

图 7-6 递归求 2! 的调用

例 7.11 也可以不用递归的方法来完成。如可以用递推法，即从 1 开始乘以 2，再乘以 3……直到 n。

【例 7.12】 用递推法实现阶乘计算。

分析：将递归调用函数 factor 改写为非递归调用方法，下面仅重写 factor 函数为 fact。

```
long fact (n)    /*非递归方法* /
int n;
{
    int t;
    long answer = 1;
    for (t=1;t <= n; t++)
        answer = answer * t;
    return (answer);
}
```

非递归函数 fact()的执行应该是易于理解的。它应用一个从 1 开始到指定数值结束的循环。在循环中，用"变化"的乘积依次去乘每个数。

递推法比递归法更容易理解和实现。但是有些问题则只能用递归算法才能实现。典型的问题是 Hanoi 塔问题。

【例 7.13】 汉诺(Hanoi)塔问题。如图 7-7 所示，有 A、B、C 三根柱子，在 A 柱上由下向上堆放着由大到小的 64 个盘子，要求把这 64 个盘子从 A 柱移到 C 柱，仍保持原来的形状，中间可以利用 B 柱作为缓冲，搬移过程中，每次只能移一个盘子，且大盘子不能放在小盘子上面。请给出一个搬移方案。

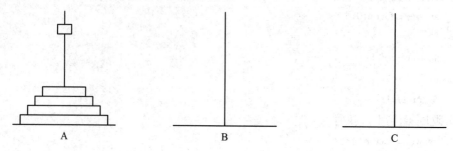

图 7-7 汉诺塔问题

显然，如果只有一个盘子，直接把盘子拿到 C 上。

如果是两个盘子，先把 A 上的小盘子拿到 B，再将 A 上的大盘子移到 C，最后把 B 上的盘子放到 C 上，即 A→B，A→C，B→C

现在考虑三个盘子，首先，先把 A 上的最小的盘子拿到 C，接着将 A 上的中间的盘子移到 B，再把 C 上的盘子放到 B 上，再接着把 A 上的大盘子放到 C，把 B 上的小盘子放到 A，把 B 上的中盘子放到 C，最后把 A 上的盘子放到 C，即：

    A→C，A→B，C→B，A→C，B→A，B→C，A→C

    ……

现在要求把 64 个盘子从 A 柱按原样移到 C 柱，所以可以肯定应该把最大的那个盘子首先移到 C 柱，对它上面的那 63 个盘子可先临时放到 B 柱上，等把最大盘移向 C 柱后再把它们从 B 柱上移过来，如图 7-8 所示。

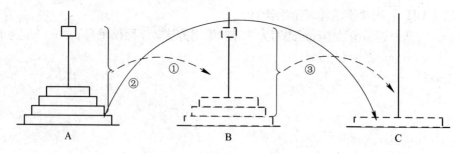

图 7-8 搬移过程示意图

从图 7-8 可见，按①、②、③的操作顺序，即可完成 64 个盘子的搬移问题。但是那 63 个盘子又怎样移到 B 柱呢？这又是用和移 64 个盘子同样的方法解决：先把上面 62 个盘子临时放到 C 柱，待把下面那个较大的盘子移到 B 柱之后，再把那 62 个盘子从 C 柱移向 B 柱。

而移动 62 个盘子问题又可用相似的方法处理。这样按部就班地进行，而所要解决的问题却在一步步地简化，所需移的盘子数一个个地减少，最后减到一个盘子的时候就可以一次移动完成，这也就是本问题的边界条件。由此可写出求汉诺塔问题的程序如下：

```c
#include<stdio.h>
void   move(char,char,char);
void   hanoi(int,char,char,char);
void main()
{
    int m;
    printf("Enter the number of disks to move:\n");
    scanf("%d",&m);
    printf("The step to moving %3d disk):\n",m);
    hanoi(m, 'A', 'B', 'C');
}
void hanoi( int n, char a, char b, char c)
{
    if(n = =1)
       move(a, c);
    else
      {
            hanoi(n-1,a,c,b);
            move(a, c);
            hanoi(n-1,b,a,c);
      }
}
void   move(char ch1,char ch2)
{
    printf("%c → %c\n",ch1,ch2);
}
```

运行结果：

Enter the number of disks to move：

3

The step to moving 3 disks:

A → C

A → B

C → B

A → C

B → A

B → C

A → C

说明：

(1) 在使用递归策略时，必须有一个明确的递归结束条件，称为递归出口。

(2) 当函数调用自己时，在栈中为新的局部变量和参数分配内存，函数的代码用这些变量和参数重新运行。递归调用并不是把函数代码重新复制一遍，仅仅参数是新的。当每次递归调用返回时，老的局部变量和参数就从栈中消除，从函数内此次函数调用点重新启动运行。

(3) 递归算法解题通常显得很简洁，但因为附加的函数调用增加了时间开销，所以运行效率较低。一般不提倡用递归算法设计程序。

(4) 在递归调用的过程当中系统为每一层的返回点、局部量等开辟了栈来存储。递归次数过多容易造成栈溢出，冲掉其他数据和程序的存储区域。

(5) 递归算法大量应用于与人工智能有关的问题。

(6) 编写递归函数时，必须在函数的某些地方使用 if 语句，强迫函数在未执行递归调用前返回。如果不这样做，则在调用函数后，它永远不会返回。在递归函数中不使用 if 语句，是一个很常见的错误。在开发过程中可以通过广泛使用 printf()和 getchar()看到执行过程(如例 7.11，使用 printf()函数，显示了 0! 直到 10! 的值)，这样便于发现错误。

7.5　变量的存储属性

在讨论函数的形参变量时曾经提到，形参变量只在被调用期间才分配内存单元，调用结束立即释放。这一点表明形参变量只有在函数内才是有效的，离开该函数就不能再使用了。这种变量有效性的范围称变量的作用域。不仅对于形参变量，C 语言中所有的变量都有自己的作用域。变量说明的方式不同，其作用域也不同。C 语言中的变量，按作用域范围可分为两种，即局部变量和全局变量。

7.5.1　局部变量

在函数内部定义的变量称为局部变量。在某些 C 语言教材中，局部变量称为自动变量，这就与使用可选关键字 auto 定义局部变量这一做法保持一致。局部变量仅由其被定义的模块内部的语句所访问。换言之，局部变量在自己的代码模块之外使用是非法的。切记：模块以左花括号开始，以右花括号结束。

对于局部变量，最重要的是：它们仅存在于被定义的当前执行代码块中，即局部变量在进入模块时生成，在退出模块时消亡。

定义局部变量的最常见的代码块是函数。例如，考虑下面两个函数。

【例 7.14】　不同函数内定义局部变量的示例。

源程序如下：

```
func1()
{
    int x;                  /*可定义为 auto int x; */
    x = 10;
```

```
        }
    func2 ()
    {
        int x;                 /*可定义为 auto int x; */
        x = -1999 ;
    }
```

整型变量 x 被定义了两次，一次在 func1()中，一次在 func2 ()中。func1()和 func2 ()中的 x 互不相关。其原因是每个 x 作为局部变量仅在被定义的块内可知。

C 语言的关键字 auto 可用于定义局部变量，但自从所有的非全局变量的缺省值假定为 auto 以来，auto 就几乎很少使用了，因此在本书所有的例子中，均见不到这一关键字。

局部变量可以在任何模块中定义，最好的编程习惯是在每一模块的开始处定义所有需要的变量，这样可以增强程序的易读性。

【例 7.15】　　在函数模块内定义局部变量的示例。

源程序如下：

```
    f()
    {
        int t;
        scanf ( " % d " , &t ) ;
        if ( t = = 1 )
        {
            char s[80];        /*此变量仅在这个模块中起作用*/
            printf("enter name:");
            gets (s) ;         /*输入字符串* /
            process (s) ;      /*函数调用* /
        }
    }
```

这里的局部变量 s 就是在 if 块入口处建立，并在其出口处消亡的。因此 s 仅在 if 块中可知，而在其他地方均不可访问，甚至在包含它的函数内部的其他部分也不行。

在一个条件块内定义局部变量的主要优点是仅在需要时才为之分配内存。这是因为局部变量仅在控制转到它们被定义的块内时才进入生存期。虽然大多数情况下这并不十分重要，但当代码用于专用控制器时，由于随机存储器(RAM)极其短缺，这就变得十分重要了。

由于局部变量随着它们被定义的模块的进出口而建立或释放，它们存储的信息在块工作结束后也就丢失了。当访问一函数时，它的局部变量被建立；当函数返回时，局部变量被销毁。这就是说，局部变量的值不能在两次调用之间保持。

7.5.2　全局变量

全局变量也称为外部变量，它贯穿整个程序，并且可被任何一个模块使用，它是在函数外部定义的变量。全局变量在整个程序执行期间保持有效，它不属于哪一个函数，它属于一个源程序文件。其作用域是整个源程序。

全局变量的作用域为从变量定义处开始，到本程序文件的末尾。如果外部变量不在文件的开头定义，则其有效的作用范围只限于定义处到文件结束。如果在定义点之前的函数想引用该外部变量，则应该在引用之前用关键字 extern 对该变量作"外部变量声明"，表示该变量是一个已经定义的外部变量。有了此声明，就可以从"声明"处起，合法地使用该外部变量。

在下面的程序中可以看到，变量 count 定义在所有函数之外，函数 main()之前。但其实它可以放置在任何第一次被使用之前的地方，只要不在函数内就可以。实践表明，定义全局变量的最佳位置是在程序的顶部。

【例 7.16】 全局变量和局部变量的使用示例。

源程序如下：

```
    int count;                        /*count 是全局变量* /
    void main ()
    {
        count = 100;                  /*使用的是全局变量 count * /
        func1 () ;
    }
    void func1()
    {
        int temp;
        temp = count;                 /*使用的是全局变量 count * /
        func2 () ;
        printf("count is %d",count);  /*打印 100 */
    }
    void func2()
    {
        int count;                    /*count 是局部变量* /
        for(count = 1; count < 10; count++)   /*使用的是局部变量 count * /
        putchar ('.') ;               /*打印出"." */
    }
```

仔细研究此程序后，可见变量 count 既不是 main()也不是 func1()定义的，但两者都可以使用它。函数 func2()也定义了一个局部变量 count。当 func2 访问 count 时，它仅访问自己定义的局部变量 count，而不是那个全局变量 count。切记，全局变量和某一函数的局部变量同名时，该函数对该名的所有访问仅针对局部变量，对全局变量无影响。然而，如果忘记了这点，则即使程序看起来是正确的，也可能导致运行时的奇异行为。

全局变量由 C 编译程序在动态区之外的固定存储区域中存储。当程序中多个函数都使用同一数据时，全局变量将是很有效的。

全局变量的缺点：

(1) 不论是否需要，它们在整个程序执行期间均占有存储空间。

(2) 全局变量必须依靠外部定义，所以在使用局部变量就可以达到其功能时使用了全局变量，将降低函数的通用性，这是因为它要依赖其本身之外的东西。

(3) 大量使用全局变量时，不可知的和不需要的副作用将可能导致程序错误。如在编制大型程序时有一个重要的问题：变量值都有可能在程序其他地点偶然改变。

所以，全局变量也不是多多益善，应避免使用不必要的全局变量。

结构化语言的原则之一是代码和数据的分离。C 语言是通过局部变量和函数的使用来实现这一分离的。下面用两种方法编制计算两个整数乘积的简单函数 mul ()。

```
通用的                          专用的
mul ( x , y )                  int x,y;
int x, y;                          mul ( )
{                              {
    return ( x*y ) ;               return ( x*y ) ;
}                              }
```

两个函数都是返回变量 x 和 y 的积，可通用的或称为参数化版本通过参数传递，可用于任意两整数之积；而专用的版本仅能计算全局变量 x 和 y 的乘积。

7.5.3　动态存储变量

在 C 语言中，每个变量和函数有两个属性：数据类型和数据的存储类别。

从变量的作用域原则出发，我们可以将变量分为全局变量和局部变量；换一个方式，从变量的生存期来分，可将变量分为动态存储变量和静态存储变量。静态存储变量在程序运行期间分配固定的存储空间；动态存储变量在程序运行期间根据需要动态地分配存储空间。

当用户编程上机的时候，编译器会为用户提供一定的内存空间让用户使用。这个内存空间被划分为不同的区域以存放不同的数据。

大体上用户区分为三部分，如图 7-9 所示：程序区，用来存放用户的程序；动态区，用来存放暂时的数据；静态区，用来存放相对永久的数据。

全局变量全部存放在静态存储区，在程序开始执行时给全局变量分配存储区，程序运行完毕就释放。在程序执行过程中它们占据固定的存储单元，而不动态地进行分配和释放；动态存储区

图 7-9　用户区的划分

存放以下数据：① 函数形式参数；② 自动变量(未加 static 声明的局部变量)；③ 函数调用时的现场保护和返回地址。

这些动态存储变量在函数调用时分配存储空间，函数结束时释放存储空间。动态存储变量的定义形式为在变量定义的前面加上关键字"auto"，例如：

　　　auto int a, b, c;

"auto"也可以省略不写。事实上，我们已经使用的变量均为省略了关键字"auto"的动态存储变量。有时我们甚全为了提高速度，将局部的动态存储变量定义为寄存器型的变量，定义的形式为在变量的前面加关键字"register"，例如：

register int x, y, z;

这样一来的好处是：将变量的值无需存入内存，而只需保存在 CPU 内的寄存器中，以使速度大大提高。由于 CPU 内的寄存器数量是有限的，不可能为某个变量长期占用。因此，一些操作系统对寄存器的使用做了数量的限制，或根本不提供，用自动变量来替代。

7.5.4　静态存储变量

如果希望函数中的局部变量的值在函数调用结束后不消失而保留原值，这时就应该指定局部变量为"静态局部变量"，静态存储变量在编译时分配存储空间，其定义形式为在变量定义的前面加上关键字 static 进行声明。例如：

static int a=8;

定义的静态存储变量无论是作全程量或是局部变量，其定义和初始化均在程序编译时进行。

作为局部变量，调用函数结束时，静态存储变量不消失并且保留原值。

【例 7.17】　静态存储变量的使用示例。

源程序如下：

```
void main( )
{
    int f( );    /*函数声明*/
    int j;
    for (j=0; j<3; j++)
        printf ("%d\n"，f( ));
}
int f( )      /*无参函数*/
{
    static int x=1;
    x++ ;
    return x;
}
```

程序运行结果：

2

3

4

从上述程序看，函数 f()被三次调用，由于局部变量 x 是静态存储变量，它是在编译时分配存储空间，故每次调用函数 f()时，变量 x 不再重新初始化，保留加 1 后的值，得到上面的输出结果。

对静态局部变量的说明：

(1) 静态局部变量属于静态存储类别，在静态存储区内分配存储单元。在程序整个运行期间都不释放。而自动变量(即动态局部变量)属于动态存储类别，占动态存储空间，函数调用结束后即释放。

(2) 静态局部变量在编译时赋初值，即只赋初值一次；而对自动变量赋初值是在函数调用时进行，每调用一次函数重新给一次初值，相当于执行一次赋值语句。

(3) 如果在定义局部变量时不赋初值的话，则对静态局部变量来说，编译时自动赋初值 0(对数值型变量)或空字符(对字符变量)。而对自动变量来说，如果不赋初值，则它的值是一个不确定的值。

【例 7.18】 全局变量与局部变量的作用。

源程序如下：

```
#include <stdio.h>
void head1(void);              /*函数声明*/
void head2(void);              /*函数声明*/
void head3(void);              /*函数声明*/
int count;                     /*全局变量*/
void main ()
{
        register int index;    /*定义为主函数寄存器变量*/
        head1 () ;
        head2 () ;
        head3 () ;
        for (index = 8；index > 0；index--)   /*主函数 for 循环*/
        {
                int stuff；     /*局部变量*/
                               /*这种变量的定义方法在 Turbo C 中是不允许的*/
                               /*stuff 的可见范围只在当前循环体内*/
                for(stuff = 0；stuff <= 6；stuff ++ )
                    printf("%d ",stuff) ;
                printf(" index is now %d\n",index ) ;
        }
}
int counter；                  /*全局变量*/
                               /*可见范围为从定义之处到源程序结尾*/
void head1(void)
{
        int index；            /*此变量只用于 head1*/
        index = 23；
        printf("The header1 value is %d\n", index );
}
void head2(void)
{
        int count；            /*此变量是函数 head2 ( ) 的局部变量*/
                               /*此变量名与全局变量 count 重名*/
```

```
                    /*故全局变量 count 不能在函数 head2 ( )中使用*/
    count = 53；
    printf("The header2 value is %d\n", count);
    counter = 77；
}
void head3(void)
{
    printf("The header3 value is %d\n", counter);
}
```

程序运行结果：

```
The headerl value is 23
The header2 value is 53
The header3 value is 77
0 1 2 3 4 5 6 index is now 8
0 1 2 3 4 5 6 index is now 7
0 1 2 3 4 5 6 index is now 6
0 1 2 3 4 5 6 index is now 5
0 1 2 3 4 5 6 index is now 4
0 1 2 3 4 5 6 index is now 3
0 1 2 3 4 5 6 index is now 2
0 1 2 3 4 5 6 index is now 1
```

该程序的演示帮助读者来了解全局变量、局部变量的作用域，请仔细理解体会。

7.6 多文件中函数和变量的处理

C 语言中的函数定义不能嵌套，所以函数相互之间都是互为外部的，但有时称内部函数和外部函数，这主要是针对某个文件而言的。这里需要对 C 程序的组成做一说明，如图 7-10 所示。

图 7-10 说明，一个大一点的 C 程序可以由多个文件组成，一个文件又可以包含多个函数，包含 main 函数的文件是主文件，是程序的入口和出口。文件是一个独立的编译单位，而函数不是独立的编译单位。在一个文件中定义的外部变量和函数能否被其他文件所引用，是我们现在要讨论的问题。这里有两种情况：

(1) 若一个文件中定义的外部变量和函数不允许其他文件引用，则应在函数名和变量名的前面加上关键字 static。如：

```
    static int a;
    static float max(float x,float y)
```

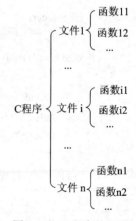

图 7-10 C 程序的组成

这里 static 声明就把 a 和 max 局限在它所定义的文件中，它们只能在这个文件中被使用，不允许其他文件使用，相对于这个文件来说，它们是内部的。

(2) 若一个文件中定义的函数和外部变量可以被其他文件引用，则在函数名和外部变量名前不加 static 说明，但是凡引用它们的文件必须在各自的文件内部对这些函数和变量作 extern 说明。

比如，在文件 f1.c 中定义了一个外部变量 b 和一个函数 sum，在文件 f2.c 中想引用它们，则在 f2.c 中必须作如下说明：

```
extern int b;
extern int sum(int , int);
```

【例 7.19】　输入二元一次方程组中自变量的系数和常数项，解此方程组：

$$\begin{cases} ax+by = c \\ dx+ey = f \end{cases}$$

分析：根据数学中的知识，可利用系数行列式求解。

令

$$g = \begin{vmatrix} a & b \\ d & e \end{vmatrix} = ae - bd$$

$$x = \dfrac{\begin{vmatrix} c & b \\ f & e \end{vmatrix}}{g} = \dfrac{ce - bf}{g}, \quad y = \dfrac{\begin{vmatrix} a & c \\ d & f \end{vmatrix}}{g} = \dfrac{af - cd}{g}$$

我们把 g,x,y 的求解用一个函数 sole 解决，并单独放在一个文件 fs.c 中，主函数放在文件 fm.c 中，它调用 sole 函数并向其提供数据。

文件 fm.c：

```
extern void sole( );
int a, b, c, d, e, f;
float g, x, y;
#include<stdio.h>
void main()
{
    printf("Input data: a, b, c, d, e, f:\n");
    scanf("%d%d%d%d%d%d",&a, &b, &c, &d, &e, &f);
    sole( );
    if(g= =0)
        printf("There are many solution!\n");
    else
        printf("x=%f,y=%f\n",x, y);
}
```

文件 fs.c：

```
extern   int a, b, c, d, e, f;
extern   float g, x, y;
void   sole( )
{
    g=a*e-b*d;
    if(g!=0)
        {
            x=(c*e-b*f)/g;
            y=(a*f-c*d)/g;
        }
}
```

运行输出：

```
Input data: a, b, c, d, e, f:
1 2 3 4 5 6
x=-1.000000   y=2.000000;
```

在文件 fm.c 中要对在 fs.c 文件中定义的函数 sole 作 extern 说明，同样在文件 fs.c 中要对在 fm.c 文件中定义的外部变量 a、b、c、d、e、f、g、x、y 作 extern 说明。

习 题 七

一、选择题

1．C 语言规定，程序中各函数之间(　　)。

    A．既允许直接递归调用，也允许间接递归调用

    B．不允许直接递归调用，也不允许间接递归调用

    C．允许直接递归调用，不允许间接递归调用

    D．不允许直接递归调用，允许间接递归调用

2．以下程序的输出结果是(　　)。

```
int f()
{
    static int i=0;
    int s=1;
    s+=i; i++;
    return s;
}
void main()
{
```

```
    int i,a=0;
    for(i=0;i<5;i++)a+=f();
    printf("%d\n",a);
}
```

A. 20   B. 24   C. 25   D. 15

3. 下列函数调用语句含有实参的个数为(   )。

```
func((exp1,exp2),(exp3,exp4,exp5));
```

A. 1   B. 2   C. 4   D. 5

4. 有以下程序：

```
#include<stdio. h>
int int );
void main()
{
    int n=1，m;
    m=f(f(f(n)));  printf("%d\n"，m);
}
int (int )
{
    return *2;
}
```

程序运行后的输出结果是(   )。

A. 1   B. 2   C. 4   D. 8

二、填空题

1. 以下程序的输出结果是(   )。

```
fun(int x,int y,int z)
{
    z =x*x+y*y;
}
void main ()
{
    int a=31；
    fun (6,3,a)
    printf ("%d", a)
}
```

2. 读下面的程序

```
#define A    4
#define B(x)    A*x/2
void main( )
{
```

```
        float c, a = 4.5;
        c=B(a);
        printf("c=%5.1f", c);
    }
```

运行结果为(　　)。

3．读下面的程序（假设输入 n 为 100）：

```
    void main( )
    {
        int n;
        printf("input number\n");
        scanf("%d",&n);
        s(n);
        printf("n=%d\n",n);
    }
    int s(int n)
    {
        int i;
        for(i=n-1;i>=1;i--)
        n=n+i;
        printf("n=%d\n",n);
    }
```

运行结果为(　　)。

4．有下面的一段程序：

```
    int x1=30, x2=40;
    void main( )
    {
        int x3=10,x4=20;
        sub(x3,x4);
        sub(x2,x1);
        printf("x1=%d,x2=%d,x3=%d,x4=%d", x1,x2,x3,x4);
    }
    sub(int x,int y)
    {
        int x1=x;
        x=y;
        y=x1;
    }
```

执行的结果为(　　)。

5. 读下面的程序：

```
#include<stdio.h>
void main( )
{
    int i,j;
    int f(int);
    i=f(3);
    j=f(5);
    printf("i=%d,j=%d\n",i,j);
}
int f(int n);
{
    static int s=1;
    while(n)
    {
        s*=n;
        n--;
    }
    return s;
}
```

执行的结果为(　　)。

6. 请给出下面程序的运行结果(　　)。

```
# include<stdio.h>
int max(int x,int y)
{
    return x>y?x:y;
}
void main()
{
    extern int a,b;
    int min(int,int) ;
    printf("max=%d\n",max(a,b));
    printf("min=%d\n",min(a,b));
}
int a=8, b=5;
int min (int i, int j)
{
    return i<j?i:j;
}
```

7. 下列程序的输出结果是(　　　)。

```c
#include "stdio.h"
void main()
{
    int i,j,row,colum,m;
    static int array[3][3]={{100,200,300},{28,72,-30},{-850,2,6}} ;
    m = array[0][0];
    for(i=0;i<3;i++)
        for(j=0;j<3;j++)
            if(array[i][j]<m)
            {
                m=array[i][j];
                colum=j;
                row = i;
            }
    printf("%d,%d,%d\n",m,row,colum);
}
```

三、程序设计

1. 求 n～m 之间的所有素数，n 和 m 值由用户从键盘输入。

2. 求方程 $ax^2 + bx + c = 0$ 的根，从主函数输入 a、b、c 的值，并用三个函数分别求当 b^2-4ac 大于 0、等于 0、小于 0 时的根，并输出结果。

3. 写一个函数，输入一个十进制数，输出相应的二进制数。

4. 有 3×3 的矩阵 **A** 和 3×2 的矩阵 **B**，试编制一个函数，求 **C = AB**。

5. 写两个函数，分别求两个整数的最大公约数和最小公倍数，用主函数调用这两个函数，并输出结果。两个整数由键盘输入。

6. 编写以下函数：① 输入职工的姓名和职工号；② 按职工号由小到大排序，姓名顺序也随之调整；③ 输入一个职工号，用折半法找出该职工的姓名，从主函数输入要查找的职工号，输出该职工姓名。

第 8 章 指 针

指针是 C 语言中广泛使用的一种数据类型。运用指针编程是 C 语言最主要的风格之一，通过利用指针，我们能很好地利用内存资源，使其发挥最大的效率。有了指针技术，我们可以描述复杂的数据结构，对字符串的处理可以更灵活，对数组的处理更方便，使程序的书写简洁、高效。

指针是 C 语言学习中最重要的一环，能否正确理解和使用指针是我们是否掌握 C 语言的一个标准。指针对初学者来说，难于理解和掌握，需要一定的计算机硬件知识做基础，这就需要多做多练，多上机动手，才能在实践中尽快掌握指针。

本章主要讨论 C 语言的指针类型，介绍指针变量、指针运算、指针与函数参数、指针与数组的关系和指向指针的指针等概念。通过对本章的学习，应熟练掌握指针的概念和有关指针的各种操作，并灵活应用。

8.1 指针变量的定义与引用

8.1.1 指针与指针变量

在计算机中，所有的数据都是存放在存储器中的。当我们在编程中定义或说明变量时，编译系统就为已定义的变量分配相应的内存单元，也就是说，每个变量在内存中会有固定的位置，计算机中称为地址。一般把存储器中的一个字节称为一个内存单元，由于变量的数据类型不同，它所占的内存单元数也不相同，如整型量占 4 个单元，字符量占 1 个单元等。

若我们在程序中有如下定义：

```
int a=1,b=2;
float x=3.14, y = 5.3;
double m=3.124;
char ch1='a', ch2='b';
```

让我们先看一下编译系统是怎样为变量分配内存的。变量 a, b 是整型变量，在内存各占 4 个字节；x, y 是实型，各占 4 个字节；m 是双精度实型，占 8 个字节；ch1, ch2 是字符型，各占 1 个字节。由于计算机内存是按字节编址的，假设变量的存放从内存 2000 单元开始存放，则编译系统对变量在内存的存放情况如图 8-1 所示。

图 8-1　不同数据类型的变量在内存中占用的空间

由上面的图 8-1 可以看出，变量在内存中按照数据类型的不同，占内存的大小也不同，每个变量都有具体的内存单元地址，为了正确地访问这些内存单元，必须为每个内存单元编上号。根据一个内存单元的编号即可准确地找到该内存单元，内存单元的编号也叫做地址。如变量 a 在内存的地址是 2000，占据四个字节后，变量 b 的内存地址就为2004，变量 m 的内存地址为 2016 等。根据内存单元的编号或地址就可以找到所需的内存单元，或者说，一个地址唯一指向一个内存变量，我们称这个地址为变量的指针。

内存单元的指针和内存单元的内容是两个不同的概念。可以用一个通俗的例子来说明它们之间的关系。我们到银行去存取款时，银行工作人员将根据我们的账号去找我们的存款单，找到之后在存单上写入存款、取款的金额。在这里，账号就是存单的指针，存款数是存单的内容。

对于一个内存单元来说，单元的地址即为指针，其中存放的数据才是该单元的内容。在 C 语言中，允许用一个变量来存放指针，这种变量称为指针变量。因此，一个指针变量的值就是某个内存单元的地址或称为某内存单元的指针。通过指针对所指向变量的访问，就是一种对变量的"间接访问"。

设一组指针变量 pa、pb、px、py、pm、pch1、pch2，分别指向上述的变量 a、b、x、y、m、ch1、ch2，指针变量也同样被存放在内存，二者的关系如图 8-2 所示。

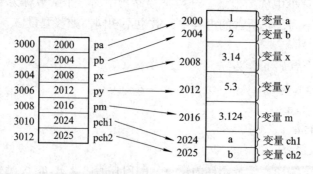

图 8-2　指针变量与变量在内存中的关系

在图 8-2 中，左部所示的内存存放了指针变量的值，该值给出的是所指变量的地址，通过该地址，就可以对右部描述的变量进行访问。如指针变量 pa 的值为 2000，是变量 a

在内存的地址。我们称指针变量 pa 指向变量 a，或者说 pa 是指向变量 a 的指针。变量的地址就是指针，存放指针的变量就是指针变量。

严格地说，一个指针是一个地址，是一个常量。而一个指针变量却可以被赋予不同的指针值，是变量。但也常把指针变量简称为指针。为了避免混淆，我们在本书中约定："指针"是指地址，是常量，"指针变量"是指取值为地址的变量。

8.1.2 指针变量的定义

在 C 程序中，存放地址的指针变量需专门定义，指针变量的一般定义形式为：

　　类型说明符 *变量名;

其中，*表示这是一个指针变量，"变量名"即为定义的指针变量名，"类型说明符"表示本指针变量所指向的变量的数据类型。

例如：int *p1;表示 p1 是一个指针变量，它的值是某个整型变量的地址。或者说 p1 指向一个整型变量。至于 p1 究竟指向哪一个整型变量，应由向 p1 赋予的地址来决定。

再如：

　　static int *p2;　　　　/*p2 是指向静态整型变量的指针变量*/

　　float *p3;　　　　　　/*p3 是指向浮点变量的指针变量*/

　　char *p4;　　　　　　/*p4 是指向字符变量的指针变量*/

应该注意的是，一个指针变量只能指向同类型的变量，如 p3 只能指向浮点变量，不能时而指向一个浮点变量，时而又指向一个字符变量。

8.1.3 指针变量的赋值

当定义指针变量时，指针变量的值是随机的，不能确定它具体的指向，必须为其赋值，才有意义。未经赋值的指针变量不能使用，否则将造成系统混乱，甚至死机。指针变量的赋值只能赋予地址，而不能赋予任何其他数据，否则将引起错误。在 C 语言中，变量的地址是由编译系统分配的，对用户完全透明，用户不知道变量的具体地址，因此，C 语言中提供了地址运算符&来表示变量的地址。

其一般形式为：

　　&变量名;

例如&a 表示变量 a 的地址，&b 表示变量 b 的地址。变量本身必须预先说明。设有指向整型变量的指针变量 p，如要把整型变量 a 的地址赋予 p 可以有以下两种方式：

(1) 指针变量初始化的方法：

　　int a;

　　int *p = &a;

(2) 赋值语句的方法：

　　int a;

　　int *p;

　　p=&a;

注意：不允许把一个数赋予指针变量，故下面的赋值是错误的：

```
int *p;
p=1000;
```

被赋值的指针变量前不能再加"*"说明符，例如上面(2)中赋值如写为*p=&a 也是错误的。

向一个指针变量赋值，就相当于让指针指向某一个变量的地址。

8.1.4 指针变量的引用

当一个指针指向一个变量时，程序就可以利用这个指针间接引用这个变量。间接引用的格式是：

　　*指针变量

【例 8.1】　用指针变量进行输入、输出。

源程序如下：

```
void main( )
{
    int    *p, m;
    printf("Please input a integer: \n");
    scanf ("%d", &m) ;
    p = &m;                /*指针 p 指向变量 m*/
    printf("%d",*p);       /*p 是对指针所指的变量的引用形式，与此 m 意义相同*/
}
```

程序运行结果：

```
Please input a integer:
43
43
```

上述程序可修改为：

```
void main( )
{
    int *p, m;
    p = &m ;
    printf("Please input a integer: \n");
    scanf ("%d",p ) ;       /*p 是变量 m 的地址，可以替换&m* /
    printf("%d",m);
}
```

运行效果完全相同。

请读者思考一下，若将程序修改为如下形式：

```
void main( )
{
    int *p,m;
    printf("Please input a integer: \n");
```

```
    scanf ("%d", p ) ;
    p = &m ;
    printf("%d", m);
}
```

会产生什么样的结果呢？此时运行结果为未知，因为在调用指针变量 p 之前没有对它进行赋值，所以，自然也无法对它所指向的变量进行赋值。

请再看下面的例子：

```
int i, j, *p;
p = & i;
*p = 100;
j = *p;
```

这里定义了整型变量 i、j 和指向整型的指针 p，第一个赋值 "p=&i;" 使 p 指向变量 i，结果如图 8-3(a)所示，第二个赋值 "*p = 100;" 将 100 送给 p 所指的那个变量，也就是送给了 i，如图 8-3(b)，这时*p 相当于一个整型量，因此，赋值 "j = *p;" 把 p 所指的变量中的内容送给 j，如图 8-3(c)。

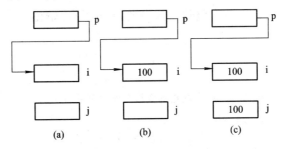

图 8-3　指针赋值示意图

事实上，若定义了变量以及指向该变量的指针为：

```
int a, *p;
```

若 p = &a; 则称 p 指向变量 a，或者说 p 具有了变量 a 的地址。在以后的程序处理中，凡是可以写&a 的地方，就可以替换成指针的表示 p，a 就可以替换成为* p。

8.2　指针运算符与指针表达式

8.2.1　指针运算符与指针表达式

指针变量可以进行某些运算，但其运算的种类是有限的，只能进行赋值运算和部分算术运算及关系运算，在 C 中有两个关于指针的运算符：

(1) 取地址运算符(&)。取地址运算符(&)是单目运算符，其结合性为自右至左，其功能是取变量的地址。在 scanf 函数及前面介绍指针变量赋值中，我们已经了解并使用了&运算符。

(2) 取内容运算符(*)。取内容运算符(*)是单目运算符，其结合性为自右至左，用来表示指针变量所指的变量。在 * 运算符之后跟的变量必须是指针变量。

运算符 & 与 * 的优先级相同，其结合性为自右至左，当有 p=&a，则有：

&*p   ⇔&(*p)   ⇔&a

&a   ⇔(&a)   ⇔a

需要注意的是指针运算符*和指针变量说明中的指针说明符 * 不是一回事。在指针变量说明中，"*"是类型说明符，表示其后的变量是指针类型。而表达式中出现的"*"则是一个运算符，用以表示指针变量所指的内容。

例如：

```
void void main( )
{
    int a=5,
    int *p=&a;              /*指针变量 p 取得了整型变量 a 的地址*/
    printf ("%d",*p);       /*输出 p 所指向的内容即变量 a 的值*/
}
```

【例 8.2】 从键盘输入两个整数，按由大到小的顺序输出。

源代码如下：

```
void main ( )
{
    int *p1,*p2,a,b,t;        /*定义指针变量与整型变量*/
    scanf ( "%d ,%d", &a, &b);
    p1 = &a ;                 /*使指针变量指向整型变量*/
    p2 = &b ;
    if ( *p1 < *p2 )          /*交换指针变量指向的整型变量*/
    {
        t = *p1 ;
        * p1 = *p2 ;
        * p2 = t ;
    }
    printf ( "%d, %d\n",a ,b ) ;
}
```

在程序中，当执行赋值操作 p1 = &a 和 p2 = &b 后，指针实实在在地指向了变量 a 与 b，这时引用指针*p1 与*p2，就代表了变量 a 与 b。

程序运行结果：

3, 4

4, 3

在程序运行过程中，指针与所指的变量之间的关系如图 8-4 所示。

当指针被赋值后，其在内存的存储如图 8-4(a)所示，当数据比较后进行交换，这时，指针变量与所指向的变量的关系如图 8-4(b)所示，在程序的运行过程中，指针变量与所指向的变量始终没变，改变的是指针变量指向地址的数据。

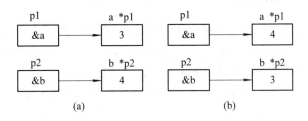

图 8-4　程序运行中指针与变量之间的关系

下面对程序做如下修改。

【例8.3】　修改例 8.2 程序。

源程序如下：

```
void main ()
{
    int *p1,*p2,a,b,*t;
    scanf("%d,%d", &a, &b) ;
    p1 = &a ;
    p2 = &b ;
    if ( *p1 < *p2)                /*指针交换指向*/
    {
        t = p1 ;
        p1 = p2 ;
        p2 = t ;
    }
    printf("%d ,%d\n", *p1,*p2) ;
}
```

程序的运行结果完全相同，但程序在运行过程中，实际存放在内存中的数据没有移动，而是将指向该变量的指针交换了指向。其示意如图 8-5 所示。

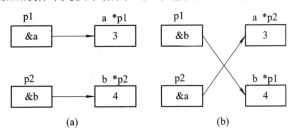

图 8-5　修改后的程序在运行中指针与变量之间的关系

当指针交换指向后，p1 和 p2 由原来指向的变量 a 和 b 改变为指向变量 b 和 a，这样一来，*p1 就表示变量 b，而*p2 就表示变量 a。在上述程序中，无论在何时，只要指针与所指向的变量满足 p=&a；我们就可以对变量 a 以指针的形式来表示。此时 p 等效于 &a，*p 等效于变量a。

8.2.2 指针变量作函数的参数

函数的参数可以是我们在前面学过的简单数据类型，也可以是指针类型。使用指针类型做函数的参数，实际向函数传递的是变量的地址。由于子程序中获得了所传递变量的地址，在该地址空间的数据当子程序调用结束后被物理地保留下来。

【例 8.4】 利用指针变量作为函数的参数，用子程序的方法再次实现例 8-2 的功能。

源程序如下：

```
void main ( )
{
    void change( );                  /*函数声明*/
    int *p1,*p2,a,b,*t;
    scanf("%d, %d", &a , &b);
    p1 = &a;
    p2 = &b;
    change (p1,p2);                  /*子程序调用*/
    printf("%d ,%d\n", *p1 ,*p2);
}
void change(int *pt1,int *pt2)       /*子程序实现将两数值调整为由大到小*/
{
    int t;
    if (*pt1<*pt2)                   /*交换内存变量的值*/
    {
        t = *pt1;
        *pt1 =*pt2;
        *pt2 = t ;
    }
    return 0;
}
```

由于在调用子程序时，实际参数是指针变量，形式参数也是指针变量，实参与形参相结合，传值调用将指针变量传递给形式参数 pt1 和 pt2。但此时传值传递的是变量地址，使得在子程序中 pt1 和 pt2 具有了 p1 和 p2 的值，指向了与调用程序相同的内存变量，并对其在内存存放的数据进行了交换，其效果与例 8-2 相同。请思考下面的程序，是否也能达到相同的效果。

```
void main ( )
{
    void change( );
    int *p1,*p2,a,b,*t;
    scanf ( "%d , %d" , &a, &b);
    p1 = &a ;
```

```
        p2 = &b ;
        change ( p1,p2);
        printf("%d ,%d\n", *p1, *p2);
    }
    void change(int *pt1, int *pt2)
    {
        int *t;
        if (*pt1<*pt2)
        {
            t = pt1;
            pt1 = pt2;
            pt2 = t;
        }
        return 0;
    }
```

　　程序运行结束，并未达到预期的结果，输出与输入完全相同。其原因是，对子程序来说，函数内部进行指针相互交换指向，而在内存存放的数据并未移动，子程序调用结束后，main()函数中 p1 和 p2 保持原指向，结果与输入相同。

8.3　指针变量与数组

　　通过前面的例子我们可以看到，需要返回单个变量的值时可以用指针传递变量的地址。如果一个数组中的元素需要在调用中改变，又该怎么做呢？在介绍数组作为函数参数时，我们介绍过一个数组名，实际上数组名就是数组在内存存放的首地址，所以使用数组名作为参数就可以了。下面我们详细讨论这个问题。

　　对于单个变量，即使是连续定义，如：

　　int a,b,c;

系统也不一定为它们分配连续的存储单元，如 a 可能分配 1000 单元，j 可能分配 2000 单元，而 c 可能分配 1500 单元，也就是说它们的存储单元是相互独立的。对于数组则不同，系统需要为所有元素安排连续的存储空间，如：

　　int a[5];

系统可能为它安排从 2000 开始的单元，这样 a[0]占据 2000 至 2003(假设 int 型占四个字节)，那么 a[1]占据 2004 和 2007 单元，a[2]占据 2008 和 2011 单元，a[3]占据 2012 和 2015 单元，a[4]占据 2016 和 2019 单元，如图 8-6 所示。

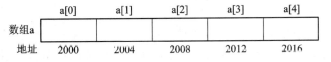

图 8-6　一维数据的存储形式

对于多维数组情况也是类似，如图 8-7 给出了一个二维数组

　　　　int b[5] [5];

的存储情况。

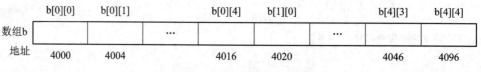

图 8-7　多维数据的存储形式

从上面的图中，我们可以看到，一个数组只要确定了它的起始地址，其余各个元素的地址就都是固定的，也就可以对数组中所有的元素进行操作了。当数组作为函数的参数时，我们只需要给出作为数组首地址的数组名就可以了。被调函数中对数组的任何改变都会影响到主调函数。

由于指针变量是用于存放变量的地址，可以指向变量，当然也可存放数组的首地址或数组元素的地址，这就是说，指针变量可以指向数组或数组元素，对数组而言，数组和数组元素的引用，也同样可以使用指针变量。下面就分别介绍指针与不同类型的数组。

8.3.1　指针与一维数组

前面我们已经看到，对于一个一维数组，系统会分配一个连续的存储空间，其数组名就是数组在内存的首地址。若我们定义一个指针变量，并将数组的首地址传给指针变量，那么该指针就指向了这个一维数组。对于一维数组的引用，既可以用传统的数组元素下标法，也可以使用指针的表示方法。例如：

　　　　int a[10] , *ptr;　　　/* 定义数组与指针变量* /

做赋值操作：

　　　　ptr = a; 或 ptr =&a[0];

则 ptr 就得到了数组的首址。其中，a 是数组的首地址，&a[0]是数组元素 a[0]的地址，由于 a[0]的地址就是数组的首地址，所以，两条赋值操作效果完全相同。指针变量 ptr 就是指向数组 a 的指针变量。

若 ptr 指向了一维数组，则 C 语言规定指针对数组的表示方法如下：

(1) ptr+n 与 a+n 表示数组元素 a[n]的地址，即&a[n]。对整个 a 数组来说，共有 10 个元素，n 的取值为 0～9，则数组元素的地址就可以表示为 ptr+0～ptr+9 或 a+0～a+9，与 &a[0]～&a[9]保持一致。

(2) 知道了数组元素的地址表示方法，*(ptr+n)和*(a+n)就表示为数组的各元素即等效于 a[n]。

(3) 指向数组的指针变量也可用数组的下标形式表示为 ptr[n]，其效果相当于 *(ptr+n)。

【例 8.5】　用下标法输入、输出数组各元素。

分析：从键盘输入 10 个数，以数组的不同引用形式输出数组各元素的值。

源程序如下：

```
# include <stdio.h>
void main( )
{
    int n, a[10] ;
    printf("1------input!\n");
    for (n = 0 ; n <= 9 ; n ++ )
        scanf("%d",&a[n]) ;
    printf("2------output!\n");
    for (n = 0 ; n <= 9 ; n++ )
        printf ("%d",a[n] ) ;
    printf ("\n") ;
}
```

程序运行结果：

```
1------input!
1  2  3  4  5  6  7  8  9  0
2------output!
1  2  3  4  5  6  7  8  9  0
```

【例 8.6】 采用指针变量表示的地址法输入输出数组各元素。

源程序如下：

```
# include<stdio.h>
void main( )
{
    int n,a[10],*ptr=a;        /*定义时对指针变量初始化*/
    printf("1------input!\n");
    for (n = 0 ; n <= 9 ; n ++ )
        scanf("%d", ptr + n) ;
    printf("2------output!\n");
    for (n = 0 ; n <= 9 ; n++ )
        printf ( "%d" , *(ptr + n)) ;
    printf ( "\n" ) ;
}
```

程序运行结果：

```
1------input!
1  2  3  4  5  6  7  8  9  0
2------output!
1  2  3  4  5  6  7  8  9  0
```

【例 8.7】 采用数组名表示的地址法输入输出数组各元素。

源程序如下：

```
# include<stdio.h>
void main ( )
{
    int n, a[10];
    printf("1------input!\n");
    for (n = 0 ; n <= 9 ; n ++ )
        scanf("%d", a+n ) ;
    printf("2------output!\n");
    for (n = 0 ; n <= 9 ; n++ )
        printf ("%d", *( a + n ) ) ;
    printf ("\n") ;
}
```

运行程序：

```
1------input!
1 2 3 4 5 6 7 8 9 0
2------output!
1 2 3 4 5 6 7 8 9 0
```

【例 8.8】 用指针表示的下标法输入输出数组各元素。

源程序如下：

```
# include<stdio.h>
void main ( )
{
    int n, a[10], *ptr = a;
    printf("1------input!\n");
    for (n = 0 ; n <= 9 ; n ++ )
        scanf("%d", &ptr[ n ] ) ;
    printf("2------output!\n");
    for (n = 0 ; n <= 9 ; n++ )
        printf ("%d" , ptr[ n ] ) ;
    printf ("\n") ;
}
```

程序运行结果：

```
1------input!
1 2 3 4 5 6 7 8 9 0
2------output!
1 2 3 4 5 6 7 8 9 0
```

【例 8.9】 利用指针法输入输出数组各元素。

源程序如下：

```
# include<stdio.h>
void main ( )
{
    int n, a[10], *ptr = a;
    printf("1------input!\n");
    for (n = 0 ; n <= 9 ; n ++ )
        scanf("%d", ptr++) ;
    ptr = a ;          /*指针变量重新指向数组首址*/
    printf("2------output!\n");
    for (n = 0 ; n <= 9 ; n++ )
        printf ("%d",*ptr++) ;
    printf ("\n") ;
}
```

程序运行结果:

1------input!

1 2 3 4 5 6 7 8 9 0

2------output!

1 2 3 4 5 6 7 8 9 0

下面我们再来看看*ptr++的含义,由于*与++具有相同的优先级,而且都是右结合的,因此*ptr++是先取*ptr 的值,然后 ptr 加 1 指向数组中的下一个元素,也就是说,表示指针所指向的变量地址加 1 个变量所占字节数,具体地说,若指向整型变量,则指针值加 2,若指向实型,则加 4,依此类推。因此在 printf ("%d", *ptr ++)中, *ptr ++所起作用为先输出指针指向的变量的值,然后指针变量加 1。

循环结束后,指针变量指向如图 8-8 所示。

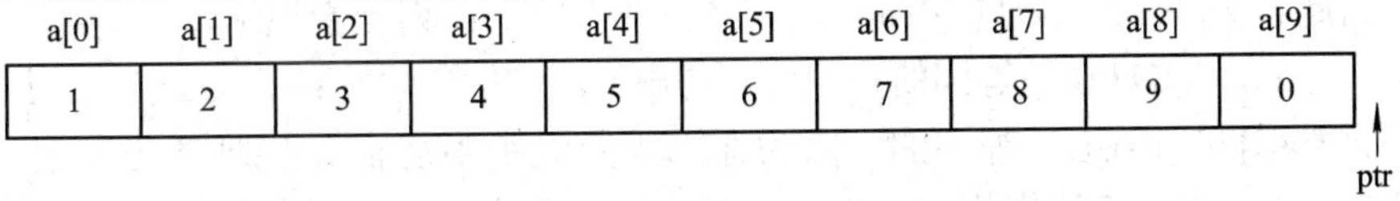

a[0]	a[1]	a[2]	a[3]	a[4]	a[5]	a[6]	a[7]	a[8]	a[9]
1	2	3	4	5	6	7	8	9	0

ptr

图 8-8　例 8.9 中循环结束后的指针变量

指针变量的值在循环结束后,指向数组的尾部的后面。假设元素 a[9]的地址为 1000,整型占 2 字节,则 ptr 的值就为 1002。

需要注意的是, *ptr ++与(*ptr) ++是不同的。(*ptr) ++表示取*ptr 的值,然后把这个值加 1。当*与 ++或者--一起使用时,尤其要注意搞清楚不同形式的含义。例如,有下面的语句:

ptr = &a[2];

则

(1)　*ptr++　　　取 a[2]的值,然后将 ptr 指向 a[3]

(2)　*++ptr　　　相当于 *(++ptr),先将 ptr 指向 a[3],然后取 a[3]的值

(3)　(*ptr) ++　　取 a[2]的值,然后加 1,相当于 a[2]+1

(4) --*ptr　　　相当于++(*ptr)，先取 a[2]的值然后减 1，相当于 a[2]-1

(5) *ptr--　　　取 a[2]的值，然后将 ptr 指向 a[1]

(6) *--ptr　　　相当于 *(--ptr)，先将 ptr 指向 a[1]，然后取 a[1]的值

8.3.2　指针与二维数组

设有整型二维数组 a[3][4]如下：

　　0　　1　　2　　3

　　4　　5　　6　　7

　　8　　9　　10　　11

设数组 a 的首地址为 1000，在第 5 章中介绍过，C 语言允许把一个二维数组分解为多个一维数组来处理。因此数组 a 可分解为三个一维数组，即 a[0]，a[1]，a[2]。每一个一维数组又含有四个元素。例如 a[0]数组，含有 a[0][0]，a[0][1]，a[0][2]，a[0][3]四个元素。其在内存中的存放如图 8-9 所示。

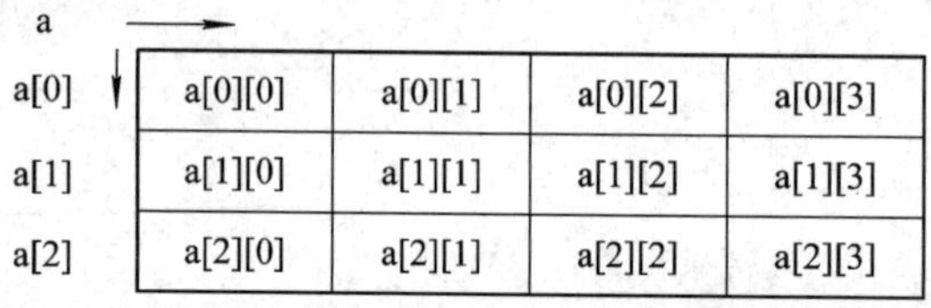

a[0]	a[0][0]	a[0][1]	a[0][2]	a[0][3]
a[1]	a[1][0]	a[1][1]	a[1][2]	a[1][3]
a[2]	a[2][0]	a[2][1]	a[2][2]	a[2][3]

图 8-9　二维数组在内存中的存放情况

a 是二维数组名，也是二维数组 0 行的首地址，等于 1000。a[0]是第一个一维数组的数组名和首地址，因此也为 1000。*(a+0)或*a 是与 a[0]等效的，它表示一维数组 a[0]第 0 号元素的首地址，也为 1000。&a[0][0]是二维数组 a 的 0 行 0 列元素首地址，同样是 1000。因此，a，a[0]，*(a+0)，*a，&a[0][0]是相等的。

同理，a+1 是二维数组 1 行的首地址，等于 1016。a[1]是第二个一维数组的数组名和首地址，因此也为 1016。&a[1][0]是二维数组 a 的 1 行 0 列元素地址，也是 1016。因此 a+1，a[1],*(a+1)，&a[1][0]是等同的。由此可得出：a+i，a[i]，*(a+i)，&a[i][0]是等同的。

此外，&a[i]和 a[i]也是等同的。因为在二维数组中不能把&a[i]理解为元素 a[i]的地址，不存在元素 a[i]。C 语言规定，它是一种地址计算方法，表示数组 a 第 i 行首地址。由此，我们得出：a[i]，&a[i]，*(a+i)和 a+i 也都是等同的。另外，a[0]也可以看成是 a[0]+0 是一维数组 a[0]的 0 号元素的地址，而 a[0]+1 则是 a[0]的 1 号元素地址，由此可得出 a[i]+j 则是一维数组 a[i]的 j 号元素地址，它等于&a[i][j]。由 a[i]=*(a+i)得 a[i]+j=*(a+i)+j，由于*(a+i)+j 是二维数组 a 的 i 行 j 列元素的地址，故该元素的值等于 *(*(a+i)+j)。

由于数组元素在内存中连续存放，给指向整型变量的指针传递数组的首地址，则该指针指向二维数组。

　　　　int *ptr, a[3][4];

若赋值 "ptr = a;" 则用 ptr++就能访问数组的各元素。ptr 指向二维数组 a 或指向第一个一维数组 a[0]，其值等于 a、a[0]或&a[0][0]等；而 ptr+i 则指向一维数组 a[i]。从前面的分析可得出*(ptr+i)+j 是二维数组 i 行 j 列的元素的地址，而*(*(ptr+i)+j))则是 i 行 j 列元素

的值。

【例8.10】 用地址法输入、输出二维数组各元素。

源程序如下：

```c
# include <stdio.h>
void main ( )
{
    int a[3][4];
    int i, j;
    printf("1------input!\n");
    for ( i = 0 ; i < 3 ; i++)          /*二维数组的行*/
        for ( j = 0 ; j < 4 ; j++)      /*二维数组的列*/
            scanf ("%d", a [ i ] + j ); /*地址法，用二维数组每行的首地址加上列号*/
    printf("2------output!\n");
    for ( i = 0 ; i < 3 ; i++)
    {
        for ( j = 0 ; j < 4 ; j++)
            printf("%d",*(a[i]+j));     /* *(a[i]+ j)是地址法所表示的数组元素*/
        printf ("\n") ;
    }
}
```

程序运行结果：

```
1------input!
1   3   5   7   9   11   13   15   17   19   21   23
2------output!
1   3   5   7
9   11   13   15
17   19   21   23
```

【例8.11】 用指针法输入输出二维数组各元素。

源程序如下：

```c
# include<stdio.h>
void main ( )
{
    int a[3][4],*ptr;
    int i,j;
    ptr = a[0] ;    /*指针初始化*/
    printf("1------input!\n");
    for( i = 0 ; i < 3 ; i++)
        for ( j = 0 ; j < 4 ; j++)
            scanf ( "%d", ptr++) ;      /*指针依次后移，将读取的值存入数组*/
```

```
        ptr = a[0] ;
        printf("2------output!\n");
        for ( i = 0 ; i < 3 ; i++)
        {
            for ( j = 0 ; j < 4 ; j++)
                printf ( "%d",* ptr++) ;        /*指针依次后移，读取数组各元素的值*/
            printf ("\n") ;
        }
    }
```

程序运行结果：

```
1------input!
1    3    5    7    9    11    13    15    17    19    21    23
2------output!
1    3    5    7
9    11    13    15
17    19    21    23
```

由上面的介绍可知，我们也可以把二维数组看作展开的一维数组，可将上面的例子改为：

```
void main ( )
{
    int a[3][4],*ptr;
    int i,j;
    ptr = a [ 0 ] ;
    printf("1------input!\n");
    for ( i = 0 ; i < 3 ; i++)
        for ( j = 0 ; j < 4 ; j++)
            scanf("%d", ptr++) ;        /*指针的表示方法*/
    ptr = a[ 0 ] ;
    printf("2------output!\n");
    for ( i = 0 ; i <12; i++)                /*所有元素按一维数组依次处理*/
        printf ("%d",*ptr++) ;
    printf ("\n") ;
}
```

程序运行结果：

```
1------input!
1    3    5    7    9    11    13    15    17    19    21    23
2------output!
1    3    5    7
9    11    13    15
17    19    21    23
```

8.3.3　数组指针作函数的参数

学习了指向一维和二维数组指针变量的定义和正确引用之后，下面我们来看看如何使用指针变量作为函数的参数。

例如求数组中的最大值。首先假设一维数组中下标为 0 的元素是最大并用指针变量指向该元素。后续元素与该元素一一比较，若找到更大的元素，就替换。子程序的形式参数为一维数组，实际参数是指向一维数组的指针。

【例 8.12】　求一维数组中的最大值。

源程序如下：

```
# include <stdio.h>
void main ( )
{
    int sub_max();                /*函数声明*/
    static int a[10] = {2,5,3,6,7,9,8,0,1,4};
    int *ptr=a;                   /*定义变量，并使指针指向数组*/
    int max;
    max = sub_max( ptr , 10 ) ;   /*函数调用，其实参是指针*/
    printf ( " max = %d\n " , max);
}
int sub_max(b, i)                 /*函数定义，其形参为数组*/
int b[], i;
{
    int temp, j;
    temp = b [ 0 ] ;
    for( j = 1 ; j <= i-1 ; j++ )
     {
            if(temp<b[j])
                temp=b[j];
     }
     return temp;
}
```

程序的 main()函数部分定义数组 a 共有 10 个元素，由于将其首地址传给了 ptr，则指针变量 ptr 就指向了数组，调用子程序，再将此地址传递给子程序的形式参数 b，这样一来，b 数组在内存中与 a 数组具有相同地址，即在内存中完全重合。在子程序中对数组 b 的操作，与操作数组 a 意义相同。

程序运行结果：

max = 9

上述程序也可采用指针变量作子程序的形式参数：

```
#include <stdio.h>
void main ( )
{
    int sub_max( );
    static int a[10] = {2,5,3,6,7,9,8,0,1,4};
    int n, *ptr=a;
    int max;
    max = sub_max (ptr , 10) ;
    printf ( " max = %d\n " , max);
}
int sub_max(b,i)                    /*形式参数为指针变量*/
int *b,i;
{
    int temp,j;
    temp = b[ 0 ] ;                 /*数组元素指针的下标法表示*/
    for ( j = 1 ; j <= i - 1 ; j++ )
    {
        if(temp<b[j])
            temp=b[j];
    }
    return temp;
}
```

　　在子程序中，形式参数是指针，调用程序的实际参数 ptr 为指向一维数组 a 的指针，虚实结合，子程序的形式参数 b 得到 ptr 的值，指向了内存的一维数组。数组元素采用下标法表示，即一维数组的头指针为 b，数组元素可以用 b[j]表示。

　　程序运行结果：

　　max = 9

　　数组元素还可以用指针表示：

```
#include <stdio.h>
void main ( )
{
    int sub_max( );
    static int a[10] = {2,5,3,6,7,9,8,0,1,4};
    int n,*ptr=a;
    int max;
    max = sub_max (ptr , 10) ;
    printf ( " max = %d\n " , max);
}
int sub_max(b,i)                    /*子程序定义*/
```

```
int *b,i;
{
    int temp, j;
    temp = *b++ ;
    for( j = 1 ; j <= i - 1 ; j++ )
    {
        if(temp<*b)
            temp=*b++;
    }
    return temp;
}
```

在程序中，赋值语句"temp=*b++;"可以分解为"temp=*b;"和"b++;"两句，先执行"temp = * b;"，后执行"b++;"，程序的运行结果与上述完全相同。

【例 8.13】 用指向数组的指针变量实现一维数组的由小到大的冒泡排序。编写三个函数用于输入数据、数据排序、数据输出。

分析：例 6.4 中讲解了使用数组变量实现的冒泡排序和选择排序法，本例使用指向数组的指针变量实现一维数组的由小到大的冒泡排序。

若相邻元素表示为 a[j]和 a[j+1]，用指针变量 p 指向数组，则相邻元素表示为*(p+j)和*(p+j+1)。程序实现如下：

```
# include<stdio.h>
#define N 10
void main ()
{
    void input();                /*函数声明*/
    void sort();
    void output();
    int a[N],*p;                 /*定义一维数组和指针变量*/
    input (a ,N );               /*数据输入函数调用，实参 a 是数组名*/
    p = a ;                      /*指针变量指向数组的首地址*/
    sort ( p,N );                /*排序，实参 p 是指针变量*/
    output ( p,N );              /*输出，实参 p 是指针变量*/
}
void input(arr,n)                /*无需返回值的输入数据函数定义，形参 arr 是数组*/
int arr[ ],n;
{
    int i;
    printf("Please input data:\n");
    for ( i = 0 ; i < n; i++ )   /*采用传统的下标法*/
    scanf ("%d",&arr[i] ) ;
```

```
        }
    void sort(ptr,n)                          /*冒泡排序，形参 ptr 是指针变量*/
    int *ptr, n;
    {
        int i, j, t;
        for ( i = 0 ; i < n - 1 ; i++ )
            for ( j = 0 ; j < n - 1 - i ; j++ )
                if (*(ptr+j)>*(ptr+j+1))       /*相邻两个元素进行比较*/
                {
                    t = * (ptr + j ) ;          /*两个元素进行交换*/
                    * (ptr + j ) = * (ptr + j + 1);
                    * (ptr + j + 1 ) = t ;
                }
    }
    void output(arr ,n)                        /*数据输出*/
    int arr[ ],n;
    {
        int i,*ptr=arr;                         /*利用指针指向数组的首地址*/
        printf("output data:\n");
        for ( ; ptr- arr < n ; ptr++ )          /*输出数组的 n 个元素*/
            printf ( "%d " , *ptr) ;
        printf ( "\n" ) ;
    }
```

运行程序：

Please input data:

1　3　5　7　9　3　　6　8　12　10

output data:

1　3　3　5　6　7　8　9　10　12

　　由于 C 程序的函数调用是采用传值调用，即实际参数与形式参数相结合时，实参将值传给形式参数，所以当我们利用函数来处理数组时，如果需要对数组在子程序中修改，只能传递数组的地址，进行传地址的调用，在内存相同的地址区间进行数据的修改。

　　在实际的应用中，如果需要利用子程序对数组进行处理，函数的调用利用指向数组（一维或多维）的指针作参数，无论是实参还是形参共有下面 4 种情况，如表 8.1 所示。

表 8.1　指向指针的数组做参数的情况

	实　参	形　参
1	数组名	数组名
2	数组名	指针变量
3	指针变量	数组名
4	指针变量	指针变量

【例 8.14】 求解二维数组中的最大值及该值在二维数组中的位置。

分析：我们知道，二维数组在内存中是按行存放的，假定我们定义二维数组和指针如下：

> int a[3][4]，* p = a [0] ;

则指针 p 就指向二维数组。其在内存的存放情况如图 8-10 所示。

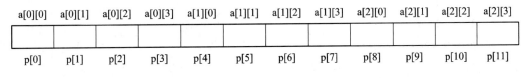

图 8-10 例 8.14 中二维数组在内存中的存放

从上述存放情况来看，若把二维数组的首地址传递给指针 p，则映射过程如图 8-10 所示。我们只要找到用 p 所表示的一维数组中最大的元素及下标，就可转换为在二维数组中的行列数。

源程序如下：

```
# include<stdio.h>
void main ( )
{
    int a[3][4],*ptr,i,j,max,maxi,maxj;
        /*max 是数组的最大值，maxi 是最大元素所在行，maxj 是最大元素所在列*/
    for ( i = 0 ; i < 3 ; i++ )
        for ( j = 0 ; j < 4 ; j++ )
            scanf ( "%d" , &a[i][j] ) ;
    ptr = a [ 0 ] ;                    /*将二维数组的首地址传递给指针变量*/
    max_arr ( ptr , &max , &maxi , 12 ) ;
    maxj= maxi % 4 ;                   /*每行有四个元素，求该元素所在列*/
    maxi = maxi / 4 ;                  /*求该元素所在行*/
    printf("max=%d, maxi=%d, maxj=%d", max, maxi, maxj);
}
int max_arr(b,p1,p2,n)
int *b,*p1,*p2,n;                      /*b 指向二维数组的指针，p1 指向最大值，p2 指向最大值在
                                         一维数组中的位置，n 是数组的大小*/
{
    int i;
    *p1=b[0]; *p1=0;
        for ( i = 1 ; i < n ; i++ )    /*找最大值*/
            if (b[i]>*p1)
            {
                *p1=b[i];
```

```
            *p2= i;
        }
    }
}
```

程序运行结果：

```
4  7  8  9
3  7  9  3
1  5  2  6
max=9, maxi=0, maxj=3
```

8.4 字 符 指 针

8.4.1 字符指针的定义和使用

要访问一个字符串，在 C 语言中可以用两种方法实现。

(1) 用字符数组存放一个字符串，然后输出该字符串。

【例 8.15】 利用数组实现字符串的输出。

源程序如下：

```
void main(){
    char s[]="Hello world! ";
    printf("%s\n",s);
}
```

程序中，字符串的字符与数组元素的对应关系如图 8-11 所示，s 是数组名，它代表字符数组的首地址。

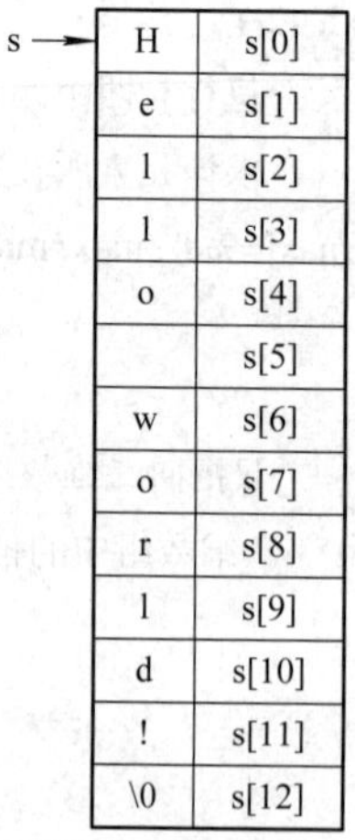

s →	H	s[0]
	e	s[1]
	l	s[2]
	l	s[3]
	o	s[4]
		s[5]
	w	s[6]
	o	s[7]
	r	s[8]
	l	s[9]
	d	s[10]
	!	s[11]
	\0	s[12]

图 8-11 字符数组的存放

(2) 用字符串指针指向一个字符串，然后输出该字符串。

【例 8.16】 使用字符串指针实现字符串的输出。

源程序如下：

```
void main()
{
    char *s= "Hello world!";
    printf("%s\n",s);
}
```

图 8-12　字符数组的存放

程序中，指针 s 和字符串的对应关系如图 8-12 所示。

值得注意的是：字符串指针变量的定义说明与指向字符变量的指针变量说明是相同的，二者只能通过对指针变量的赋值不同来区别。

① 对指向字符变量的指针变量赋值，是赋予该字符变量的地址。

如：

```
char c,*p=&c;
```

表示 p 是一个指向字符变量 c 的指针变量。

② 字符串指针变量的赋值，是把字符串的首地址赋予该指针。

如：

```
char *ps="C Language";
```

等效于：

```
char *ps;
ps="C Language";
```

【例 8.17】　用指向字符串的指针变量实现字符串的复制。

字符串的复制要注意的是：若将串 1 复制到串 2，一定要保证串 2 的长度大于或等于串 1。

源程序如下：

```
# include <stdio.h>
void main ( )
{
    char str1[30],str2[20],*ptr1=str1,*ptr2=str2;
    printf("input str1:");
    gets (str1) ;                              /*输入 str1 */
    printf("input str2:");
    gets (str2) ;                              /*输入 str2 */
    printf ( "str1 - - - - - - - - - - - - - str2 \ n " ) ;
    printf ( "% s . . . . . . .%s\n " , ptr1, ptr2) ;
    while(*ptr2)
        *ptr1++=*ptr2++;                       /*字符串复制*/
    * ptr1 = '\0' ;                            /*写入串的结束标志*/
    printf ("str1 - - - - - - - - - - - - str2 \ n ") ;
    printf ("%s . . . . . . . %s\n", str1 , str2) ;
}
```

在程序的说明部分，定义的字符指针指向字符串。语句

  while(*ptr2)

  *ptr1++=*ptr2++;

先测试表达式的值，若指针指向的字符是 "\0"，该字符的 ASCII 码值为 0，表达式的值为 0(假)，循环结束；若表达式的值非 0(真)，则执行循环*ptr1++=*ptr2++。语句* ptr1++按照运算优先级别，先算* ptr1，再算 ptr1++。

程序运行结果：

  input str1: I love China!

  input str2: I love Chengdu!

  str1 - - - - - - - - - - - - - - - - - - - str2

  I love China! .... I love Chengdu!

  str1 - - - - - - - - - - - - - - - - - - - str2

  I love Chengdu! .... I love Chengdu!

思考：如果修改程序中语句"printf("%s.......%s\n",str1,str2);"为"printf("%s.......%s\n", ptr1, ptr2);"，会出现什么结果呢？

【例 8.18】 用指向字符串的指针变量处理两个字符串的合并。

源程序如下：

```
# include<stdio.h>
void main ( )
{
    char str1[50],str2[20],*ptr1=str1,*ptr2=str2;
    printf ( "input str1:");
    gets( str1 ) ;
    printf ( "input str2:");
    gets (str2 ) ;
    printf ( " str1 - - - - - - - - - - - str2\n") ;
    printf ( "%s ............... %s\n " , ptr1, ptr2) ;
    while(*ptr1)
        ptr1++;                      /*移动指针到串尾*/
    while(*ptr2)
        *ptr1++=*ptr2++;             /*串连接*/
    * ptr1 = '\0' ;                  /*写入串的结束标志*/
    ptr1=str1; ptr2=str2;
    printf ( "str1- - - - - - - - - - - - - - - - - - str2\n" ) ;
    printf ( "%s ....... %s\n", ptr1, ptr2) ;
}
```

程序运行结果：

  input str1: I love China!

  input str2: I love Chengdu!

  str1 - str2

I love China! .... I love Chengdu!

str1 - str2

I love China! I love Chengdu! ...... I love Chengdu!.

需要注意的是，串复制时，串 1 的长度应大于等于串 2；串连接时，串 1 的长度应大于等于串 1 与串 2 的长度之和。

8.4.2　字符串指针用作函数参数

指针可以作为形参，同样指针也可以作为实参。可以使用字符指针作为参数来传递字符串。

【例 8.19】　用字符指针作为参数，在主调函数与被调函数之间传递字符串。

源程序如下：

```
void main( )
{
    void str_cpy( );
    char s[20] = "How do you do?",*s1,*s2;
    s1 = "Good morning!";
    s2 = s;
    printf("The original string:\n");
    printf("%s\n%s\n",s1,s2);
    str_cpy(s2,s1);
    printf("The result string:\n");
    printf("%s\n%s\n",s1,s2);
}
void str_cpy(s,t)
char *s,*t;
{
    while((*s =*t) != '\0')
    {
        s++ ;
        t++ ;
    }
}
```

程序运行结果：

```
The original string:
Good morning!
How do you do?
The result string:
Good morning!
Good morning!
```

在主调函数中，字符指针 s1 指向字符串"Good morning!"的起始地址，字符指针 s2 指向字符串"How do you do?"，情况如图 8-13(a)所示。当函数 str_cpy 被调用时，s1、s2 作为参数传递给形参 t 和 s，如图 8-13(b)所示。while 中的赋值将 t (也是 s1)所指的地址中的内容送到相应的 s 也就是(s2)所指的地址中去，两个指针同时移动，当*t 为 '\0' 时，赋值表达式*s =*t 的值也为 '\0'，这时循环结束。内存中的情形如图 8-13(c)所示。

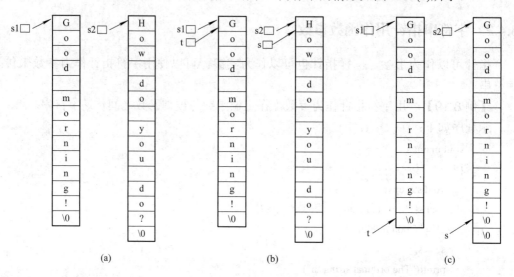

图 8-13　例 8.19 中内存情况

C 语言中常常把程序写得紧凑，例如 str_cpy 函数也可以写成

```
void str_cpy(s,t)
char *s,*t;
{
        while ((*s++ = *t++)!='\0');
}
```

即把指针的移动和赋值合并在一个语句中。*t++的值是在 t 加 1 之前所指的字符，后缀++在引用了字符值之后才改变 t 的指向，同样*s++在 s 加 1 之前，字符存入原来 s 所指的位置，此字符同样与 '\0' 比较来控制循环，最后的结果是把字符串(连同 '\0')一起写到了 s 所指的地方。由于指针变量的加 1 运算放到了循环测试部分，所以循环体只需要一个空语句就可以了。

进一步分析还可发现 '\0' 的 ASCII 码为 0，对于 while 语句只看表达式的值为非 0 就循环，为 0 则结束循环，因此也可省去"!= '\0' "这一判断部分，而写为以下形式：

```
void str_cpy(s,t)
char *s,*t;
{
        while (*s++=*t++);
}
```

表达式的意义可解释为，源字符向目标字符赋值，移动指针，若所赋值为非 0 则循环，否则结束循环。这样使程序更加简洁。

8.4.3　字符指针与字符数组

用字符数组和字符指针变量都可实现字符串的存储和运算，但是两者是有区别的。在使用时应注意以下几个问题：

(1) 字符串指针变量本身是一个变量，用于存放字符串的首地址，而字符串本身是存放在以该首地址为首的一块连续的内存空间中并以 '\0' 作为串的结束。字符数组是由若干个数组元素组成的，它可用来存放整个字符串。

(2) 对字符数组作初始化赋值，必须采用外部类型或静态类型，如："static char st[]={"C Language"};"，而对字符串指针变量则无此限制，如："char *ps="C Language";"。

(3) 对字符指针方式：

  char *ps="C Language";

可以写为

  char *ps;

  ps="C Language";

而对字符数组方式：

  static char st[ ]={"C Language"};

不能写为

  char st[20];

  st={"C Language"};

C 语言不允许向一个字符数组赋值，但可以通过字符串拷贝来完成赋值操作。如：

  char st[20];

  str_cpy(st，"C Language");

str_cpy 也是对字符数组的各元素逐个赋值的。

从以上几点可以看出字符串指针变量与字符数组在使用时的区别，同时也可看出使用指针变量更加方便。前面说过，当一个指针变量在未取得确定地址前使用是危险的，容易引起错误，但是对指针变量直接赋值是可以的。因为 C 系统对指针变量赋值时要给以确定的地址，因此，

  char *ps="C Language";

或者

   char *ps;

  ps="C Language";

都是合法的。

8.5　函数与指针

8.5.1　指针型函数

一个函数总具有一定的类型，也就是它返回值的类型。在 C 语言中，函数可以返回

整型、浮点型等，也可以返回一个指针值。这种返回指针值的函数称为指针型函数。定义指针型函数的一般形式为：

```
类型说明符 *函数名(参数表)
{
…… /*函数体*/
}
```

其中"函数名"前面加了"*"号表明这是一个指针型函数，即返回值是一个指针。"类型说明符"表明返回的指针值所指向的数据类型。

例如，对例 7.12 的程序作修改，要求在子程序中不仅找最大元素，同时还要将元素的下标记录下来。写一个函数

```
int *max(a, n)
```

让它返回数组 a 中最大值元素的地址。

源程序如下：

```
# include <stdio.h>
void main ( )
{
    int *max();                    /*函数声明*/
    static int a[10] = {2,5,3,6,7,9,8,0,1,4};
    int *s;
    s = max ( a , 10 ) ;           /*函数调用*/
    printf ( " max = %d , index = %d\n " , * s , s - a ) ;
}
int *max(a, n)                     /*定义返回指针的函数*/
int *a, n;
{
    int *p,*t;                     /*p 用于跟踪数组，t 用于记录最大值元素的地址*/
    for ( p = a , t = a ; p - a < n ; p++ )
        if(*p>*t)    t = p;
    return t;
}
```

在 max()函数中，用 p-a< n 来控制循环结束，a 是数组首地址，p 用于跟踪数组元素的地址，p-a 正好是所跟踪元素相对数组头的距离，或者说是所跟踪元素相对数组头的元素个数，所以在 main()中，最大元素的下标就是该元素的地址与数组头的差，即 s-a。

程序运行结果：

```
max = 9, index = 5
```

8.5.2　函数指针变量

在 C 语言中规定，一个函数总是占用一段连续的内存区，而函数名就是该函数所占内存区的首地址。我们可以把函数的这个首地址(或称入口地址)赋予一个指针变量，使该

指针变量指向该函数，然后通过指针变量就可以找到并调用这个函数。我们把这种指向函数的指针变量称为"函数指针变量"。

函数指针变量定义的一般形式为：

　　　　类型说明符 (*指针变量名)( );

其中"类型说明符"表示被指函数的返回值的类型。"(*指针变量名)"表示"*"后面的变量是定义的指针变量。最后的空括号表示指针变量所指的是一个函数。例如：

　　　　int (*pf)( );

表示 pf 是一个指向函数入口的指针变量，该函数的返回值(函数值)是整型。

前面介绍了求两个数中较大的数的方法，下面通过用指针变量实现对函数调用的方法来重新实现这一功能。

源程序如下：

```
1    int max(int a,int b)
2    {
3        if(a > b)
4            return a;
5        else
6            return b;
7    }
8    void main( )
9    {
10       int max(int a,int b);
11       int(*pmax)( );
12       int x,y,z;
13       pmax = max;
14       printf("input two numbers:\n");
15       scanf("%d%d",&x,&y);
16       z = (*pmax)(x,y);
17       printf("maxmum = %d",z);
18   }
```

从上述程序可以看出，用函数指针变量形式调用函数的步骤如下：

(1) 先定义函数指针变量，如上面程序中第 11 行"int (*pmax)();"定义 pmax 为函数指针变量。

(2) 把被调函数的入口地址(函数名)赋予该函数指针变量，即给指针变量赋初值。如程序中第 13 行"pmax = max;"。

(3) 用函数指针变量形式调用函数，如程序第 16 行"z = (*pmax)(x,y);"。

调用函数的一般形式为：

　　　　(*指针变量名) (实参表)

使用函数指针变量还应注意以下两点：

① 函数指针变量不能进行算术运算，这是与数组指针变量不同的。数组指针变量加减一个整数可使指针移动指向后面或前面的数组元素，而函数指针的移动是毫无意义的。

② 函数调用中"(*指针变量名)"的两边的括号不可少，其中的*不应该理解为求值运算，在此处它只是一种表示符号。

应特别注意的是函数指针变量和指针型函数这两者在写法和意义上的区别。如 int(*p)()和 int *p()是两个完全不同的量。int(*p)()是一个变量说明，说明 p 是一个指向函数入口的指针变量，该函数的返回值是整型量，(*p)的两边的括号不能少。int *p()则不是变量说明而是函数说明，说明 p 是一个指针型函数，其返回值是一个指向整型量的指针，*p 两边没有括号。作为函数说明，在括号内最好写入形式参数，这样便于与变量说明区别。对于指针型函数定义，int *p()只是函数头部分，一般还应该有函数体部分。

8.6　指针数组和指向指针变量的指针

8.6.1　指针数组

因为指针型变量也是变量，因此，我们可以把多个指针变量组织起来构成一个指针数组。指针数组的定义形式为：

　　类型说明符　*数组名[数组长度]

其中，类型说明符为指针值所指向的变量的类型。如

　　int *p[10];

定义了一个指针数组，它的每一个元素(a[0]～a[9])都是一个指针，指向整型变量。通常可以用一个指针数组来指向一个二维数组，指针数组中的每个元素被赋予二维数组每一行的首地址，因此可以理解为指向一个一维数组。

注意：指针数组的所有元素都必须是具有相同存储类型和指向相同数据类型的指针变量。看下面的例子：

```
int a[3][3]={1,2,3,4,5,6,7,8,9};
int *pa[3]={a[0],a[1],a[2]};
int *p=a[0];
void main( )
{
    int i;
    for(i=0;i<3;i++)
        printf("%d,%d,%d\n",a[i][2-i],*a[i],*(*(a+i)+i));
    for(i=0;i<3;i++)
        printf("%d,%d,%d\n",*pa[i],p[i],*(p+i));
}
```

程序运行结果：

```
3    1    1
5    4    5
7    7    9
```

```
1    1    1
4    2    2
7    3    3
```

在上面的程序中，pa 是一个指针数组，三个元素分别指向二维数组 a 的各行，然后用循环语句输出指定的数组元素。其中*a[i]表示 i 行 0 列元素值；*(*(a+i)+i)表示 i 行 i 列的元素值；*pa[i]表示 i 行 0 列元素值；由于 p 与 a[0]相同，故 p[i]表示 0 行 i 列的值；*(p+i)表示 0 行 i 列的值。读者可仔细领会元素值的各种不同的表示方法。

【例 8.20】　要求输入 5 个国名并按字母顺序排列后输出。

程序实现如下：

```c
#include "string.h"
void main( )
{
    void sort(char *name[],int n);
    void print(char *name[],int n);
    static char *name[]={ "CHINA","AMERICA","AUSTRALIA",
    "RUSSIA","GERMAN"};
    int n=5;
    sort(name,n);
    print(name,n);
}
void sort(char *name[],int n)
{
    char *pt;
    int i,j,k;
    for(i=0;i<n-1;i++)
    {
        k=i;
        for(j=i+1;j<n;j++)
        if(strcmp(name[k],name[j])>0) k=j;
        if(k!=i)
        {
            pt=name[i];
            name[i]=name[k];
            name[k]=pt;
        }
    }
}
void print(char *name[],int n)
{
    int i;
```

```
        for (i=0;i<n;i++)
            printf("%s\n",name[i]);
    }
```
程序运行结果:

AMERICA

AUSTRALIA

CHINA

GERMAN

RUSSIA

在以前的例子中采用了普通的排序方法,逐个比较之后交换字符串的位置。交换字符串的物理位置是通过字符串复制函数完成的。反复地交换将使程序执行的速度很慢,同时由于各字符串(国名) 的长度不同,又增加了存储管理的负担。用指针数组能很好地解决这些问题。把所有的字符串存放在一个数组中,把这些字符数组的首地址放在一个指针数组中,当需要交换两个字符串时,只需交换指针数组相应两元素的内容(地址)即可,而不必交换字符串本身。

程序中定义了两个函数,一个名为 sort 完成排序,其形参为指针数组 name,即为待排序的各字符串数组的指针,形参 n 为字符串的个数;另一个函数名为 print,用于排序后字符串的输出,其形参与 sort 的形参相同。主函数 main 中,定义了指针数组 name 并作了初始化赋值,然后分别调用 sort 函数和 print 函数完成排序和输出。值得说明的是在 sort 函数中,对两个字符串比较,采用了 strcmp 函数,strcmp (str1, str2)函数可以对两个字符串进行比较,函数的返回值大于 0、等于 0、小于 0 分别表示串 str1 大于 str2、str1 等于 str2、str1 小于 str2。strcmp 函数允许参与比较的串以指针方式出现。name[k]和 name[j]均为指针,因此是合法的。字符串比较后需要交换时,只交换指针数组元素的值,而不交换具体的字符串,这样将大大减少时间的开销,提高了运行效率。

8.6.2 指向指针的指针变量

一个指针变量可以指向整型变量、实型变量、字符型变量,当然也可以指向指针类型变量。当指针变量用于指向指针类型变量时,我们称之为指向指针的指针变量。

指向指针的指针变量定义如下:

    类型说明符 ** 指针变量名

例如,

    int x = 4;

    int *p1;

    int **p2;

    p1 = &x;

    p2 = &p1;

上面的程序中定义了两个指针,一个是指向整型变量 x 的指针 p1,一个是指向指针 p1 的指针变量 p2。它们之间的指向关系可以用图 8-14 来说明。

图 8-14　双重指针

如果要获得 x 的值，可以通过 x 直接访问，也可以通过指向 x 的指针 p1 间接访问，例如"*p1;"，还可以通过 p2 进行两次间接访问，如"**p2;"，由于 p2 是个指向整型指针的指针，对它做一次间接访问*p2 得到的是指向整型的指针，也就是 p1，再次间接访问*(*p2)就得到 x 的值了。

下面看下指向指针的指针变量的正确引用。

【例 8.21】　用指向指针的指针变量访问一维和二维数组。

源程序如下：

```c
#include <stdio.h>
#include <stdlib.h>
void main ( )
{
    int a[10],b[3][4],*p1,*p2,**p3,i,j;      /* *p3 是指向指针的指针变量*/
    for ( i = 0 ; i < 10 ; i++ )
        scanf( "%d " , &a[ i ] );            /*一维数组的输入*/
    for (i=0;i<3;i++)
        for (j = 0 ; j<4 ; j++)
            scanf ("%d",&b[i] [j] );         /*二维数组输入*/
    for (p1=a,p3=&p1,i=0; i<10; i++)
        printf ("%4d" , *(*p3 +i));          /*用指向指针的指针变量输出一维数组*/
    printf ("\n") ;
    for (p1=a; p1-a<10; p1++)                /*用指向指针的指针变量输出一维数组*/
    {
        p3 = &p1 ;
        printf("%4d",**p3);
    }
    printf ( "\n" ) ;
    for ( i = 0 ; i < 3 ; i++ )              /*用指向指针的指针变量输出二维数组*/
    {
        p2 = b [ i ] ;
        p3 = & p2 ;
        for (j=0;j<4;j++)
            printf ( " % 4 d " , * ( * p3 + j ) ) ;
        printf ( "\n" ) ;
    }
    for (i=0; i<3;i++)                       /*用指向指针的指针变量输出二维数组*/
```

```
    {
        p2 = b[i];
        for (p2 = b[i]; p2-b[i]<4;p2++)
        {
            p3 = &p2;
            printf ("%4d",**p3);
        }
        printf ("\n") ;
    }
}
```

程序的存储示意如图 8-15 所示，对一维数组 a 来说，若把数组的首地址即数组名赋给指针变量 p1，p1 就指向数组 a，数组的各元素用 p1 表示为*(p1+i)，也可以简化为*p1+i 表示。如果继续将 p3=&p1，则将 p1 的地址传递给指针变量 p3，*p3 就是 p1。用 p3 来表示一维数组的各元素，只需要将用 p1 表示的数组元素*(p1+i)中的 p1 换成* p3 即可，表示为*(*p3+i)。

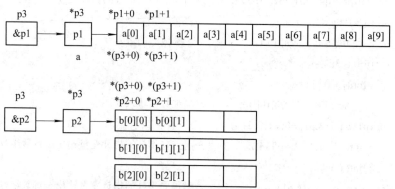

图 8-15　例 8.21 程序存储示意图

同样，对二维数组 b 来说，b[i]表示第 i 行首地址，将其传递给指针变量 p2，使其指向该行。该行的元素用 p2 表示为* (p2+i)。若作 p3=& p2，则表示 p3 指向 p2，用 p3 表示的二维数组第 i 行元素为* (*p3+i)。这与程序中的表示完全相同。

程序运行结果：

```
0  1  2  3  4  5  6  7  8  9
1  3  5  7
2  4  6  8
5  7  9  2
0  1  2  3  4  5  6  7  8  9
0  1  2  3  4  5  6  7  8  9
1    3    5    7
2    4    6    8
11   13   16   19
1    3    5    7
```

```
2    4    6    8
11   13   16   19
```

8.6.3　main 函数的参数

指针数组或指向指针的指针的最重要的应用是作为主函数 main 的形式参数。在前面介绍的 main 函数都是不带参数的，因此 main 后的括号都是空括号。实际上，main 函数可以带参数，这个参数可以认为是 main 函数的形式参数。C 语言规定 main 函数的参数只能有两个，一个是整型量，一般用 argc 表示，它表示命令行参数的个数；另外一个是指针数组或指向指针的指针，一般用 argv 表示，用于存放各命令行参数的内容。因此，加上形参说明后，main 函数的函数头应写为：

　　　　main (argc,argv)

　　　　int argv;

　　　　char *argv[];

或写成：

　　　　main (int argc,char *argv[])

由于 main 函数不能被其他函数调用，因此不可能在程序内部取得实际值。那么，在何处把实参值赋予 main 函数的形参呢？实际上，main 函数的参数值是从操作系统命令行上获得的。当要运行一个可执行文件时，在 DOS 提示符下键入文件名，再输入实际参数即可把这些实参传送到 main 的形参中去。

DOS 提示符下命令行的一般形式为：

　　　　C:\>可执行文件名　参数　参数……;

但是应该特别注意的是，main 的两个形参和命令行中的参数在位置上不是一一对应的。因为，main 的形参只有两个，而命令行中的参数个数原则上未加限制。argc 参数表示了命令行中参数的个数(注意：文件名本身也算一个参数)，argc 的值是在输入命令行时由系统按实际参数的个数自动赋予的。

设命令行为：

　　　　program str1 str2 str3 str4 str5

其中 program 为文件名，也就是一个由 program.c 经编译、链接后生成的可执行文件 program.exe，其后各跟 5 个参数。对 main( )函数来说，它的参数 argc 记录了命令行中命令与参数的个数，共 6 个。指针数组的大小由参数 argc 的值决定，即为 char *argv [6]，数组元素初值由系统自动赋予。指针数组的取值情况如图 8-16 所示。

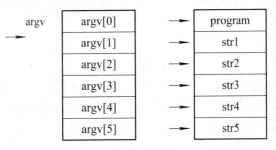

图 8-16　指针数组取值

数组的各指针分别指向一个字符串。应当引起注意的是接收到的指针数组的各指针是从命令行的开始接收的，首先接收到的是命令，其后才是参数。

关于带参数的 main 函数的使用，请看下面的简单例子：

```
void main(int argc,char *argv)
{
    while(argc-->1)
    printf("%s\n",*++argv);
}
```

本例是显示命令行中输入的参数。如果上例的可执行文件名为 program.exe，存放在 D 驱动器的盘内，则输入的命令行为：

```
C:\>d: program str1 str2 str3 str4 str5
```

运行结果为：

```
str1
str2
str3
str4
str5
```

该行共有 6 个参数，执行 main 时，argc 的初值为 6。argv 的 6 个元素分为 6 个字符串的首地址。执行 while 语句，每循环一次 argv 值减 1，当 argv 等于 1 时停止循环，共循环 5 次，因此共可输出 5 个参数。在 printf 函数中，由于输出项 *++argv 是先加 1 再输出，故第一次输出的是 argv[1]所指的字符串 str1。第 2~5 次循环分别输出后四个字符串，而参数 program 是文件名，不必输出。

习 题 八

一、选择题

1．若已定义："int a[9]，*p=a;"，并在以后的语句中未改变 p 的值，不能表示 a[l]地址的表达式是(　　)。

    A．p+l   B．a+l   C．a++   D．++p

2．下面程序段的运行结果是(　　)。

```
char *s="abcde";
s+=2;
printf("%d",s);
```

    A．cde   B．字符 'c'

    C．字符 'c' 的地址   D．无确定的输出结果

3．设有如下定义

```
char *s [2]={ "abcd","ABCD"};
```

则下列说法错误的是(　　)。

  A．s 数组元素的值分别是 "abcd" 和 "ABCD" 两个字符串的首地址

  B．s 是指针数组名，它含有两个元素分别指向字符型一维数组

  C．s 数组的两个元素分别存放的是含有 4 个字符的一维字符数组中的元素

  D．s 数组的两个元素中分别存放了字符 'a' 和 'A' 的地址

4．C 语言规定，函数返回值的类型是由(　　)。

  A．return 语句中的表达式类型所决定

  B．调用该函数时的主调函数类型所决定

  C．调用该函数时系统临时决定

  D．在定义该函数时所指定的函数类型所决定

5．下面程序段中，输出*的个数是(　　)。

```
char *s="\ta\018bc";
for(;*s!='\0'; s++)
    printf("*");
```

  A．9   B．5   C．6   D．7

6．有定义语句：int *p[4];以下选项中与此语句等价的是(　　)。

  A．int p[4]; B．int **p; C．int *(p[4]); D．int (*p)[4];

7．有以下程序：

```
#include<stdio.h>
void   f(int *p);
void main( )
{
    int   a[5]={1, 2, 3, 4, 5},
    *r=a;
    f(r);
    printf("%d\n", *r);
}
void f(int *p)
{
    p=p+3;
    printf("%d", *p);
}
```

程序运行后的输出结果是(　　)。

  A．1,4   B．4,4   C．3,1   D．4,1

8．下列程序的运行结果是(　　)。

```
void fun(int *a,int *b)
{
    int *k;
    k=a;a=b;b=k;
```

```
    }
    void main( )
    {
        int a=2004, b=9,*x=&a,*y=&b;
        fun(x,y);
        printf("%d%d",a,b);
    }
```

    A．2004　9　　　　　B．9　2004　　　　C．0　0　　　　D．编译时出错

9．以下程序的运行结果是(　　)。

```
#include "stdio.h"
void main( )
{
    int a[ ]={1,2,3,4,5,6,7,8,9,10,11,12};
    int*p=a+5, *q=NULL;
    *q=*(p+5);
    printf("%d %d\n", *p, *q);
}
```

    A．运行后报错　　　B．6　6　　　　C．6　12　　　　D．5　5

10．有以下程序(函数 fun 只对下标为偶数的元素进行操作)：

```
#include<stdio.h>
void fun(int*a; int n)
{
    int i、j、k、t;
    for (i=0;i<n-1；1+=2)
    {
        k=i;
        for(j=i; ja〔k])k=j;
        t=a〔i]; a〔i]=a[k]; a〔k]=t;
    }
}
void main()
{
    int aa「10」={1、2、3、4、5、6、7}, i;
    fun(aa、7);
    for(i=0, i<7; i++)
        printf("%d, ",aa[i]));
    printf("\n");
}
```

    程序运行后的输出结果是(　　)。

  A．1,6,3,4,5,2,7　　　　　　　　　B．7,2,5,4,3,6,1

  C．7,6,5,4,3,2,1　　　　　　　　　D．1,7,3,5,6,2,1

11．下面函数的功能是(　　)。

```
char *fun(char *str1,char*str2)
{
    while((*str1)&&(*str2++=*str1++));
    return str2;
}
```

  A．求字符串的长度　　　　　　　B．比较两个字符串的大小

  C．将字符串 str1 复制到字符串 str2 中　　D．将字符串 str1 接续到字符串 str2 中

12．已有变量定义和函数调用语句："int a=25; print_value(&a);"，下面函数的正确输出结果是(　　)。

```
void print_value(int *x)
{
    printf("%d\n",++*x);
}
```

  A．23　　　　　　　B．24　　　　　　　C．25　　　　　　　D．26

二、填空题

1．读下面的程序

```
void main( )
{
    char a[]="I love China!";
    char *p=a;
    p=p+2;
    printf("%s",p);
}
```

程序输出结果为(　　)。

2．读下面的程序

```
void main( )
{
    int a[3][4]={1,2,3,4,5,6,7,8,9,10,11,12};
    int (*pa)[4]=a;
    pa++;
    printf("%d",*(*(pa+1)+2));
}
```

程序输出结果为(　　)。

3．读下面的程序

```
void sub(int x,int y,int *z)
{
```

```
            *z=y-x;
        }
        void main( )
        {
            int a,b,c;
            sub(10,5,&a);
            sub(7,a,&b);
            sub(a,b,&c);
            printf("%4d,%4d,%4d\n",a,b,c);
        }
```
程序输出结果为(   )。

4. 读下面的程序：
```
        #include <stdio.h>
        fun(char *s)
        {
            char *p=s;
            while (*p) p++;
            return(p-s);
        }
        void main( )
        {
            char *str="abcd";
            int i;
            i=fun(str);
            printf("%d",i);
        }
```
程序输出结果为(   )。

5. 读下面的程序：
```
        #include <stdlib.h>
        #include <string.h>
        # include <stdio.h>
        void main ( )
        {
            char *ptr1[4],str[4][20],temp[20];
            int i, j;
            for (i=0;i<4;i++)
                gets (str[i]) ;
                printf ("\n") ;
            for (i = 0 ; i < 4 ; i ++)
```

```
            ptr1[ i ] = str[ i ] ;
        printf("original string:\n");
        for (i = 0 ; i < 4 ; i ++)
            printf ("%s\n " , ptr1[ i ]) ;
        printf("ordinal string:\n");
        for (i = 0 ; i < 3 ; i ++)
        for (j = 0 ; j < 4 - i - 1 ; j ++)
            if (strcmp ( ptr1[ j ] , ptr1[ j + 1 ] ) > 0)
            {
                strcpy(temp,ptr1[j]);
                strcpy (ptr1[ j ] , ptr1[ j + 1 ] ) ;
                strcpy (ptr1[ j + 1 ] , temp) ;
            }
        for( i=0;i<4;i++)
        printf("%s\n" , ptr1[i]);
    }
```

当依次输入字符串"hi","hello","morning","good morning"时，程序输出结果为(　　)。

6．读下面的程序：

```
    void main( )
    {
        static char *ps[]={ "BASIC","DBASE","C","FORTRAN","PASCAL"};
        char **pps;
        int i;
        for(i=0;i<5;i++)
        {
            pps=ps+i;
            printf("%s\n",*pps);
        }
    }
```

程序输出结果为(　　)。

7．以下程序中，select 函数的功能是：在 N 行 M 列的二维数组中，选出一个最大值作为函数值返回，并通过形参传回此最大值所在的行下标。请填空。

```
    #define N 3
    #define M 3
    select(int a [N][M],int *n)
    {
        int i,j,row=1,colum=1;
        for(i=0;i<N;I++)
            for(j=0;j<M;J++)
                if(a[i][j]>a[row][colum])
```

```
                {
                        row=i;
                        colum=j;
                }
            *n= _____;
        return _____;
    }
    void main()
    {
        int a [N][M]={9,11,23,6,1,15,9,17,20},max,n;
        max=select(a,&n);
        printf("max=%d,line=%d\n",max,n);
    }
```

8. 函数 my_cmp()的功能是比较字符串 s 和 t 的大小，当 s 等于 t 时返回 0，否则返回 s 和 t 的第一个不同字符的 ASCII 码差值，即 s>t 时返回正值，当 s<t 时返回负值。请填空。

```
    my_cmp(char *s, char *t)
    {
        while (*s == *t)
        {
            if (*s == '\0' )
                return 0;
            ++s; ++t;
        }
        return _____ ;
    }
```

三、程序设计

1. 输入三个整数，按照由小到大的顺序输出。

2. 输入三个字符串，按照由小到大的顺序输出。

3. 不使用库函数，试用字符指针实现字符串连接功能。

4. 不使用库函数，试用字符指针实现字符串拷贝功能。

5. 在二维数组中存放有 4 个学生及其 5 门课程的成绩，用指针编程实现：

(1) 求出每门课程的平均成绩。

(2) 求每个学生的总成绩和平均成绩。

(3) 在屏幕上列出各科成绩在 85 分以上的学生名单。

(4) 在屏幕上列出补考通知单。

6. 编写一个程序，输入 10 个整数存入一维数组，使用指针变量，再按逆序重新存放，并输出 10 个整数。

7. 编写一个函数，将一个 4 × 4 的矩阵转置。

第 9 章　其他数据类型、预编译

9.1　结　构　体

数组能够存放一组性质相同的数据集合，例如，一批学生某门课的考试成绩、某些产品的销售量等。但若要同时表示学生的一些基本信息，例如姓名、学号、年龄、性别、成绩等若干项信息，由于每项信息意义不同，数据类型也不同(姓名应为字符型，学号可为整型或字符型，年龄应为整型，性别应为字符型，成绩可为整型或实型)，并要作为一个整体来描述和处理时，显然不能用一个数组来存放这一组数据。因为数组中各元素的类型和长度都必须一致，以便于编译系统处理。为了解决这个问题，C 语言中给出了另一种构造数据类型——"结构(structure)"或叫"结构体"，它相当于其他高级语言中的记录。"结构"是一种构造类型，它是由若干"成员"组成的，每一个成员可以是一个基本数据类型或者又是一个构造类型。既然结构是一种"构造"而成的数据类型，那么在说明和使用之前必须先定义它，也就是构造它。如同在说明和调用函数之前要先定义函数一样。

结构中所含成员的数量和大小必须是确定的，即结构不能随机改变大小。这与数组类型是相似的，但是，组成一个结构的成员的类型可以不同，也就是说结构是异质的，这是结构与数组的根本区别。

9.1.1　结构说明和结构变量定义

在 Turbo C 中，结构也是一种数据类型，可以使用结构变量，因此，像其他类型的变量一样，在使用结构变量时要先对其定义。

定义结构变量的一般格式为：

```
struct  结构名
{
    类型   变量名;
    类型   变量名;
    ...
} 结构变量;
```

结构名是结构的标识符。类型为五种基本数据类型(整型、浮点型、字符型、指针型和无值型)。构成结构的每一个类型变量称为结构成员，它像数组的元素一样，但数组中元素是以下标来访问的，而结构是按变量名字来访问的。

例如，职工工资表的定义，可以有以下几种方式：

(1) 定义结构的同时定义结构变量。

```
struct string
    {
        char name[8];
        int age;
        char sex[2];
        char depart[20];
        float wage1，wage2，wage3，wage4，wage5;
    } person;
```

定义了一个结构名为 string 的结构变量 person。

(2) 先进行结构说明，再用结构名定义结构变量。

```
struct string
    {
        char name[8];
        int age;
        char sex[2];
        char depart[20];
        float wage1，wage2，wage3，wage4，wage5;
    };
struct string person;
```

如果需要定义多个具有相同形式的结构变量时用这种方法比较方便。

例如：

```
struct string   Wangming, Zhangsan, ...;
```

(3) 直接说明结构变量，如果省略结构名，则称之为无名结构，这种情况常常出现在函数内部。

```
struct
    {
        char name[8];
        int age;
        char sex[2];
        char depart[20];
        loat wage1，wage2，wage3，wage4，wage5;
    } Wangming, Zhangsan;
```

定义结构类型时应注意以下几点：

(1) 结构成员可以是任何基本数据类型的变量，这些成员的类型可以相同或不同。

(2) 结构成员也可以是数组、指针类型的变量。例如：

```
struct    list
{
    int    length;
    char    *first;
    char    *last;
};
```

(3) 结构类型可以嵌套定义，即允许一个结构中的一个或多个成员是其他结构类型的变量。比如，居民身份证的主要信息包括：姓名、性别、民族、出身日期、住址、签发日期和单位等。日期就可以用一个结构类型来表示 date 类型，而表示住址和签发单位的成员就可以用指针变量来指向具体的字符串。居民身份证的结构类型 id_card 定义如下：

```
struct    id_card
{
    char name[20];
    char nationality [20];
    char sex;
    struct date
    {
        int year,month,day;
    }birthday;
    char    *p_addr;
    struct date    signed_date;
    long int    number;
    char *office;
};
```

9.1.2 结构变量的使用

结构是一个新的数据类型，因此结构变量也可以像其他类型的变量一样赋值、运算，不同的是结构变量以成员作为基本变量。

结构成员的表示方式为：

结构变量.成员名

如果将"结构变量.成员名"看成一个整体，则这个整体的数据类型与结构中该成员的数据类型相同，这样就可像前面所讲的变量那样使用。

1. 结构变量初始化引用

结构变量可以在定义时赋初值，如语句：

```
struct student stu1,stu2 ={63001,"zhang",18，642.5};
```

就对结构变量 stu2 进行了初始化，实际上是用右边的值对 stu2 各分量进行初始化，因此提供的初值必须和相应分量的类型一致。两个相同类型的结构变量之间可以讲行赋值操作。如：

```
        stu1=stu2;
```
则使 stu1 的各分量具有了和 stu2 各分量一样的值。

【例 9.1】　对结构变量初始化。

源程序如下：

```
    void main()
    {
        struct stu                          /*定义结构类型 stu*/
        {
            int num;
            char *name;
            char sex;
            float score;
        }s1={102,"Zhang ping",'M',78.5};    /*定义 stu 类型的变量 s1*/
        printf("Number=%d\nName=%s\n",s1.num,s1.name);
        printf("Sex=%c\nScore=%f\n",s1.sex,s1.score);
    }
```

程序定义 1 个结构变量 s1，对 s1 作了初始化赋值，然后用两个 printf 语句输出 s1 各成员的值。

【例 9.2】　定义一个结构变量，其中每个成员都从键盘接收数据，然后对结构中的浮点数求和，并显示运算结果。

源程序如下：

```
    #include <stdio.h>
    void main( )
    {
        struct                          /*定义结构类型*/
        {
            char name[8];
            int age;
            char sex[2];
            char depart[20];
            float wage1，wage2，wage3，wage4，wage5;
        }a;                             /*定义结构类型变量 a*/
        FILE *fp;
        float wage;
        char c='Y';
        fp=fopen("wage.dat","w");
        while(c=='Y'||c=='y')           /*判断是否继续循环*/
        {
            printf("\nName:");
```

```
        scanf("%s"，a.name);                /*输入姓名*/
        printf("Age:");
        scanf("%d"，&a.age);                /*输入年龄*/
        printf("Sex:");
        scanf("%s"，a.sex);
        printf("Dept:");
        scanf("%s"，a.depart);
        printf("Wage1:");
        scanf("%f"，&a.wage1);              /*输入工资*/
        printf("Wage2:");
        scanf("%f"，&a.wage2);
        printf("Wage3:");
        scanf("%f"，&a.wage3);
        printf("Wage4:");
        scanf("%f"，&a.wage4);
        printf("Wage5:");
        scanf("%f"，&a.wage5);
        wage=a.wage1+a.wage2+a.wage3+a.wage4+a.wage5;
            printf("The sum of wage is %6.2f\n"，wage);        /*显示结果*/
            fprintf(fp,"%10s%4d%4s%30s%10.2f\n",a.name,a.age,a.depart,wage);
                                                         /*结果写入文件*/
        printf("Continue?<Y/N>");
        getchar();
        c=getchar();
        if(c=='N' || c=='n')
        break;
    }
    fclose(fp);
}
```

2．结构变量的赋值

结构变量的赋值就是给各成员赋值，可用输入语句或赋值语句来完成。

【例 9.3】　给结构变量赋值并输出其值。

源程序如下：

```
    void main()
    {
        struct stu
        {
            int num;
```

```
            char *name;
            char sex;
            float score;
        } s1,s2;
        s1.num=102;
        s1.name="Zhang san";
        printf("input sex and score\n");
        scanf("%c %f",&s1.sex,&s1.score);
        s2=s1;
        printf("Number=%d\nName=%s\n",s2.num,s2.name);
        printf("Sex=%c\nScore=%f\n",s2.sex,s2.score);
    }
```

程序用赋值语句给结构变量 s1 的 num 和 name 两个成员赋值，name 是一个字符串指针变量，用 scanf 函数动态地输入 sex 和 score 成员值，然后把 s1 的所有成员的值整体赋予 s2。最后分别输出 s2 的各个成员值。可以看出"结构变量.成员名"的使用和普通变量是相同的。

9.1.3 结构数组和结构指针

数组的元素也可以是结构类型的，因此可以构成结构型数组。同样，指向结构的指针称为结构指针变量。

1．结构数组

如果数组的每一个元素都具有相同的结构类型，则构成结构数组。结构数组就是具有相同结构类型的变量集合。在实际应用中，经常用结构数组来表示具有相同数据结构的一个群体，假如要定义一个班级 40 个同学的姓名、性别、年龄和住址，可以定义成一个结构数组。程序如下所示：

```
    struct
    {
        char name[8];
        char sex[2];
        int age;
        char addr[40];
    }student[40];
```

也可定义为：

```
    struct string
    {
        char name[8];
        char sex[2];
        int age;
```

```
            char addr[40];
        };
        struct string student[40];
```

需要指出的是结构数组成员的访问是以数组元素为结构变量的，其形式为：

　　　　结构数组元素.成员名

例如：

```
        student[0].name
        student[30].age
```

实际上结构数组相当于一个二维构造，第一维是结构数组元素，每个元素是一个结构变量，第二维是结构成员。

注意：结构数组的成员也可以是数组变量。

例如：

```
        struct a
        {
            int m[3][5];
            float f;
            char s[20];
        }y[4];
```

为了访问结构 a 中的结构变量 y[2]，可写成 y[2].m[1][4]。

【例 9.4】　　现有 5 个用户的信息，包括姓名、年龄、电话、家庭住址等，按照姓名升序进行输出。

源程序如下：

```
        #include <stdio.h>
        struct user_info
        {
            char    name[15];
            int age;
            char phone[20];
            char addr[100];
        };      /*定义结构*/
        void main( )
        {
            int i,j,k;
            user_info user[5]= { {"liu",31，"34500867","lanzhou"},
                                {"zhang",35，"13423675","wuhan"},
                                {"foster",28，"25643547","lanzhou"},
                                {"Yang",37,"34500213","beingjing"},
                                {"wang",361,"34500403",“guangzhou"},
                                };  /*结构变量初始化*/
```

```
        for(i=1;i<5;i++)                    /*冒泡排序*/
        {
            k=5-i;
            for(j=0;j<5-i;j++)
                if(strcmp(user[j].name,user[k].name)>0)
                    k=j;
                if(k!=5-i)
                {
                        tmp=user[k];          /*交换结构变量的值*/
                        user[k]= user[5-i];
                        user[5-i]=tmp;
                }
            printf("%20s%5s%15s%20s\n", "name", "age" "phone" "address");
            for(i=1;i<5;i++)
            printf("%20s%5s%15s%20s\n", user[i].name, user[i].age, user[i].phone, user[i].address);
        }
```

运行结果：

Name	age	phone	address
Foster	28	25643547	lanzhou
Liu	31	34500867	lanzhou
Zhang	35	13423675	wuhan
Wang	36	34500403	guangzhou
Yang	37	34500213	beijing

说明：

(1) 程序定义了一个结构类型，其中包括了 3 个字符数组成员(姓名、电话和地址)和一个 int 类型成员(年龄)。

(2) main 函数中定义了一个 user_info 类型数组 user，并对它赋初值。

(3) 第一个 for 语句的作用是对 user 各单元按照 name 的大小排序。

(4) 比较 user 各单元的 name 成员的大小时，调用了 strcmp 函数。

2．结构指针变量

当一个指针变量指向一个结构类型变量的时候，就称之为指向结构类型的指针变量。该指针变量中的值是所指向的结构变量的首地址，通过结构指针变量即可访问该结构变量。它由一个加在结构变量名前的"*"操作符来定义，例如用前面已说明的结构定义一个结构指针如下：

```
        struct string
        {
            char name[8];
            char sex[2];
```

```
        int age;
        char addr[40];
    }*student;
```

也可省略结构指针变量名只作结构说明，然后再用下面的语句定义结构指针变量：

```
    struct string *student;
```

指向结构类型的指针变量声明的一般形式为：

```
    struct 结构类型名  *结构指针变量名
```

使用结构指针变量对结构成员的访问，与结构变量对结构成员的访问在表达方式上有所不同。结构指针变量对结构成员的访问表示为：

　　结构指针名->结构成员

其中"->"是两个符号"-"和">"的组合，如同一个箭头指向结构成员。例如要给上面定义的结构中 name 和 age 赋值，可以用下面语句：

```
    strcpy(student->name，"Lu G.C");
    student->age=18;
```

实际上，student->name 就是(*student).name 的缩写形式。

注意：

(1) 结构作为一种数据类型，因此定义的结构变量或结构指针变量同样有局部变量和全局变量，视定义的位置而定。

(2) 结构中第一个成员的首地址为&[结构变量名]。

【例 9.5】　结构指针变量的定义和使用方法示例。

源程序如下：

```
    struct stu
        {
            int num;
            char *name;
            char sex;
            float score;
        } s1={102,"Zhang ping",'M',87},*pstu;   /*结构指针变量的定义*/
    void main()
    {
        pstu=&s1;            /*结构指针变量的赋值*/
        printf("Number=%d\nName=%s\n",s1.num,s1.name);
        printf("Sex=%c\nScore=%f\n\n",s1.sex,s1.score);
        printf("Number=%d\nName=%s\n",(*pstu).num,(*pstu).name);
        printf("Sex=%c\nScore=%f\n\n",(*pstu).sex,(*pstu).score);
        printf("Number=%d\nName=%s\n",pstu->num,pstu->name);
        printf("Sex=%c\nScore=%f\n\n",pstu->sex,pstu->score);
    }
```

程序在 printf 语句内用三种形式输出 s1 的各个成员值。从运行结果可以看出：

　　结构变量.成员名

　　(*结构指针变量).成员名

　　结构指针变量->成员名

这三种用于表示结构成员的形式是完全等效的。

3．结构的复杂形式——嵌套结构

嵌套结构是指在一个结构成员中可以包括其他结构，Turbo C 允许这种嵌套。例如，下面的嵌套结构：

```
struct string
{
    char name[8];
    int age;
    struct addr address;
} student;
```

其中：addr 为另一个结构的结构名，必须要先进行说明，即

```
struct addr
{
    char city[20];
    unsigned long zipcode;
    char tel[14];
}
```

如果要给 student 结构中的成员 address 结构中的 zipcode 赋值，则可写成：

```
student.address.zipcode=200001;
```

每个结构成员名从最外层直到最内层逐个被列出，即嵌套式结构成员的表达方式是：

　　结构变量名.嵌套结构变量名.结构成员名

其中，嵌套结构可以有很多，结构成员名为最内层结构中不是结构的成员名。

4．结构变量作参数

结构变量和结构指针变量都可以作为函数的参数及函数的返回值。若形参为结构变量，实参也为结构变量时，则参数传递的是结构的拷贝，属于函数的传值调用。但这样做既费时间又费空间，如果把形参定义成指针类型，就可以解决这两方面的问题。这样实参传递的是结构变量的地址，函数中对形参的处理就是对实参的直接处理。下面的例子说明了这种情况。

【例 9.6】 计算一组学生的平均成绩和不及格人数。用结构指针变量作函数参数编程。

源程序如下：

```
struct stu
{
    int num;
```

```
        char *name;
        char sex;
        float score;}s[5]={
            {101,"Li ping",'M',45},
            {102,"Zhang ping",'M',62.5},
            {103,"He fang",'F',92.5},
            {104,"Cheng ling",'F',87},
            {105,"Wang ming",'M',58},
        };
    void main()
    {
        void ave(struct stu *ps);
        ave(s);
    }
    void ave(struct stu *ps)
    {
        int c=0,i;
        float ave,s=0;
        for(i=0;i<5;i++,ps++)
          {
            s+=ps->score;
            if(ps->score<60) c+=1;
          }
        printf("s=%f\n",s);
        ave=s/5;
        printf("average=%f\ncount=%d\n",ave,c);
    }
```

　　本程序中定义了函数 ave，其形参为结构指针变量 ps。s 被定义为外部结构数组，因此在整个源程序中有效。在 main 函数中定义说明了结构指针变量 ps，并把 s 的首地址赋予它，使 ps 指向 s 数组，然后以 ps 作实参调用函数 ave。在函数 ave 中完成计算平均成绩和统计不及格人数的工作并输出结果。

　　由于本程序全部采用指针变量作运算和处理，故速度更快，程序效率更高。

9.2　共　用　体

9.2.1　共用体的定义和格式

　　程序中的变量有两种情况：一种是变量之间互不相关，都有自己的名字和存储空间；另一种是变量之间是相关的，它们虽然有各自的名字，但共用同一段内存空间，让这段空间轮流地为它们服务，这样就可以减少空间的浪费。让这些变量共用同一内存空间的方法是把它们组织成共用体。共用体是一种新的数据类型，它的定义与结构体的定义相似：

  union <共用体名> {成员列表}；

  例如：

```
union number
{
    int x;
    float y;
    char c;
};
```

在这个共用体类型中定义了三个分量，它们的类型各不相同，但都占用同一内存空间，由于各个分量类型不同，所以这段空间应足够大，以便能放下最大的分量，所以这个共用体要占用 4 个字节空间，因为其中的分量 y 是 float 类型，是最长的类型，占 4 字节，如图 9-1 所示。

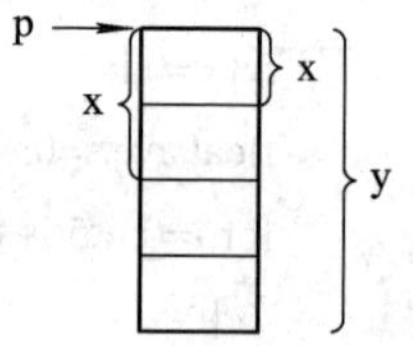

【例 9.7】 共用体与结构体占用空间大小示例。

源程序如下：

```
union data /*共用体* /
{
    int a;
    float b;
    double c;
    char d;
} mm ;
struct stud /*结构体* /
{
    int a;
    float b;
    double c;
    char d;
};
void main( )
{
    struct stud student
    printf("%d,%d",sizeof(struct stud),sizeof(union data));
}
```

图 9-1 共用体对内存空间的占用

运行程序输出：

  15, 8

程序的输出说明结构体类型所占的内存空间为其各成员所占存储空间之和，而形同结构体的共用体类型实际占用存储空间为其最长的成员所占的存储空间。

9.2.2　共用体变量的引用

引用共用体变量的成员，其用法与结构体完全相同。若定义共用体类型为：

```
union data /*共用体* /
{
    int a;
    float b;
    double c;
    char d;
} mm ;
```

其成员引用为：mm.a， mm.b，mm.c，mm.d。

但是要注意的是，不能同时引用四个成员，在某一时刻，只能引用其中一个成员。

【例9.8】　对共用体变量的使用。

源程序如下：

```
void main ( )
{
union data
{
    int a;
    float b;
    double c;
    char d;
}mm ;
mm.a = 6 ;
printf("%d\n",mm.a);
mm.c = 67.2 ;
printf("%5.1lf\n",mm.c) ;
mm.d = 'W';
mm.b=34.2;
printf("%5.1f,%c\ n",mm.b,mm.d) ;
}
```

运行程序输出：

```
6
67.2
34.2, =
```

程序最后一行的输出是我们无法预料的，其原因是连续做 mm.d='W'；mm.b=34.2；

两个连续的赋值语句最终使共用体变量的成员 mm.b 所占四字节被写入 34.2，而写入的字符被覆盖了，输出的字符变成了符号"="。事实上，字符的输出是无法得知的，由写入内存的数据决定。

9.3 枚 举 类 型

自然界有很多事物虽然可以用数字来表示它们，但用具体的名字时含义更为明确。比如一个星期的各天，可以用 1，2，3，…，7 来表示，但用 monday，tuesday，…，sunday 来说明更清晰直观。其他比如一年中的 12 个月，4 个季度，5 种颜色等等都是类似的情况。为了在程序中能够见文知义，C 语言又提供了一种用户可定义的构造类型——枚举(enumeration)类型。

枚举类型定义时用关键字 enum 开头，其一般形式是：

    enum <类型名> {枚举标识符表}；

例如：

    enum   color   {red,yellow,green,white,black}；

    enum   week {sun,mon,tue,wed,thu,fri,sat}；

    enum months{ jan,feb,mar,apr,may,jun,jul,aug,sep,oct,nov,dec}；

花括号中是标识符表，但它们都是标识符常量，不是变量，因而不能作为赋值语句的左值使用。对于这些标识符常量，可以指定它代表某个整数值，如不指定，则系统会自动指定它是其所处位置的序号。序号从 0 开始，即第一个标识符常量的值是 0，以后的值依次递增 1。例如在枚举类型 enum months 中，标识符被自动设置为 0 到 11，如果想让它们的值为 1 到 12，只需把第一个标识符的值置成 1 即可：

    enum months{jan=1,feb,mar,…,dec}；

枚举类型变量的定义方法和定义结构体变量一样，可以在定义类型的同时定义，也可以先定义类型名，再定义该类型的变量。例如：

    enum color{red,yellow,green=-10,blue,black=1,white} c1,c2；

    enum week{mon,tue,wed,thu,fri} workday；

    enum color   c3；

各标识符的值在前一个值的基础上加 1。比如 red 为 0，yellow 为 1，blue 为-9(-10+1)，white 为 2。

枚举变量可以作为整型量用"%d"进行输入/输出，因为枚举型也是和整型相通的，它本身就是范围有限的整数，但是不能通过 scanf 函数和 printf 函数直接输入/输出其标识符名。要使枚举变量具有某个标识符值，只能用赋值语句，如：

    c1=red；

    workday=mon；

当然对枚举变量赋其他的整数值也是合法的，如：

    c1=400；

不过这时的 c1 已和枚举中的标识符没什么关系了。

【例 9.9】　　打印输出 12 个月份。

源程序如下：

```
#include<stdio.h>
enum months {jan=1,feb,mar,apr,may,jun,jul,aug,sep,oct,nov,dec};
void main( )
{
    enum months month;
    Char*mname[]={"","January ","February ","March ","April ","May ","June ",
            "July ","August ","September ","October ","November ","December "};
    for(month=jan;month<=dec;month++)
                printf("%-2d\t%-12s\n",month,mname[month]);
}
```

运行输出：

```
    1        January
    2        February
    3        March
    4        April
    5        May
    6        June
    7        July
    8        August
    9        September
    10       October
    11       November
    12       December
```

程序中枚举常量以"%d"格式输出时是一整数，用它作下标时也被当作整数处理。

注意： 若以枚举常量作索引，则其序号就不应随意设置，而应与其位置保持一致。

9.4　宏　定　义

在 C 语言源程序中允许用一个标识符来表示一个字符串，称为"宏"。被定义为"宏"的标识符称为"宏名"。在编译预处理时，对程序中所有出现的"宏名"，都用宏定义中的字符串去代换，这称为"宏代换"或"宏展开"。宏定义是由源程序中的宏定义命令完成的，宏代换是由预处理程序自动完成的。在 C 语言中，"宏"分为有参数和无参数两种。下面分别讨论这两种"宏"的定义和调用。

9.4.1　无参宏定义

无参宏的宏名后不带参数。其定义的一般形式为：

```
#define 标识符  字符串
```

其中的"#"表示这是一条预处理命令，凡是以"#"开头的均为预处理命令。"define"为宏定义命令。"标识符"为所定义的宏名。"字符串"可以是常数、表达式、格式串等。在前面介绍过的符号常量的定义就是一种无参宏定义。此外，常对程序中反复使用的表达式进行宏定义。例如：

```
# define M (y*y+3*y)
```

在编写源程序时，所有的(y*y+3*y)都可由 M 代替，而对源程序作编译时，将先由预处理程序进行宏代换，即用(y*y+3*y)表达式去置换所有的宏名 M，然后再进行编译。

【例 9.10】 宏定义示例。

源程序如下：

```
#define   M    (y*y+3*y)
main( )
{
    int s,y;
    printf("input a number: ");
    scanf("%d",&y);
    s=3*M+4*M+5*M;
    printf("s=%d\n",s);
}
```

上例程序中首先进行宏定义，然后在 s= 3*M+4*M+5* M 中作了宏调用。在预处理时经宏展开后该语句变为：s=3*(y*y+3*y)+4(y*y+3*y)+5(y*y+3*y)；但要注意的是，在宏定义中表达式(y*y+3*y)两边的括号不能少，否则会发生错误。

当作以下定义后：

```
#define   M    y*y+3*y
```

在宏展开时将得到下述语句：

```
s=3*y*y+3*y+4*y*y+3*y+5*y*y+3*y;
```

这相当于：

$$3y^2+3y+4y^2+3y+5y^2+3y$$

显然与原题意要求不符，计算结果也是错误的。

因此在作宏定义时必须十分注意，应保证在宏代换之后不发生错误。

对于宏定义的几点说明：

(1) 宏定义是用宏名来表示一个字符串，在宏展开时又以该字符串取代宏名，这只是一种简单的代换，字符串中可以含任何字符，可以是常数，也可以是表达式，预处理程序对它不作任何检查。如有错误，只能在编译已被宏展开后的源程序时发现。

(2) 宏定义不是说明或语句，在行末不必加分号，如加上分号则连分号也一起置换。

(3) 宏定义必须写在函数之外，其作用域为宏定义命令起到源程序结束。如要终止其作用域，可使用#undef 命令，例如：

```
# define PI 3.14159
main( )
```

```
        {
            ……
        }
        #undef PI
```

(4) 宏名在源程序中若用引号括起来，则预处理程序不对其作宏代换。

```
        #define OK 100
        void main( )
        {
            printf("OK");
            printf("\n");
        }
```

上例中定义宏名 OK 表示 100，但在 printf 语句中 OK 被引号括起来，因此不作宏代换。程序的运行结果为，OK，这表示把"OK"当字符串处理。

(5) 宏定义允许嵌套，在宏定义的字符串中可以使用已经定义的宏名。在宏展开时由预处理程序层层代换。例如：

```
        #define PI 3.1415926
        #define S PI*y*y            /* PI 是已定义的宏名*/
```

语句：

```
        printf("%f",S);
```

在宏代换后变为：

```
        printf("%f",3.1415926*y*y);
```

(6) 习惯上宏名用大写字母表示，以便于与变量名区别，但也允许用小写字母。

(7) 可用宏定义表示数据类型，使书写方便。

例如：

```
        #define STU struct stu
```

在程序中可用 STU 作变量说明：

```
        STU    body[5],*p;
```

再如：

```
        #define INTEGER int
```

在程序中即可用 INTEGER 作整型变量说明：

```
        INTEGER a,b;
```

应注意用宏定义表示数据类型和用 typedef 定义数据说明符的区别。宏定义只是简单的字符串代换，是在预处理时完成的，而 typedef 是在编译时处理的，它不是作简单的代换，而是对类型说明符重新命名。被命名的标识符具有类型定义说明的功能。

请看下面的例子：

```
        #define PIN1 int*
        typedef (int*) PIN2;
```

从形式上看这两者相似，但在实际使用中却不相同。下面用 PIN1 和 PIN2 说明变量时就可以看出它们的区别：

```
PIN1 a,b;
```
在宏代换后变成
```
int *a,b,
```
表示 a 是指向整型的指针变量，而 b 是整型变量。然而，
```
PIN2 a,b;
```
表示 a,b 都是指向整型的指针变量，因为 PIN2 是一个类型说明符。

由这个例子可见，宏定义虽然也可表示数据类型，但毕竟是作字符代换。在使用时要分外小心，以避免出错。

(8) 对"输出格式"作宏定义，可以减少书写麻烦。例如以下两个例子。

【例 9.11】 宏定义的使用示例 1。

源程序如下：

```
#define P printf
#define D "%d\n"
#define F "%f\n"
void main( )
{
    int a=5, c=8, e=11;
    float b=3.8, d=10.7, f=21.08;
    P(D F,a,b);
    P(D F,c,d);
    P(D F,e,f);
}
```

【例 9.12】 宏定义的使用示例 2。

源程序如下：

```
#include <stdio.h>
#define  A   100
main( )
{
    int i=2;
    printf("i+a=%d\ n",i+a);
    #undef   A
    #define A 10
    printf("i+a=%d\ n",i+a);
    return   0;
}
```

运行输出：

```
i+a=102
i+a=12
```

可以看出 A 在不同的范围内被代换成不同的宏值。

一个函数中定义的宏名只要没有对它的取消命令，就可以用到在它后面定义的函数体中。

9.4.2　带参宏定义

C 语言允许宏带有参数。在宏定义中的参数称为形式参数，在宏调用中的参数称为实际参数。对带参数的宏，在调用中，不仅要将宏展开，而且要用实参去代换形参。

带参宏定义的一般形式为：

　　　　#define　宏名(形参表)　字符串

在字符串中含有各个形参。

带参宏调用的一般形式为：

　　　　宏名(实参表)；

例如：

　　　　#define M(y) y*y+3*y　　　　/*宏定义*/

　　　　k=M(5);　　　　　　　　　/*宏调用*/

在宏调用时，用实参 5 去代替形参 y，经预处理宏展开后的语句为：

　　　　k=5*5+3*5

【例 9.13】　带参宏定义的使用示例 1。

源程序如下：

```
#define MAX(a,b) (a>b)?a:b
/*带参宏定义，用宏名 MAX 表示条件表达式(a>b)?a:b，a 和 b 为形参*/
void main( )
{
    int x,y,max;
    printf("input two numbers: ");
    scanf("%d%d",&x,&y);
    max=MAX(x,y);
    /*宏调用，实参 x 和 y 分别代换形参 a 和 b。宏展开后该语句为：max=(x>y)?x:y*/
    printf("max=%d\n",max);
}
```

说明：

(1) 带参宏定义中，宏名和形参表之间不能有空格出现。

例如把：

　　　　#define MAX(a,b) (a>b)?a:b

写为：

　　　　#define MAX (a,b) (a>b)?a:b

将被认为是无参宏定义，宏名　MAX　代表字符串(a,b)(a>b)?a:b。宏展开时，宏调用语句：

　　　　max=MAX(x,y);

将变为：

    max=(a,b)(a>b)?a:b(x,y);

这显然是错误的。

(2) 在带参宏定义中，形式参数不分配内存单元，因此不必作类型定义。而宏调用中的实参有具体的值。要用它们去代换形参，因此必须作类型说明。这是与函数中的情况不同的。在函数中，形参和实参是两个不同的量，各有自己的作用域，调用时要把实参值赋予形参，进行"值传递"。而在带参宏中，只是符号代换，不存在值传递的问题。

(3) 在宏定义中的形参是标识符，而宏调用中的实参可以是表达式。

【例 9.14】 带参宏定义的使用示例 2。

源程序如下：

```
#define SQ(y) (y)*(y)
void main( )
{
    int a,sq;
    printf("input a number: ");
    scanf("%d",&a);
    sq=SQ(a+1);
    /*宏展开时，用 a+1 代换 y，再用(y)*(y)代换 SQ，得到如下语句：sq=(a+1)*(a+1)*/
    printf("sq=%d\n",sq);
}
```

运行结果为：

    input a number：3
    sq=9

函数调用时要把实参表达式的值求出来再赋予形参，而宏代换中对实参表达式不作计算直接照原样代换。

(4) 在宏定义中，字符串内的形参要用括号括起来，同时整个字符串也需要外加括号。

① 形参和整个字符串都不加括号，上例改为以下形式：

【例 9.15】 带参宏定义的使用示例 3。

源程序如下：

```
#define SQ(y) y*y
main( )
{
    int a,sq;
    printf("input a number: ");
    scanf("%d",&a);
    sq=SQ(a+1);
    /*宏代换后，语句为：sq=a+1*a+1*/
    printf("sq=%d\n",sq);
}
```

运行结果为:

input a number: 3

sq=7

② 形参加括号，而整个字符串不加括号，上例改为以下形式:

【例 9.16】　带参宏定义的使用示例 4。

源程序如下:

```
#define SQ(y) (y)*(y)

main( )

{

    int a,sq;

    printf("input a number: ");

    scanf("%d",&a);

    sq=160/SQ(a+1);                    /*宏代换之后为 sq=160/(a+1)*(a+1)*/

    printf("sq=%d\n",sq);

}
```

运行的结果如下:

input a number:3

sq=160

(5) 宏定义也可用来定义多个语句，在宏调用时，把这些语句又代换到源程序内。

【例 9.17】　带参宏定义的使用示例 5。

源程序如下:

```
#define SSSV(s1,s2,s3,v) s1=l*w;s2=l*h;s3=w*h;v=w*l*h;

main( )

{

    int l=3,w=4,h=5,sa,sb,sc,vv;

    SSSV(sa,sb,sc,vv);

    printf("sa=%d\nsb=%d\nsc=%d\nvv=%d\n",sa,sb,sc,vv);

}
```

程序第一行为宏定义，用宏名 SSSV 表示 4 个赋值语句，4 个形参分别为 4 个赋值符左部的变量。在宏调用时，把 4 个语句展开并用实参代替形参，使计算结果送入实参之中。

9.5　文 件 包 含

当在一个文件中用到了另一个文件中的某些内容时，不必把该文件全部重复输入到自己的文件中，只要用一个文件包含指令就可以了。预处理指令#include 可以完成这一任务。#include 指令的功能是用指定文件的一份拷贝来取代这条预处理指令。

#include 指令有如下两种格式:

#include 　<文件名>

　　　　　　#include　"文件名"

　　这两种格式的差别在于预处理程序查找被包含文件的路径不同。#include 指令应出现在文件的开头。

　　文件包含命令的功能是把指定的文件插入该命令行位置取代该命令行，从而把指定的文件和当前的源程序文件连接，形成一个源文件。在程序设计中，文件包含是很有用的。一个大的程序可以分为多个模块，由多个程序员分别编程。有些公用的符号常量或宏定义等可单独组成一个文件，在其他文件的开头用包含命令包含该文件即可使用。这样，可避免在每个文件开头都去书写那些公用量，从而节省时间，并减少出错。

　　说明：

　　(1) 包含命令中的文件名可以用双撇号括起来，也可以用尖括号括起来。例如以下写法都是允许的：

　　　　　　#include"stdio.h"

　　　　　　#include<math.h>

　　这两种形式的区别为：使用尖括号表示在包含文件目录中去查找(包含目录是由用户在设置环境时设置的)，而不在源文件目录去查找；使用双撇号则表示首先在当前的源文件目录中查找，若未找到才到包含目录中去查找。用户编程时可根据自己文件所在的目录来选择某一种命令形式。

　　(2) 一个 include 命令只能指定一个被包含文件，若有多个文件要包含，则需用多个 include 命令。

　　(3) 文件包含允许嵌套，即在一个被包含的文件中又可以包含另一个文件。

　　(4) 被包含文件中的全局变量也是包含文件中的全局变量，因此在包含文件中对这些量不必再加 extern 说明即可加以引用。

　　(5) 被包含文件的扩展名一般用.h(头)，表示是在文件开头加进来的，其内容可以是程序文件或数据文件，也可以是宏定义、全局变量声明等。这些数据有相对的独立性，可被多个文件使用，不必在多个文件中都去定义，而只在一个文件中定义，其他文件中包含这个定义文件即可。

9.6　条件编译

　　预处理程序提供了条件编译的功能，可以按不同的条件去编译不同的程序部分，因而产生不同的目标代码文件。这对于程序的移植和调试是很有用的。条件编译有三种形式：

　　(1) 第一种形式：

　　　　#ifdef 标识符

　　　　　　程序段 1

　　　　#else

　　　　　　程序段 2

　　　　#endif

　　它的功能是，如果标识符已被#define 命令定义过，则对程序段 1 进行编译；否则对程序段 2 进行编译。如果没有#else 分支，即为：

#ifdef 标识符

　　程序段

#end if

【例 9.18】　条件编译使用示例 1。

源程序如下：

```
1.   #define NUM ok
2.   void main( )
3.   {
4.   struct stu
5.   {
6.       int num;
7.       char *name;
8.       char sex;
9.       float score;
10.  } *ps;
11.  ps=(struct stu*)malloc(sizeof(struct stu));
12.  ps->num=102;
13.  ps->name="Zhang ping";
14.  ps->sex='M';
15.  ps->score=62.5;
16.  #ifdef NUM
17.      printf("Number=%d\nScore=%f\n",ps->num,ps->score);
18.  #else
19.      printf("Name=%s\nSex=%c\n",ps->name,ps->sex);
20.  #endif
21.  free(ps);
22.  }
```

由于在程序的第 16 行插入了条件编译预处理命令，因此要根据 NUM 是否被定义过来决定编译哪一个 printf 语句。而在程序的第一行已对 NUM 作过宏定义，因此应对第一个 printf 语句作编译，故运行结果是输出了学号和成绩。在程序的第一行宏定义中，定义 NUM 表示字符串 OK，其实也可以为任何字符串，甚至不给出任何字符串，写为：#define NUM 也具有同样的意义。只有取消程序的第一行才会去编译第二个 printf 语句。

(2) 第二种形式：

#ifndef 标识符

　　程序段 1

#else

　　程序段 2

#endif

与第一种形式的区别是将"ifdef"改为"ifndef"。它的功能是，如果标识符未被#define 命令定义过，则对程序段 1 进行编译，否则对程序段 2 进行编译。这与第一种形式的功能正相反。

(3) 第三种形式：

```
#if  常量表达式
    程序段 1
#else
    程序段 2
#endif
```

它的功能是，如常量表达式的值为真(非 0)，则对程序段 1 进行编译，否则对程序段 2 进行编译。因此可以使程序在不同条件下，完成不同的功能。

【例 9.19】 条件编译使用示例 2。

源程序如下：

```
#define R 1
main( )
{
    float c,r,s;
    printf ("input a number: ");
    scanf("%f",&c);
    #if R
    r=3.14159*c*c;
    printf("area of round is: %f\n",r);
    #else
    s=c*c;
    printf("area of square is: %f\n",s);
    #endif
}
```

第一行宏定义中，定义 R 为 1，因此在条件编译时，常量表达式的值为真，故计算并输出圆面积。

上面介绍的条件编译也可以用条件语句来实现，二者的区别是：用条件语句将会对整个源程序进行编译，生成的目标代码程序很长；采用条件编译，根据条件只编译其中的程序段 1 或程序段 2，生成的目标代码程序较短。所以，如果条件选择的程序段很长，采用条件编译的方法会节省内存提高执行效率。

9.7 动态数据结构

到目前为止我们所使用的数据结构如数组等，其大小是一开始就定义好的，程序中不能改动，这对内存的合理使用、数据的插入和删除等操作非常不便。而动态数据结构是一开始并不指定大小，可以随需要不断增加，不用时随时取消的结构，常见的动态数据结构有链表、堆栈、队列、树等。

9.7.1　动态分配内存

建立和维护动态数据结构需要进行动态的内存分配，即在程序执行过程中可以动态地得到内存和回收内存。动态分配内存的极限是计算机中可用的物理内存空间。为实现动态分配内存，C 语言提供了几个专用的函数和运算符，它们是函数 malloc、calloc、free 和运算符 sizeof。

1．malloc 函数

malloc 函数原型为：

  void　*malloc(unsigned size)

功能：在内存中开辟 size 字节大小的连续空间。返回值为该空间的起始地址。若分配不成功，则返回 0 值。

2．calloc 函数

calloc 函数的原型为：

  void *calloc(unsigned　n，unsigned　size);

功能：在内存中开辟 n 个大小为 size 个字节(共 n*size 字节)的连续空间。返回值为该段空间的起始地址。若分配不成功，则返回 0 值。

【例 9.20】　编一函数 strsave，它可接收一个字符串，然后动态地开辟一个能够容纳该字符串的内存空间，把接收到的字符串复制到其中，并返回该空间的起始地址。

源程序如下：

```
#include<stdio.h>
#include<stdlib.h>
#include<string.h>
char * strsave(char*);
void main( )
{
    char*str="China",*cp;
    cp=strsave(srt);
    printf("str=%s,cp=%s\n",str,cp);
}
char   * strsave(char * s)
{
    char *p;
    if((p=(char*)calloc(strlen(s)+1,1))!=NULL)
            strcpy(p,s);
     return p;
}
```

运行输出：

　　　str=China

　　　cp=China

标准函数 calloc 分配 strlen(s)+1 个大小为 1 的内存空间，这是因为 strlen 函数统计字符串长度时不包含 '\0' 字符，但在复制字符串中还需要把 '\0' 加进去，所以分配空间时要加 1。原 calloc 函数返回的是空类型指针，现在把它强制转换成 char 型指针，把该指针值赋给 p，再判断 p 是否为 NULL(0)，若不为 NULL，就调用字符串拷贝函数来完成拷贝工作。

9.7.2　链表

使用结构数组可以方便地处理日常生活中多字段的数据，但其存在两个重要问题：

(1) 随着字段和记录的增长，系统很难找出一块连续的存储空间来存放信息；

(2) 许多时候，待处理的数据究竟有多少个元素，是不确定的，所以无法定义相应的数组。

链表可以很好地解决这两个问题，链表的结构示意图如图 9-2 所示。

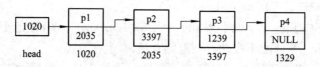

图 9-2　链表结构示意图

链表中，每条记录称为一个节点，不同节点可以离散存放，结点之间的联系可以用指针实现。即在结点结构中定义一个成员项用来存放下一结点的首地址，这个用于存放地址的成员，常称为指针域。

可在第一个结点的指针域内存入第二个结点的首地址，在第二个结点的指针域内又存放第三个结点的首地址，如此串连下去直到最后一个结点。最后一个结点因无后续结点连接，其指针域为 0。

图中，第 0 个结点称为头结点，它存放有第一个结点的首地址，它没有数据，只是一个指针变量。以下的每个结点都分为两个域，一个是数据域，存放各种实际的数据，如学号 num、姓名 name、性别 sex 和成绩 score 等；另一个域为指针域，存放下一结点的首地址。链表中的每一个结点都是同一种结构类型。

同时，链表可以根据需要，动态分配节点，还可以方便的实现数据的插入和删除。

下面我们研究链表的建立、插入、删除及输出等操作。

1) 建立链表

首先定义链表中结点的类型，它应该是个自引用的结构体。如

```
struct node
{
    int data;
    struct node *next;
```

```
        };
        typedef    struct node Node;
```

前一个成员项组成数据域，后一个成员项 next 构成指针域，它是一个指向 node 类型结构的指针变量。

先建立只有一个结点的链表，使 head、p1、p2 都指向它。其操作步骤如下：

① 建立一个结点，用 p1 指向它：

```
        p1=(Node *)malloc(sizeof(Node));
```

对新结点的数据域输入数据，如图 9-3(a)所示；

② 把 p1 赋给 head 和 p2：

```
        p2=head=p1;
```

如图 9-3(b)所示。

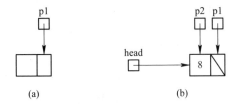

(a)　　　　　　　　　　　　(b)

图 9-3　建立只有一个结点的链表

下面在图 9-3(b)的基础上，建立两个结点的链表：

① 再建立一个结点，用 p1 指向它：

```
        p1=(Node *)malloc(sizeof(Node));
```

对新结点的数据域输入数据，如图 9-4(a)所示；

② 使 p2 的 next 指向 p1：

```
        p2->next=p1;
```

将 p1 的 next 置为 NULL：

```
        p1->next=NULL
```

如图 9-4(b)所示。

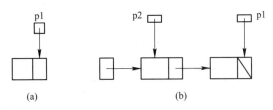

(a)　　　　　　　　　　　　(b)

图 9-4　建立两个结点的链表

2) 输出链表

当链表的头指针为 NULL 时说明链表是空的，不做任何操作。只有当链表非空时才从链表头部开始，输出一个结点的值，然后移动指针，再输出下一个结点的值，……直至表尾结束。可用下面的函数完成此项功能：

```
        void printList(Node *h)
        {
```

```
Node *p;
p=h;
if(h==NULL)
    printf("list is empty!\n\n");
else
{
    while(p! =NULL)
    {
        printf("%d->",p->data);
        p=p->next;
    }
    printf("NULL\n\n");
}
}
```

3) 插入结点

在一个链表中插入结点，首先要确定插入的位置，这里要考虑几种情况：

(1) 结点插在表头：设原头结点数值为 8，把数值为 6 的结点插在表头，如图 9-5 所示。

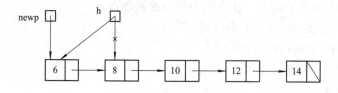

图 9-5　结点插入表头

插入语句为：newp->next=h

　　　　　　h=newp;

(2) 结点插在表中间：在上表的基础上插入数值为 9 的结点，如图 9-6 所示。

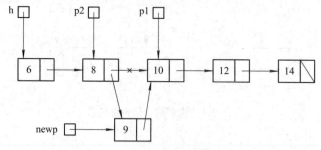

图 9-6　结点插入表中间

插入语句为：p2->next=newp;

　　　　　　newp->next=null

(3) 结点插在表尾：在上表基础上插入数值为 16 的结点，如图 9-7 所示。插在表尾，意味着在 whild 循环中以 p1=NULL 为条件而退出循环。

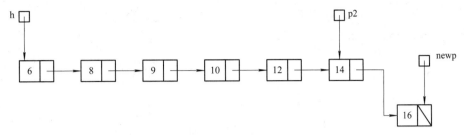

图 9-7　结点插在表尾

4) 删除结点

从一个链表中删除结点也应考虑几种情况：

① 删除表头结点；

② 删除表中或表尾结点；

③ 找不到要删的结点。

完成该功能的函数中使用了三个工作指针：p1 指向当前考查结点，p2 指向当前结点的前驱结点，temp 指向被删结点。

我们以图示来说明删除结点的操作：

(1) 删除表头结点：删除数值为 8 的结点，如图 9-8 所示。

删除语句为：temp=h

　　　　　　　　h=h->next

回收 temp：free(temp)

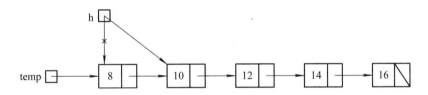

图 9-8　删除表头结点

(2) 删除中间结点：删除数值为 12 的结点，如图 9-9 所示。

删除语句为：temp=p1

　　　　　　　　p2->next=p1->next

回收 temp：free(temp)

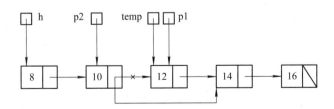

图 9-9　删除中间结点

(3) 删除表尾结点：删除数值为 16 的结点，如图 9-10 所示。

删除语句为：temp=p1

p2->next=NULL

回收 temp：free(temp)

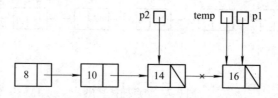

图 9-10　删除表尾结点

【例 9.21】　建立一个三个结点的链表，存放学生数据。学生数据结构中有学号和年龄两项。creat 函数用来建立链表。程序如下：

```
#define NULL 0
#define TYPE struct stu          /*用 TYPE 表示 struct stu*/
#define LEN sizeof (struct stu)  /*用 LEN 表示 sizeof(struct stu)*/
struct stu
    {
      int num;
      int age;
      struct stu *next;
    };
TYPE *creat(int n)
{
    struct stu *head,*pf,*pb;
    int i;
    for(i=0;i<n;i++)
    {
      pb=(TYPE*) malloc(LEN);
      printf("input Number and    Age\n");
      scanf("%d%d",&pb->num,&pb->age);
      if(i==0)
      pf=head=pb;
      else pf->next=pb;
      pb->next=NULL;
      pf=pb;
    }
    return(head);
}
```

creat 函数用于建立一个有 n 个结点的链表，它是一个指针函数，它返回的指针指向 stu 结构。在 creat 函数内定义了三个 stu 结构的指针变量。head 为头指针，pf 为指向两相邻结点的前一结点的指针变量，pb 为后一结点的指针变量。

习 题 九

一、选择题

1. 下列叙述中正确的是( )。
　　A．线性表是线性结构　　　　　　　B．栈与队列是非线性结构
　　C．线性链表是非线性结构　　　　　D．二叉树是线性结构

2. 下列叙述中正确的是( )。
　　A．线性表的链式存储结构与顺序存储结构所需要的存储空间是相同的
　　B．线性表的链式存储结构所需要的存储空间一般要多于顺序存储结构
　　C．线性表的链式存储结构所需要的存储空间一般要少于顺序存储结构
　　D．上述三种说法都不对

3. 下列叙述中正确的是( )。
　　A．在栈中，栈中元素随栈底指针与栈顶指针的变化而动态变化
　　B．在栈中，栈顶指针不变，栈中元素随栈底指针的变化而动态变化
　　C．在栈中，栈底指针不变，栈中元素随栈顶指针的变化而动态变化
　　D．上述三种说法都不对

4. 若有以下语句
```
Typedef struct S
{
    int g;
    char h;
} T;
```
以下叙述中正确的是( )。
　　A．可用 S 定义结构体变量　　　　B．可用 T 定义结构体变量
　　C．S 是 struct 类型的变量　　　　D．T 是 struct S 类型的变量

5. C 语言中，下列属于构造类型的是( )。
　　A．整型　　　　B．实型　　　　C．指针类型　　　　D．结构体类型

6. 非空的循环单链表 head 的尾结点(由 p 所指向)，满足( )。
　　A．p->next==NULL　　　　　　B．p==NULL
　　C．p->next=head　　　　　　　D．p=head

7. C 语言结构体类型变量在程序执行期间( )。
　　A．所有成员一直驻留在内存中　　B．只有一个成员驻留在内存中
　　C．部分成员驻留在内存中　　　　D．没有成员驻留在内存中

8. 下列定义数组的语句中，正确的是( )。
　　A．int　N=10;　　　　　　　　B．#define N 10
　　　　int　x[N];　　　　　　　　　int x[N];
　　C．int　x[0..10];　　　　　　　D．int x[ ];

9. 设有如下函数：

```
fun (float x)
{
        printf("\n%d",x*x);
}
```

则函数的类型是(   )。

    A．与参数 x 的类型相同   B．是 void   C．是 int 型   D．无法确定

10. 有以下程序：

```
struct STU
{
    char num [10] ;
    float score [3] ;
};
void main()
{
    struct STU s [3] ={{"20021",90,95,85}，{"20022",95,80,75}，{ "20023",100,95,90},};
    struct STU *p=s;
    int i;
    float sum=0;
    or(i=0;i<3;i++)
        sum=sum+p->score [i] ;
    printf("%6.2f \ n",sum);
}
```

程序运行后的输出结果是(   )。

    A．260.00   B．270.00   C．280.00   D．285.00

11. 有以下程序：

```
#include
struct NODE
{
    int num;
    struct NODE *next;
};
void main()
{
    struct NODE *p,*q,*r;
    p=(struct NODE*)malloc(sizeof(struct NODE));
    q=(struct NODE*)malloc(sizeof(struct NODE));
    r=(struct NODE*)malloc(sizeof(struct NODE));
    p->num=10; q->num=20; r->num=30;
    p->next=q;q->next=r;
```

```
    printf("%d \ n ",p->num+q->next->num);
}
```
程序运行后的输出结果是( )。

    A. 10   B. 20   C. 30   D. 40

二、填空题

1．一个栈的初始状态为空。首先将元素 5，4，3，2，1 依次入栈，然后退栈一次，再将元素 A，B，C，D 依次入栈，之后将所有元素全部退栈，则所有元素退栈(包括中间退栈的元素)的顺序为( )。

2．若有以下说明和定义语句，则变量 w 在内存中所占的字节数是( )。

```
union aa
{
    float x;
    float y;
    char c [6];
};
    struct st
{
    union aa v;
    float w [5];
    double ave;
} w;
```

三、程序设计

1．定义复数结构体，并写出复数的加、减、乘、除运算对应的计算函数。

提示：复数包括两个部分：实部和虚部。

2．定义一个结构体变量(包括年、月、日)。计算该日在本年中是第几天？注意闰年问题。

3．定义保存一个学生数据的结构变量，其中包括学号、姓名、性别、家庭住址及三门课的成绩，用键盘输入这些数据并显示出来。

4．结构体和共用体有哪些异同点？结构体和共用体类型的变量所占的空间大小是怎样确定的？

5．已知 head 指针指向双向链表的第一个结点。链表中每个节点包含数据域(info)、后继元素(data)和前驱元素指针域(pre)。编写函数 print 用来从头至尾输出这一双向链表。

6．编写一个函数，这个函数的作用是分配一个链表所需要的节点，节点数据是用户基本信息，它将由参数传递到函数中。

7．用一个链表存放若干个学生信息(如学号、姓名等)。要求按照学号递增顺序排列，可以插入、删除、修改和查找某个学生的信息。

8．编写求链表长度的函数。

提示：从链表指针头往表尾移动计算结点的个数。

第 10 章 位 运 算

10.1 位运算符与位运算

位运算是体现 C 语言具有低级语言功能的最重要的特点之一。计算机在用于检测和控制领域时都要用到位运算的知识，而且位运算也是计算机的基本操作。C 语言提供了 6 个位运算符：&、|、~、∧、<<、>>，它们的功能分别是：按位与、按位或、取反、按位异或、左移和右移。前 4 个运算符具有逻辑运算的特点，故也称为字位逻辑运算符；后 2 个具有移位的功能，故称为字位移位运算符。

10.1.1 "按位与"运算符(&)

按位与运算符 & 是双目运算符，其两个运算对象均是二进制位，结果也是二进制位。其功能是：

$$0\&0 = 0, 0\&1 = 0, 1\&0 = 0, 1\&1 = 1$$

即只有在两个运算对象全为 1 时，结果才为 1，其余情况下结果全为 0。

例如，9&5 可写成如下算式：

```
    00001001        (9 的二进制补码)
& 00000101        (5 的二进制补码)
    00000001        (1 的二进制补码)
```

可见，9&5=1。

按位与运算通常用来对某些位清 0 或保留某些位。例如把 a 的高八位清 0，保留低八位，可作 a&255 运算(255 的二进制数为 0000000011111111)。

10.1.2 "按位或"运算符(|)

按位或运算符 | 是一个双目运算符，其功能是

$$0|0 = 0, \quad 0|1 = 1, \quad 1|0 = 1, \quad 1|1 = 1$$

即两个运算对象中只要有一个为 1，结果就是 1。参与运算的两个数均以补码形式出现。

例如，9|5 可写成如下算式：

```
    00001001
| 00000101
    00001101        (十进制为 13)
```

可见，9 | 5 = 13。

10.1.3 "按位异或"运算符(^)

按位异或运算符 ^ 是双目运算符，其功能是：
$$0 \wedge 0 = 0, \quad 0 \wedge 1 = 1, \quad 1 \wedge 0 = 1, \quad 1 \wedge 1 = 0$$
即当两个运算对象的值相反时结果为 1，相同时结果为 0。它用来检测两个运算对象是否相同，不相同时为真，相同时为假。

例如，9^5 可写成如下算式：

```
  0 0 0 0 1 0 0 1
^ 0 0 0 0 0 1 0 1
  0 0 0 0 1 1 0 0        （十进制为 12）
```

10.1.4 "按位取反"运算符(~)

按位取反运算符 ~ 是单目运算符，其功能为
$$\sim 0 = 1, \quad \sim 1 = 0$$
即对原来的位值进行翻转。

例如，~9 的运算为

~(0000000000001001)   结果为1111111111110110

【例 10.1】 判断数的奇偶性。

编程思路：一般来说，要判断一个数的奇偶，只需用该数对 2 进行求模(%)运算，若结果为 1 则为奇数，结果为 0 则为偶数，但如果用位运算则速度会更快。可让该数与数 1 进行与运算&，奇数的最低位为 1，和 1 与的结果为 1，代表奇数；偶数最低位为 0，和 1 与的结果为 0，代表偶数。由此可设计如下程序：

```c
#include <stdio.h>
main( )
{
    int n;
    printf("Input an integer:\n ");
    scanf("%d ",&n);
    if(n&1)
      printf("%d   is   odd!\n ",n);
    else
      printf("%d   is even !\n ",n);;
    return   0;
}
```

运行输出：

Input an integer:

9

9 is   odd!

【例10.2】　利用位运算实现大小写字母的转换。

编程思路：大小写字母的 ASCII 码的差值为 $32=2^5=(100000)_2$，即

　　　'A' +32= 'a'

　　　'A'：01000001

　　　'a'：01100001

它们的差别在右起第 6 位，在大写字母的该位上置 1 即变为对应的小写字母，在小写字母的该位上置 0 则变为相应的大写字母。程序如下：

```
#include<stdio.h>
main( )
{
    int i;
    char c[ 80];
    printf("input a string\n");
    scanf("%s",c);
    for (i=0;i<80;i++)
        { if ('A'<=c[i]&&c[i]<= 'Z')
                    printf("%c",c[i]|32);
        else   if('a'<=c[i]&c[i]<= 'z')
            printf("%c",c[i]&0xdf);
        if(c[i]== '\0')
            break;
        }
        return 0;
}
```

注意：$0xdf=(df)_{16}=(11011111)_2$，用这个数去和某个字符进行与运算，目的在于把这个字符右起第6位设置成0。

运行输出：

```
Input a string
STRING string
Stirng STRING
```

10.2　位 移 运 算

10.2.1　左移运算

左移运算符"<<"是双目运算符，其功能把"<<"左边的运算数的各二进位全部左移若干位，由"<<"右边的数指定移动的位数，高位丢弃，低位补0。

例如：

a<<4

指把 a 的各二进位向左移动 4 位。如 a=00000011(十进制 3)，左移 4 位后为 00110000(十进制 48)。

10.2.2 右移运算

右移运算符"＞＞"是双目运算符，其功能是把"＞＞"左边的运算数的各二进位全部右移若干位，"＞＞"右边的数指定移动的位数。

例如：设

a=15，a>>2

表示把 000001111 右移为 00000011(十进制 3)。

上述规则适用于正数及无符号数。若移动的数为负数，则在向左移时，符号位上的数字会发生变化，可能为 1，也可能为 0，因此结果是不确定的；而右移时，对符号位有不同的处理办法：若该位置成 0 则称逻辑右移，若该位上置 1 则称算术右移。例如：

a: 1001011111101101

a>>1：0100101111110110 (逻辑右移)

a>>1：1100101111110110 (算术右移)

采用算术右移能保证数值的正负性不变。Turbo C 采用算术右移。应该说明的是，对于有符号数，在右移时，符号位将随同移动。当为正数时，最高位补 0，而为负数时，符号位为 1，最高位是补 0 或是补 1 取决于编译系统的规定。Turbo C 和很多系统规定为补 1。

10.2.3 与位运算有关的复合赋值运算符

位运算符和赋值运算符结合起来可构成复合赋值运算符：&=、|=、>>=、<<=、^=。复合赋值运算符的左边必须是变量，右边是表达式。例如：

a<<=2;   等价于   a=a<<2;

b | = c;   等价于   b = b | c;

【例 10.3】   取出一个整数，该整数是从右边第 m 位开始的右 n 位。

编程思路：从右边第 m 位开始的右 n 位距最右端的距离是 m−n，所以向右移 m−n 位后再与适当的掩码进行与运算，即可得到所需的位。这里的掩码应该是右边 n 位为 1，其余位皆为 0。实现的方法是把~0 左移 n 位后再取反，即~(~0<<n)。因为

~0 = 1111111111111111

~0<<n=1111111111110000 (设n=4)

~(~0<<n)=0000000000001111

源程序如下：

```
#include<stdio.h>
main( )
{
    unsigned int a,m,n;
    printf("Input a unsigned number\n");
```

```
        scanf("%u",&a);
        printf("m=?n=?\n");
        scanf("%d %d",&m,&n);
        a=a>>(m-n)&~(~0<<n);
        printf("result=%u\n",a);
        return 0;
    }
```

运行输出：

```
    Input a unsigned number;
    57
    m=?n=?;
    6   3
    result=7
```

57 的二进制表示为 00111001，取从右端开始的第 6 位起的右 3 位，即求中间的
111。

【例 10.4】 用位运算把十进制整数转换成二进制和八进制数。

编程思路：首先把十进制数转换成二进制数，再在此基础上把二进制数转换成八进制数。

程序如下：

```
    #include<stdio.h>
    void convtenTo2(unsigned);
    void rev(unsigned [ ],int);
    main( )
    {
        unsigned i,j,m,mm,a[6],mask=7;
        printf("Input a unsigned integer number:\n");
        scanf("%u",&m);
        mm=m;                          /*保留输入值*/
        convtenTo2(m);
        for(j=0;i<=5;j++);
        {
            a[j]=m&mask;
            m>>=3;
        }
        printf("\n");
        rev(a,6);
        printf("The %u's   octal    number is: ",mm);
        for (i=0;i<=5;i++)
        printf("%o",a[i]);              /*输出 6 位八进制数  */
```

```
        printf("The    equal is:\n(%u)10=",mm);
            j=0;
        while(a[j]==0)                    /*去掉前导 0 */
            j++;
        printf(" (");
        for(i=j;i<=5;i++)
            printf("%o",a[i]);
        printf(")8\n");
        return 0;
    }
    void rev(unsigned b[ ], int n)
    {
        int i,j=n/2,t;
        for(i=0;i<j;i++,n--)
            {
                t = b[i];                 /*数组两端元素对调*/
                b[i] = b[n-1];
                b[n-1] = t;
            }
    }
    void convtenTo2(unsigned a)
    {
        unsigned    mask , i;
        mask=1<<15;
        printf("\n%u's binary number is:\n(%u)10=",a,a);
        printf("(");
        for(i=1;i<=16;i++)
            {
                    printf("%c",a&mask? '1': '0');
                    a<<=1;
                    if(i&8==0)
                    putchar(' ');
            }
        printf(")2");
        putchar('\n');
    }
```

运行输出:

    Input a unsigned integer number:

    243

243's binary number is:

$(243)_{10}=(0000000011110011)2$

The 243's octal number is:000363

The equal is:

$(243)_{10}=(363)_8$

说明：本例题涉及掩码的设计，左、右移位，函数的定义、声明及调用，前导零的取消，数组的翻转等多种方法。这里把转换成八进制数的运算放在了主函数中作为主函数的一部分，也可以单独把它设计成一个函数。

习 题 十

一、选择题

1. 有如下定义：

```
#define D 2
int x=5;float y=3.83;
char c='D';
```

则下面选项中错误的是(　　)。

  A．x++;　　　　B．y++;　　　　　C．c++;　　　　　D．D++;

2. 以下程序段的执行结果为(　　)。

```
#define PLUS(X,Y)X+Y
main()
{
    int x=1,y=2,z=3,sum;
    sum=PLUS(x+y,z)*PLUS(y,z);
    printf("SUM=%d",sum);
}
```

  A．SUM=9　　　　　　　　　　B．SUM=12

  C．SUM=18　　　　　　　　　　D．SUM=28

3. 若有 int a=1;int b=2;则 a | b 的值为(　　)。

  A．1　　　　　B．2　　　　　　C．3　　　　　　　D．10

4. 在位运算中，操作数每左移一位，则结果相当于(　　)。

  A．操作数乘以 2　　　　　　B．操作数除以 2

  C．操作数除以 4　　　　　　D．操作数乘以 4

5. 若定义：

```
unsigned int a=3,b=10;
printf("%d\n",a<<2 | b ==1)
```

则运行结果为(　　)。

　　A．13　　　　　　B．12　　　　　　C．8　　　　　D．14

二、填空题

1．C 提供的预处理功能主要有_____、_____、_____等三种。

2．C 语言规定预处理命令必须以_____开头。

3．以头文件 stdio.h 为例，文件包含的两种格式为：_____和_____。

4．设二进制数 i 为 00101101，若通过运算"i^j"使 i 的高位取反低四位不变，则二进制数 j 的值应该为_____。

5．设无符号整型变量 a 为 6，b 为 3，则表达式 b&=a 的值为_____。

三、程序设计题

1．编写一个函数，对一个 16 位的二进制数取出它的奇数位(即从左边起第 1、3、5、7、…、15 位)。

2．设计一个函数，使给出一个数的原码能得到该数的补码。

3．编写程序实现下面功能：输入 10 个学生的学号、姓名和 3 门课程成绩，输出平均分最高的学生信息。

4．盒子中有红、黄、黑、白、蓝、绿六种颜色的小球若干。每次从盒中取出 3 个小球，要求取出球的颜色各不相同。问有多少种可能的取法，输出每种组合的三种颜色。

5．输入两个数字，求它们相除的余数。用带参的宏来编程实现。

第11章 文　　件

11.1　C文件概述

所谓"文件"是指一组相关数据的有序集合。这个数据集有一个名称，叫做文件名。实际上在前面的各章中我们已经多次使用了文件，例如源程序文件、目标文件、可执行文件、库文件(头文件)等。

文件通常是驻留在外部介质(如磁盘等)上的，在使用时才调入内存中来。从不同的角度可对文件作不同的分类。

(1) 按文件所依附的介质来分：有卡片文件、纸带文件、磁带文件、磁盘文件等。

(2) 按文件内容来分：有源文件、目标文件、数据文件等。

(3) 按文件中数据组织形式分：有字符文件和二进制文件。

字符文件通常又称为 ASCII 码文件或正文文件，按字符存储，可读性较强；而二进制文件是以二进制存储，可读性较差，但从存储空间的利用来看，实型数无论位数大小均占 4 位，字符却需按位数来存放，这样的话，二进制文件相对就节省了空间。

(4) 从用户的角度看，文件可分为普通文件和设备文件两种。

普通文件是指驻留在磁盘或其他外部介质上的一个有序数据集，可以是源文件、目标文件、可执行程序；也可以是一组待输入处理的原始数据，或者是一组输出的结果。对于源文件、目标文件、可执行程序可以称作程序文件，对输入输出数据可称作数据文件。

设备文件是指与主机相连的各种外部设备，如显示器、打印机、键盘等。在操作系统中，把外部设备也看作是一个文件来进行管理，把它们的输入、输出等同于对磁盘文件的读和写。

通常把显示器定义为标准输出文件，一般情况下在屏幕上显示有关信息就是向标准输出文件输出数据，如前面经常使用的 printf、putchar 函数就是这类输出。键盘通常被指定标准的输入文件，从键盘上输入就意味着从标准输入文件上输入数据，scanf、getchar 函数就属于这类输入。

(5) 从文件编码的方式来看，文件可分为 ASCII 码文件和二进制码文件两种。ASCII 文件也称为文本文件，这种文件在磁盘中存放时每个字符对应一个字节，用于存放对应的 ASCII 码。

目前 C 语言使用的文件系统分为缓冲文件系统(标准 I/O)和非缓冲文件系统(系统 I/O)。

11.2　文件的打开与关闭

任何关于文件的操作都要先打开文件，再对文件进行读写，操作完毕后，要关闭文件。

1．文件类型指针

文件的属性包含文件名、文件的性质、文件的当前状态等。ANSI C 语言为每个被使用的文件在内存开辟一块用于存放上述信息的存储区，利用一个结构体类型的变量存放。该变量的结构体类型由系统取名为 FILE，在头文件 stdio.h 中定义如下：

```
typedef struct
{
    int_fd ;               /*文件号*/
    int_cleft;             /*缓冲区中的剩余字符*/
    int_mode ;             /*文件的操作模式*/
    char*_next ;          /*下一个字符的位置*/
    char *_buff;          /*文件缓冲区的位置*/
} FILE;
```

在操作文件以前，应先定义文件变量指针，在 C 语言中用一个指针变量指向一个文件，这个指针称为文件指针。通过文件指针就可对它所指的文件进行各种操作。

定义文件指针的一般形式为：

```
FILE *fp1,fp2;
```

按照上面的定义，fp1 和 fp2 均为指向结构体类型的指针变量，分别指向一个可操作的文件，换句话说，一个文件有一个文件变量指针，对文件的访问将会转化为针对文件变量指针的操作。

2．文件的打开

ANSI C 用 fopen( )函数来打开一个文件，其调用的一般形式为：

```
FILE *fp;
fp =fopen(文件名，使用文件方式);
```

例如：

```
FILE *fp;
fp=("file a", "r");
```

在当前目录下打开文件 file a，只允许进行"读"操作，并使 fp 指向该文件。

文件的打开方式列于表 11.1 中，其中列出了各种文件的打开方式，隐含的是打开 ASCII 文件，如果打开的是二进制文件，则增加一个字符 b(binary)。其他字符的含义为：r 代表 read，用于读；w 代表 write，用于写；a 代表 append 用于追加。

表 11.1　文件的打开方式

文件使用方式	含　义
r (只读)	只读打开一个文本文件，只允许读数据
w (只写)	只写打开或建立一个文本文件，只允许写数据
a (追加)	追加打开一个文本文件，并在文件末尾写数据
rb (只读)	只读打开一个二进制文件，只允许读数据
wb (只写)	只写打开或建立一个二进制文件，只允许写数据
ab (追加)	追加打开一个二进制文件，并在文件末尾写数据
r+ (读写)	读写打开一个文本文件，允许读和写
w+ (读写)	读写打开或建立一个文本文件，允许读写
a+ (读写)	读写打开一个文本文件，允许读，或在文件末追加数据
rb+ (读写)	读写打开一个二进制文件，允许读和写
wb+ (读写)	读写打开或建立一个二进制文件，允许读和写
ab+ (读写)	读写打开一个二进制文件，允许读，或在文件末追加数据

说明：

(1) 凡是打开方式字符串中含有字符"r"的，所打开的文件必须是已存在的文件，对不存在的文件不能打开读。

(2) 凡是打开方式中带有"w"字符的，所打开的文件可以是已经存在的，也可以是尚不存在的。若不存在时，则先要建立一个新文件，然后在里面写内容；若文件已经存在，则会把原文件的内容覆盖掉，写入新的内容。

(3) 凡含有字符"a"的，以追加方式打开，若文件不存在则建立一个新文件后再追加；若文件已存在，则在文件的尾部追加。

(4) 以"r+"和"w+"方式打开的文件都是既可用于读，又可用于写的。其差别是，当以"w+"方式打开的是一个新文件时，应先写入内容，然后再读。

(5) 在打开文件的操作中有可能出现故障，如当文件所在的磁盘未准备好时，不能把文件打开，这时打开文件函数 fopen 就返回 NULL 值。

(6) 有三个和标准输入/输出流对应的设备文件不需用户打开，在执行程序时，系统自动将它们打开。这三个文件是标准输入文件、标准输出文件和标准出错文件，指向它们的文件指针分别是 stdin、stdout 和 stderr。

3. 文件的关闭

文件使用后必须及时关闭，以保护其中的数据。关闭就是使文件指针不再指向该文件，同时清除缓冲区。在文件处理的最后，缓冲区中可能尚有一些数据，关闭操作首先把这些数据送入磁盘文件，然后再释放文件指针。因此，如果不关闭文件，则留在缓冲区中的数据就会丢失。关闭文件用 fclose 函数，其格式为：

　　　　　fclose(文件指针名)

例如：

　　　　　fclose(fp);

正常完成关闭文件操作时，fclose 函数返回值为 0，如返回非零值则表示有错误发生。

11.3　文件的输入和输出

文件的输入/输出操作一般是按以下步骤进行的：

(1) 用 fopen 函数打开文件；

(2) 对文件进行读/写操作；

(3) 用 fclose 函数关闭文件。

对已打开的文件的输入/输出操作是通过文件指针进行的，实际上是由一些标准的读/写函数完成的。所谓文件的输入是指用一些具有读功能的函数把磁盘文件中的数据读入内存；所谓文件的输出是指用一些具有写功能的函数把内存中的数据写入磁盘文件。

1．文件的字符输入/输出函数 fgetc 和 fputc

1) fgetc 函数

fgetc 函数的调用格式为：

　　　　　<字符变量> = fgetc(<文件指针>)

功能：从<文件指针>所指的文件中读入一个字符赋给<字符变量>(在内存中)。

例如：

　　　　　ch=fgetc(fp);

其意义是从打开的文件 fp 中读取一个字符并送入 ch 中。

说明：

(1) 在 fgetc 函数调用中，读取的文件必须是以读或读写方式打开的。

(2) 读取字符的结果也可以不向字符变量赋值。

(3) 在文件内部有一个位置指针，用来指向文件的当前读写字节。在文件打开时，该指针总是指向文件的第一个字节。使用 fgetc 函数后，该位置指针将向后移动一个字节。因此可连续多次使用 fgetc 函数，读取多个字符。应注意文件指针和文件内部的位置指针的区别。文件指针是指向整个文件的，须在程序中定义说明，只要不重新赋值，文件指针的值是不变的。文件内部的位置指针用以指示文件内部的当前读写位置，每读写一次，该指针均向后移动，它不需在程序中定义说明，而是由系统自动设置的。

2) fputc 函数

设 ch 为字符类型，则 fputc 函数的调用格式为：

　　　　　fputc(ch,文件指针)

功能：把字符 ch(变量或常量)放入<文件指针>所指的文件中。如果操作失败，则返回一个 EOF。

说明：

(1) 被写入的文件可以用写、读写、追加方式打开，用写或读写方式打开一个已存在的文件时将清除原有的文件内容，写入字符从文件首开始。如需保留原有文件内容，希望写入的字符从文件末开始存放，必须以追加方式打开文件。被写入的文件若不存在，则创建该文件。

(2) 每写入一个字符，文件内部位置指针向后移动一个字节。

(3) fputc 函数有一个返回值，如写入成功则返回写入的字符，否则返回一个 EOF。可用此来判断写入是否成功。

3) 函数应用举例

【例 11.1】 从键盘输入字符，保存到磁盘文件 test.txt 中。

源程序如下：

```
#include <stdio.h>
void main( )
{
    FILE *fp;                              /*定义文件变量指针*/
    char ch;
    if ((fp =fopen("test.txt","w") ) ==NULL)   /*以只写方式打开文件*/
    {
        printf("cannot open file!\n");
        exit(0) ;
    }
    while ((ch=getchar())!='\n')           /*只要输入字符非回车符*/
    fputc(ch , fp)                         /*文件写入一个字符*/
    fclose( fp) ;
}
```

从键盘输入一个以回车结束的字符串，将其写入指定的流文件 test.txt，文件以文本只写方式打开。

运行程序：

I love china!

可以用文本编辑器打开查看文件内容。

2. 文件的字符串输入/输出函数 fgets()和 fputs()

1) fgets()函数

fgets 函数的调用格式为：

fgets(str,n,fp)

其中，str 为指定的字符数组；n 为包括 '\0' 字符在内的字符个数；fp 为文件指针。

功能：从 fp 所指文件中读取 n-1 个字符(留一个字符给 '\0')，并把它们放入 str 字符数组中。当满足下列条件之一时，读取结束：

① 已经读取了 n–1 个字符；

② 当前读到的字符为回车符；

③ 已读到文件的末尾。

2) fputs 函数

fputs 函数的调用格式为：

　　　　fputs(str,fp)

其中，fp 为文件指针，str 为一字符串，它可以是指向字符串的指针，也可以是字符数组名，还可以是字符串常量。

功能：把指定的字符串输出到指定的文件中。fputs 函数在将字符串写入文件时，把字符串后的 '\0' 字符自动舍去。

puts( )函数把字符串尾部的 '\0' 字符变成回车符输出，而 fputs 函数则是舍去字符串末尾的 '\0' 字符。

fputs 函数若输出成功，返回值为 0；若输出失败，返回值为 EOF(即 –1)。

3) 应用举例

【例 11.2】　从键盘输入字符串，保存到磁盘文件 test.txt 中。

源程序如下：

```c
#include <stdio.h>
#include <string.h>
main( )
{
    FILE *fp;
    char str[128];
    if ((fp=fopen("test.txt", "w"))==NULL )          /*打开只写的文本文件*/
    {
        printf("cannot open file!");
        exit(0) ;
    }
    While((strlen(gets(str)))!=0 )                   /*若串长度为零，则结束*/
    {
        fputs(str,fp) ;                              /*写入串*/
        fputs("\n",fp);                              /*写入回车符*/
    }
    fclose(fp);                                      /*关文件*/
}
```

运行该程序，从键盘输入长度不超过 127 的字符串，写入文件。如串长为 0，即空串，程序结束。

输入：

Hello!（回车）

How do you do?（回车）

Good-bye!（回车）

可以用文本编辑器打开查看文件内容。

这里所输入的空串，实际为一单独的回车符，其原因是 gets 函数判断串的结束是以回车符作标志的。

【例 11.3】 从一个文本文件 test1.txt 中读出字符串，再写入另一个文件 test2.txt 中。

源程序如下：

```
#include <stdio.h>
#include <string.h>
main( )
{
    FILE *fp1,*fp2;
    char str[128];
    if ((fp1=fopen("test1.txt", "r"))==NULL)      /*以只读方式打开文件 test1.txt */
    {
        printf("cannot open file test1.txt\n");
        exit (0) ;
    }
    if ((fp2=fopen("test2.txt", "w"))==NULL)      /*以只写方式打开文件 test2.txt */
    {
        printf("cannot open file test2.txt \n");
        exit(0) ;
    }
    while ((strlen(fgets(str,128,fp1)))>0)    /*从文件 test1.txt 中读回的字符串长度大于 0 */
    {
        fputs(str,fp2 );                      /*将读出的字符串写入文件 test2.txt */
        printf(" %s ", str) ;                 /*在屏幕显示*/
    }
    fclose(fp1) ;
    fclose(fp2) ;
}
```

程序共操作两个文件，需定义两个文件变量指针，因此在操作文件以前，应将两个文件以需要的工作方式同时打开(不分先后)，读写完成后，再关闭文件。设计过程是写入文件的同时显示在屏幕上，故程序运行结束后，应看到增加了与原文件相同的文本文件并将文件内容显示在屏幕上。

3．文件数据块的输入/输出函数 fread 和 fwrite

fgetc 和 fputc 函数一次只能读写一个字符，fgets 和 fputs 函数一次只能读写不确定字符个数的一串字符。但是，在程序的应用中，我们常常需要能够一次读写有一定字符长度的数据，比如一个记录等，为此 C 语言又提供了数据块输入/输出函数。

1) fread 函数

fread 函数调用的一般格式为：

　　　　fread(buf,size,count,fp)；

其中 buf 是一个指针，指向输入数据在内存中的起始地址；size 为要读取的字节个数；count 为要读取多少个 size 字节的数据项；fp 为指向由 fopen 打开的文件的指针。

功能：从 fp 指定的文件中读取 size*count 个字节的数据，并把它放入由 buf 指定的内存中。当文件以二进制形式打开(即 fp=fopen("file1","rb")；)时，fread 函数就可以用来读取各种类型的数据信息。如：

　　　　fread(fbuf,sizeof(float),4,fp)；

从 fp 指定的文件中读出 4 个大小为 size(float)的数据放入 fbuf 中，其中 fbuf 为一实型数组名，也是其第一个元素的地址。

fread 函数的返回值：若读取成功，则返回读取的项数即 count 值；若读取失败，则返回 −1。

2) fwrite 函数

fwrite 函数调用的格式为：

　　　　fwrite(buf,size,count,fp)；

其中，参数的个数和类型与 fread 函数完全一样，只是它进行相反的操作。这里的 buf 是输出数据在内存中存放的地址。

功能：把 buf 中大小为 size*count 个字节的数据写入 fp 指定的文件中。如语句：

　　　　fwrite(ibuf,2,5,fp)；

把整型数组中的 5 个整数写入 fp 指定的文件中。

返回值：若输出成功，则返回写入文件中的数据项数；若输出失败，则返回−1。

3) 应用举例

【例 11.4】　从键盘输入两条学生信息，首先输出到文本文件 test.txt 中，然后从 test.txt 中读出并显示到屏幕上。

源程序如下：

```
#include "stdio.h"
#include "stdlib.h"
main ( )
{
    FILE *fp1;
    int i;
    struct stu                          /*定义结构体*/
```

```
    {
        char name[15];
        char num[6];
        float score[2];
    } student;
    if ((fp1=fopen("test.txt", "wb"))==NULL)        /*以二进制只写方式打开文件*/
    {
        printf("cannot open file");
        exit(0) ;
    }
    printf("input data:\n");
    for( i=0;i<2;i++)
    {
        scanf("%s %s %f %f",student.name,student.num,
            & student.score[0] , & student.score[1]) ;      /*输入一条记录*/
        fwrite(&student,sizeof(student),1,fp1);             /*将该条记录写入文件*/
    }
    fclose(fp1) ;
    if ((fp1=fopen("test.txt", "rb"))==NULL)        /*重新以二进制只写方式打开文件*/
    {
        printf("cannot open file");
        exit(0) ;
    }
    printf("output from file test.txt:\n");
    for (i=0;i<2;i++)
    {
        fread( & student,sizeof(student) ,1,fp1) ;          /*从文件读出一条记录*/
        printf("%s %s %7.2f %7.2f\n",student.name,student.num,
            student.score[0], student.score[1]) ;          /*将该记录显示到屏幕*/
        fclose(fp1);
    }
}
```

运行程序结果:

```
input data:
    xiaowan j001 87.5 98.4(回车)
    xiaoli j002 99.5 89.6(回车)
output from file test.txt:
    xiaowan j001 87.50 98.40
    xiaoli j002 99.50 89.60
```

4．格式化读写函数 fscanf 和 fprintf

fscanf 函数和 fprintf 函数与前面使用的 scanf 和 printf 函数的功能相似，都是格式化读写函数。两者的区别在于，fscanf 函数和 fprintf 函数的读写对象不是键盘和显示器，而是磁盘文件。这两个函数的调用格式为：

  fscanf(文件指针，格式字符串，输入表列)；

  fprintf(文件指针，格式字符串，输出表列)；

例如：

  fprintf(fp,"%d,%6.2f,i,t")；

它的作用是将整型变量 i 和变量 t 的值按%d 和%6.2f 的格式输出到 fp 指向的文件上。如果 i=3，t=4.5，则输出到磁盘文件上的是以下字符串：

  3，4.50

11.4　文件的定位

我们已经知道，C 语言中的文件是流式文件，处理文件的方式是顺序处理。文件一打开，就有一个定位指针指向规定的地方，随着读写的进行，定位指针自动向下移动。但在很多情况下需要改变这种顺序读写的方法，即能任意指定读写位置，为此 C 语言又提供了相应的函数，主要有：返回文件定位指针当前位置的函数 ftell()、改变文件定位指针当前位置的函数 fseek()和重新把文件定位指针置于文件头的函数 rewind()。

1．ftell 函数

该函数的功能是返回文件定位指针的当前位置，即相对于文件头的位移量(长整型)，文件头的位置定为 0。函数的参数是文件指针。如果该函数运行不正常，则返回值为 −1L，表示出错。如：

  i=ftell(fp)；

  if(i==-1L)printf("ERROR\n")；

当文件刚打开时，ftell 返回值为 0L。

2．rewind 函数

该函数的功能是把文件定位指针重新拉回到文件开头。这在对文件进行多次操作时非常有用，即不需要反复进行文件关闭与打开操作，只需调用 rewind 函数即可。其调用格式为：

  rewind(fp)；

表示把 fp 所指文件的定位指针定位到文件头。

3．fseek 函数

该函数的功能是把文件定位指针设置到需要的地方。该函数的调用格式为：

  fseek(文件指针，位移量，起始点)；

其中，"位移量"是长整型，长整型的标志是整型数据后加字符"L"；"位移量"可正可负，正代表向后(尾)，负代表向前(头)；"起始点"即位移的参照点，共有三个，可以用名字，也可用相应的数字表示，如表 11.2 所示。

表 11.2 位移参照点

起始点	名 字	用数字代表
文件开始	SEEK_SET	0
文件当前位置	SEEK_CUR	1
文件末尾	SEEK_END	2

例如：

```
fseek(fp,50L,0);          /*定位于距文件头 50 个字节处*/
fseek(fp,-25L,1);         /*定位于当前位置前 25 个字节处*/
seek(fp,-10L,2);          /*定位于文件尾前 10 个字节处*/
```

11.5 文件的错误检测及错误处理函数

1. 文件的错误检测函数 ferror

在调用多种输入/输出函数(fgetc、fputc、fread、fwrite 等)时，对出现的错误有两种检测办法：一种是从该函数返回的一个异常值得知；另一种是调用 ferror 函数，根据它的返回值判断是否有读写错误出现。

ferror 函数的调用格式是：

```
ferror(fp);
```

如果发现有读写错误，则 ferror 返回非零值(代表真)，若末发现错误，则返回值为 0 (假)。由 ferror 函数检测错误必须紧跟在读写操作之后，否则当进行下一次读写操作时，本次读写操作的出错状态会被取消。当文件刚打开时，ferror 函数自动置初值 0。

2. 文件的错误处理函数 clearerr

该函数的功能是清除错误标志，并把文件结束标志置为 0。如果在调用一个输入输出函数时出现错误，用 ferror 函数检测就会得到非 0 值，这时在调用 clearerr(fp)之后，ferror(fp)的值又变为 0。

错误标志一旦出现就会一直保留，直到对同一个文件调用 clearerr 函数、rewind 函数或任何其他一个输入输出函数为止。

习 题 十 一

一、选择题

1. 当顺利执行了文件关闭操作时，fclose 函数的返回值是(   )。

　　A．−1　　　　B．TRUE　　　C．0　　　D．1

2．如果需要打开一个已经存在的非空文件"Demo"进行修改，下面正确的选项是(　　)。

　　A．fp=fopen("Demo","r");　　　　B．fp=fopen("Demo","ab+");

　　C．fp=fopen("Demo","w+");　　　　D．fp=fopen("Demo","r+");

3．有以下程序：

```
#include
main()
{
    char *p,*q;
        p=(char *)malloc(sizeof(char)*20);
    q=p;
        scanf("%s%s",p,q); printf("%s %s \ n",p,q);
}
```

若从键盘输入：abc def<回车>，则输出结果是(　　)。

　　A．def def　　　　　B．abc def　　　　C．abc d　　　　D．d d

4．若要打开 A 盘上 user 子目录下名为 abc.txt 的文本文件进行读、写操作，下面符合此要求的函数调用是(　　)。

　　A．fopen("A:\user\abc.txt","r")　　　　B．fopen("A:\\user\\abc.txt","rt+")

　　C．fopen("A:\user\abc.txt","rb")　　　　D．fopen("A:\user\abc.txt","w")

5．若要用 fopen 函数打开一个新的二进制文件，该文件要既能读也能写，则文件打开方式字符串应该为(　　)。

　　A．"ab+"　　　B．"wb+"　　　C．"rb+"　　　D．"ab"

二、填空题

1．"FILE *p" 的作用是定义一个文件指针变量，其中的 "FILE" 是在_____头文件中定义的。

2．以下程序的功能是打开新文件 f.txt，并调用字符输出函数将 a 数组中的字符写入其中，请填空。

```
#include<stdio.h>
main( )
{
    _____*fp;
    char a[5] = {'1', '2', '3', '4', '5'},I;
    fp=fopen("f.txt", "w");
    for(i=0; i<5; i++)
        fputc(a[i], fp);
    fclose(fp);
}
```

三、程序设计

1. 编写一个程序，把一个文件的内容复制到另一个文件上，在复制时把大写字母改为小写字母。

2. 编写一个程序，交替地读取两个文件的正文行，并把它们送到 stdout 文件上。如果一个文件读完，那么就把另一个文件余下的内容全部复制到 stdout 上。

3. 给出两种不同的方法，它们都能把文件读写指针重新置于文件的开头。

4. 编写一个程序，能在屏幕上显示一个文件的内容。

5. 编写一个程序，要求读入一个文件，统计文件的行数、字数和字符数。

附录 A　部分习题参考答案

第 1 章

一、选择题

1. B　　　2. C　　　3. C　　　4. D　　　5. A　　　6. C　　　7. B
8. C　　　9. B　　　10. A　　　11. B　　　12. B　　　13. D

第 2 章

一、选择题

1. B　　　2. C　　　3. C　　　4. D　　　5. D　　　6. D　　　7. C
8. B　　　9. D　　　10. B　　　11. C　　　12. B　　　13. D　　　14. C
15. A　　　16. C　　　17. D　　　18. D　　　19. A　　　20. A　　　21. D
22. D　　　23. B　　　24. A　　　25. B

二、填空题

1. scanf printf　　　2. --x 或 x-=1　　　3. b++　　　4. 6.0000000
5. ch+32 %d　　　6. 4　1　　　7. 4　　　8. 2008
9. 4.900000　4　　　10. 15

第 3 章

一、选择题

1. A　2. C　3. C　4. B　5. A　6. D　7. C　8. D　9. D　10. B

二、填空题

1. 11　　　　　　2. 25 21 37　　　　　　3. n1=%d\nn2=%d
4. 2,1　　　　　5. 5.0,4,c=3

第 4 章

一、选择题

1. D　2. A　3. C　4. C　5. D　6. A　7. C　8. D　9. B　　10. C

二、填空题

1. 4   2. 1,0   3. 9   4. ABother

第 5 章

一、选择题

1. A   2. D   3. B   4. D   5. B   6. B   7. A   8. D   9. B   10. C
11. D   12. B   13. C   14. A   15. B

二、填空题

1. 7   2. (i-5)%9==0

第 6 章

一、选择题

1. C   2. D   3. D   4. C   5. B   6. D   7. C   8. D   9. C
10. C   11. D   12. D   13. B

第 7 章

一、选择题

1. C   2. D   3. B   4. D

二、填空题

1. 31

2. c=9.0

3. n=5050

   n=100

4. x1=30, x2=40, x3=10, x4=20

5. i=6,j=720

6. max=8

   min=5

7. -850, 2, 0

第 8 章

一、选择题

1. C   2. C   3. C   4. D   5. C   6. C   7. D   8. A   9. A
10. B   11. C   12. D

二、填空题

1. love China!

2. 11

3．-5, -12, -7

4．14　4

5．original string:

hi

hello

morning

good morning

ordinal string:

good morning

hello

hi

morning

6．BASIC

DBASE

C

FORTRAN

PASCAL

7．row　a[row][colum]

8．*s-*t

第 9 章

一、选择题

1．A　2．B　3．C　4．D　5．D　6．C　7．A　8．B　9．C

10．B　11．D

二、填空题

1．1DCBA2345

2．34

第 10 章

一、选择题

1．D　2．B　3．C　4．A　5．B

二、填空题

1．宏定义、文件包含、条件编译

2．#

3．#include<stdio.h>、#include"stdio.h"

4．11110000

5．2

第 11 章

一、选择题

1．C   2．D   3．A   4．B   5．B

二、填空题

1．stdio.h   2．FILE

附录 B　常用字符与 ASCII 代码对照表

ASCII 值	控制字符	ASCII 值	控制字符	ASCII 值	控制字符
0	NUT	26	SUB	52	4
1	SOH	27	ESC	53	5
2	STX	28	FS	54	6
3	ETX	29	GS	55	7
4	EOT	30	RS	56	8
5	ENQ	31	US	57	9
6	ACK	32	(space)	58	:
7	BEL	33	!	59	;
8	BS	34	"	60	<
9	HT	35	#	61	=
10	LF	36	$	62	>
11	VT	37	%	63	?
12	FF	38	&	64	@
13	CR	39	,	65	A
14	SO	40	(	66	B
15	SI	41	)	67	C
16	DLE	42	*	68	D
17	DC1	43	+	69	E
18	DC2	44	,	70	F
19	DC3	45	-	71	G
20	DC4	46	.	72	H
21	NAK	47	/	73	I
22	SYN	48	0	74	J
23	ETB	49	1	75	K
24	CAN	50	2	76	L
25	EM	51	3	77	M

续表

ASCII 值	控制字符	ASCII 值	控制字符	ASCII 值	控制字符
78	N	95	—	112	p
79	O	96	、	113	q
80	P	97	a	114	r
81	Q	98	b	115	s
82	R	99	c	116	t
83	S	100	d	117	u
84	T	101	e	118	v
85	U	102	f	119	w
86	V	103	g	120	x
87	W	104	h	121	y
88	X	105	i	122	z
89	Y	106	j	123	{
90	Z	107	k	124	|
91	[	108	l	125	}
92	\	109	m	126	~
93	]	110	n	127	DEL
94	^	111	o		

注:

NUL—空;	VT—垂直制表;	SYN—空转同步;
SOH—标题开始;	FF—走纸控制;	ETB—信息组传送结束;
STX—正文开始;	CR—回车;	CAN—作废;
ETX—正文结束;	SO—移位输出;	EM—纸尽;
EOY—传输结束;	SI—移位输入;	SUB—换置;
ENQ—询问字符;	DLE—空格;	ESC—换码;
ACK—承认;	DC1—设备控制 1;	FS—文字分隔符;
BEL—报警;	DC2—设备控制 2;	GS—组分隔符;
BS—退一格;	DC3—设备控制 3;	RS—记录分隔符;
HT—横向列表;	DC4—设备控制 4;	US—单元分隔符;
LF—换行;	NAK—否定;	DEL—删除。

附录 C　Turbo C 常用库函数

　　库函数并不是 C 语言的一部分，它是由编译程序根据一般用户的需要编制并供用户使用的一组程序。每一种 C 编译系统都提供了一批库函数，不同的编译系统所提供的库函数的数目和函数名以及函数功能是不完全相同的。ANSI C 标准提出了一批建议提供的标准库函数，它包括了目前多数 C 编译系统所提供的库函数，但也有一些是某些 C 编译系统未曾实现的。考虑到通用性，下面列出 Turbo C 2.0 版提供的部分常用库函数。

　　由于 Turbo C 库函数的种类和数目很多（例如：还有屏幕和图形函数、时间日期函数、与本系统有关的函数等，每一类函数又包括各种功能的函数），限于篇幅，本附录不能全部介绍，只从教学需要的角度列出最基本的。读者在编制 C 程序时可能要用到更多的函数，请查阅有关的 Turbo C 库函数手册。

1．数学函数

　　使用数学函数时，应该在源文件中使用命令：

　　#include"math.h"

函数名	函数与形参类型	功　　能	返回值
abs	int abs(int x);	求整数 x 的绝对值	计算结果
acos	double acos(double x);	计算 arccos(x)的值($-1<=x<=1$)	计算结果
asin	double asin(double x);	计算 arcsin(x)的值($-1<=x<=1$)	计算结果
atan	double atan(double x);	计算 arctan(x)的值	计算结果
atan2	double atan2(double x, double y);	计算 arctan(x/y)的值	计算结果
cos	double cos(double x);	计算 cos(x)的值(x 的单位为弧度)	计算结果
cosh	double cosh(double x);	计算 x 的双曲余弦 cosh(x)的值	计算结果
exp	double exp(double x);	求 e^x 的值	计算结果
fabs	double fabs(double C);	求 x 的绝对值	计算结果
floor	double floor(double x);	求出不大于 x 的最大整数	该整数的双精度实数
fmod	double fmod(double x, double y);	求整除 x/y 的余数	返回余数的双精度实数
frexp	double frexp(double val, int *eptr);	把双精度数 val 分解成数字部分(尾数)x 和以 2 为底的指数 n，即 $val=x*2^n$，n 放在 eptr 指向的变量中	数字部分 x $0.5<=x<1$

续表

函数名	函数与形参类型	功　　能	返回值
log	double log(double x);	求 $\log_e x$ 即 lnx	计算结果
log10	double log10(double x);	求 $\log_{10} x$	计算结果
modf	double modf(double val, int *iptr);	把双精度数 val 分解成数字部分和小数部分, 把整数部分存放在 ptr 指向的变量中	val 的小数部分
pow	double pow(double x, double y);	求 x^y 的值	计算结果
sin	double sin(double x);	求 sin(x)的值(x 的单位为弧度)	计算结果
sinh	double sinh(double x);	计算 x 的双曲正弦函数 sinh(x)的值	计算结果
sqrt	double sqrt (double x);	计算 $\sqrt{x}$, (x≥0)	计算结果
tan	double tan(double x);	计算 tan(x)的值(x 的单位为弧度)	计算结果
tanh	double tanh(double x);	计算 x 的双曲正切函数 tanh(x)的值	计算结果

2. 字符函数

在使用字符函数时, 应该在源文件中使用如下命令:

#include"ctype.h"

函数名	函数和形参类型	功　　能	返　回　值
isalnum	int isalnum(int ch);	检查 ch 是否字母或数字	是字母或数字返回 1, 否则返回 0
isalpha	int isalpha(int ch);	检查 ch 是否字母	是字母返回 1, 否则返回 0
iscntrl	int iscntrl(int ch);	检查 ch 是否控制字符(其 ASCII 码在 0 和 0xlF 之间)	是控制字符返回 1, 否则返回 0
isdigit	int isdigit(int ch);	检查 ch 是否数字	是数字返回 1, 否则返回 0
isgraph	int isgraph(int ch);	检查 ch 是否是可打印字符(其 ASCII 码在 0x21 和 0x7e 之间), 不包括空格	是可打印字符返回 1, 否则返回 0
islower	int islower(int ch);	检查 ch 是否是小写字母(a~z)	是小字母返回 1, 否则返回 0
isprint	int isprint(int ch);	检查 ch 是否是可打印字符(其 ASCII 码在 0x21 和 0x7e 之间), 不包括空格	是可打印字符返回 1, 否则返回 0
ispunct	int ispunct(int ch);	检查 ch 是否是标点字符(不包括空格)即除字母、数字和空格以外的所有可打印字符	是标点返回 1, 否则返回 0
isspace	int isspace(int ch)	检查 ch 是否空格、跳格符(制表符)或换行符	是, 返回 1, 否则返回 0
issupper	int isalsupper(int ch);	检查 ch 是否大写字母(A~Z)	是大写字母返回 1, 否则返回 0
isxdigit	int isxdigit(int ch);	检查 ch 是否一个 16 进制数字(即 0~9, 或 A~F, a~f)	是, 返回 1, 否则返回 0
tolower	int tolower(int ch);	将 ch 字符转换为小写字母	返回 ch 对应的小写字母
toupper	int touupper(int ch);	将 ch 字符转换为大写字母	返回 ch 对应的大写字母

3．字符串函数

使用字符串中函数时，应该在源文件中使用如下命令：

#include "string.h"

函数名	函数和形参类型	功　能	返　回　值
strcat	char *strcat(char *str1,char *str2);	把字符 str2 接到 str1 后面，取消原来 str1 最后面的串结束符 '\0'	返回 str1
strchr	char *strchr(char *str1,int ch);	找出 str 指向的字符串中第一次出现字符 ch 的位置	返回指向该位置的指针，如找不到，则应返回 NULL
strcmp	int *strcmp(char *str1, char *str2);	比较字符串 str1 和 str2	str1<str2，为负数 str1=str2，返回 0 str1>str2，为正数
strcpy	char *strcpy(char *str1,char *str2);	把 str2 指向的字符串拷贝到 str1 中去	返回 str1
strlen	unsigned int strlen(char *str);	统计字符串 str 中字符的个数(不包括终止符 '\0')	返回字符个数
strstr	char *strstr (char *str1,char *str2);	寻找 str2 指向的字符串在 str1 指向的字符串中首次出现的位置	返回 str2 指向的字符串首次出向的地址，否则返回 NULL
tolower	int tolower(int ch);	将 ch 字符转换为小写字母	ch 所代表字符的小写字母
toupper	int toupper(int ch);	将 ch 字符转换为大写字母	ch 所代表字符的大写字母

4．输入输出函数

在使用输入输出函数时，应该在源文件中使用如下命令：

#include "stdio.h"

函数名	函数和形参类型	功　能	返　回　值
clearerr	void clearer (FILE * fp);	使 fp 所指文件的错误标志和文件结束标志置 0	无
close	int close(int fp);	关闭文件(非 ANSI 标准)	关闭成功返回 0，不成功返回 –1
creat	int creat(char *filename,int mode);	以 mode 所指定的方式建立文件(非 ANSI 标准)	成功返回正数，否则返回 –1
eof	int eof(int fp);	判断 fp 所指的文件是否结束	文件结束返回 1，否则返回 0
fclose	int fclose(FILE *fp);	关闭 fp 所指的文件，释放文件缓冲区	关闭成功返回 0，不成功返回非 0

函数名	函数和形参类型	功　　能	返　回　值
feof	int feof(FILE *fp);	检查文件是否结束	文件结束返回非 0，否则返回 0
ferror	int ferror(FILE *fp);	测试 fp 所指的文件是否有错误	无错返回 0，否则返回非 0
fflush	int fflush(FILE *fp);	将 fp 所指的文件的全部控制信息和数据存盘	存盘正确返回 0，否则返回非 0
fgets	char *fgets(char *buf,int n, FILE *fp);	从 fp 所指的文件读取一个长度为(n−1)的字符串，存入起始地址为 buf 的空间	返回地址 buf，若遇文件结束或出错则返回 EOF
fgetc	int fgetc(FILE *fp);	从 fp 所指的文件中取得下一个字符	返回所得到的字符，出错返回 EOF
fopen	FILE *fopen(char *filename, char *mode);	以 mode 指定的方式打开名为 filename 的文件	成功，则返回一个文件指针(文件信息区的起始地址)，否则返回 0
fprintf	int fprintf (FILE * fp, char *format format,args,…);	把 args 的值以 format 指定的格式输出到 fp 所指的文件中	实际输出的字符数
fputc	int fputc(char ch, FILE *fp);	将字符 ch 输出到 fp 所指的文件中	成功则返回该字符，否则返回非 0
fputs	int fputs(char str, FILE *fp);	将 str 指定的字符串输出到 fp 所指的文件中	成功则返回 0，否则返回非 0
fread	int fread(char *pt, unsigned size, unsigned n, FILE *fp) ;	从 fp 所指定文件中读取长度为 size 的 n 个数据项，存到 pt 所指向的内存区	返回所读的数据项个数，若文件结束或出错返回 0
fscanf	int fscanf(FILE * fp, char *format,args,…);	从 fp 指定的文件中按给定的 format 格式将读入的数据送到 args 所指向的内存变量中(args 是指针)	已输入的数据个数
fseek	int fseek(char *fp, long offset, int base);	将 fp 指定的文件的位置指针移到 base 所指出的位置为基准、以 offset 为位移量的位置	返回当前位置，否则，返回 −1
ftell	long ftell(FILE *fp);	返回 fp 所指定的文件中的读写位置	返回文件中的读写位置，否则，返回 0
fwrite	Int fwrite(char *ptr,unsigned size, unsigned n, FILE *fp);	把 ptr 所指向的 n*size 个字节输出到 fp 所指向的文件中	写到 fp 文件中的数据项的个数
getc	Int getc(char *fp);	从 fp 所指向的文件中的读出下一个字符	返回读出的字符，若文件出错或结束返回 EOF

函数名	函数和形参类型	功　　能	返　回　值
getchar	Int getchat(FILE *fp);	从标准输入设备中读取下一个字符	返回字符，若文件出错或结束返回 −1
gets	char *gets(char *str);	从标准输入设备中读取字符串存入 str 指向的数组	成功返回 str，否则返回 NULL
getw	int getw(FILE *fp);	从 fp 所指向的文件读取下一个字(整数)(非 ANSI 标准)	输入的整数，如文件结束或出错，返回 −1
open	int open(char *filename, int mode);	以 mode 指定的方式打开已存在的名为 filename 的文件(非 ANSI 标准)	返回文件号(正数)，如打开失败返回 −1
printf	int printf(char *format, args, …);	在 format 指定的字符串的控制下，将输出列表 args 的指输出到标准设备	输出字符的个数，若出错返回负数
prtc	int prtc(int ch, FILE *fp);	把一个字符 ch 输出到 fp 所指的文件中	输出字符 ch，若出错返回 EOF
putchar	int putchar(char ch);	把字符 ch 输出到 fp 标准输出设备	返回换行符，若失败返回 EOF
puts	int puts(char *str);	把 str 指向的字符串输出到标准输出设备；将 '\0'转换为回车行	返回换行符，若失败返回 EOF
putw	int putw(int w, FILE *fp);	将一个整数 w(即一个字)写到 fp 所指的文件中(非 ANSI 标准)	返回读出的字符，若文件出错或结束返回 EOF
read	int read(int fd,char *buf, unsigned count) ;	从文件号 fp 所指定文件中读 count 个字节到由 buf 知识的缓冲区(非 ANSI 标准)	返回真正读出的字节个数，如文件结束返回 0，出错返回 −1
remove	int remove(char *fname);	删除以 fname 为文件名的文件	成功返回 0，出错返回 −1
rename	int rename(char *oname, char *nname);	把 oname 所指的文件名改为由 nname 所指的文件名	成功返回 0，出错返回 −1
rewind	void rewind(FILE *fp);	将 fp 指定的文件指针置于文件头，并清除文件结束标志和错误标志	无
scanf	int scanf(char *format, args, …);	从标准输入设备按 format 指示的格式字符串规定的格式，输入数据给 args 所指示的单元。args 为指针	读入并赋给 args 数据个数，如文件结束返回 EOF，若出错返回 0
write	int write(int fd, char *buf, unsigned count);	从 buf 指示的缓冲区输出 count 个字符到 fd 所指的文件中(非 ANSI 标准)	返回实际写入的字节数，如出错返回 −1

5．动态存储分配函数

在使用动态存储分配函数时，应该在源文件中使用如下命令：

```
#include "stdlib.h"
```

函数名	函数和形参类型	功　能	返回值
callloc	void *calloc(unsigned n, unsigned size);	分配 n 个数据项的内存连续空间，每个数据项的大小为 size	分配内存单元的起始地址。如不成功，返回 0
free	void free(void *p);	释放 p 所指内存区	无
malloc	void *malloc(unsigned size);	分配 size 字节的内存区	所分配的内存区地址，如内存不够，返回 0
realloc	void *reallod(void *p,unsigned size);	将 p 所指的以分配的内存区的大小改为 size。size 可以比原来分配的空间大或小	返回指向该内存区的指针，若重新分配失败，返回 NULL